U0369492

性格的陷阱

如何修补童年形成的性格缺陷

REINVENTING
YOUR LIFE

The Breakthrough Program to
End Negative Behavior and Feel Great Again

[美] 杰弗里·E. 杨（Jeffrey E. Young） 　著
　　　珍妮特·S. 克罗斯科（Janet S. Klosko）

王怡蕊 陆杨 译

机械工业出版社
CHINA MACHINE PRESS

图书在版编目（CIP）数据

性格的陷阱：如何修补童年形成的性格缺陷／（美）杰弗里·E. 杨（Jeffrey E. Young），（美）珍妮特·S. 克罗斯科（Janet S. Klosko）著；王怡蕊，陆杨译. —北京：机械工业出版社，2019.5（2025.4 重印）

书名原文：Reinventing Your Life: The Breakthrough Program to End Negative Behavior ... and Feel Great Again

ISBN 978-7-111-62529-2

I. 性… II. ①杰… ②珍… ③王… ④陆… III. 性格－研究 IV. B848.6

中国版本图书馆 CIP 数据核字（2019）第 072347 号

北京市版权局著作权合同登记 图字：01-2019-0946 号。

性格的陷阱：如何修补童年形成的性格缺陷

出版发行：机械工业出版社（北京市西城区百万庄大街 22 号 邮政编码：100037）

责任编辑：姜 帆　　　　　　　　　　　　　责任校对：李秋荣

印　　刷：北京建宏印刷有限公司　　　　　版　　次：2025 年 4 月第 1 版第 14 次印刷

开　　本：170mm×242mm 1/16　　　　　印　　张：25.25

书　　号：ISBN 978-7-111-62529-2　　　　定　　价：79.00 元

客服电话：（010）88361066　68326294

Reinventing
Your
Life

推荐序

我非常高兴杰弗里·杨和珍妮特·克罗斯科能运用认知技术和原则来解决人格障碍方面的难题。在开发新疗法，为大众提供成套的解决方案，帮助大众改善人际关系和工作表现领域，两位作者做出了开创性的工作。

人格障碍是自我伤害、伴随终身的行为模式，会给患者带来巨大不幸。除了具体的抑郁和焦虑症状外，人格障碍患者在生活中还存在长期问题。他们通常在亲密关系中不幸福，或者在事业上始终不能达到应有的高度。他们的总体生活质量通常很难达到自己的期望值。

随着认知疗法的逐渐发展，我们已经可以想办法对付这类难以治疗，但又长期存在的行为模式。在治疗人格障碍时，我们不仅着眼于抑郁、焦虑、惊恐发作、成瘾、饮食障碍、性障碍、失眠等症状，同时也关注潜伏在这些症状之下的图式，即支配他们的想法。(作者把**图式**也称为**性格陷阱**。)大多数前来就诊的患者都具有特定的核心图式，这些图式在他们的很多症状中都有所体现。在治疗中如果针对这些核心图式做工作，则能够给患者在生活的多个方面带来持久的益处。

认知治疗师发现的某些迹象可能意味着图式层面的心理问题。第一，患者讨论问题时，常说"我一直都这样，一直都有这问题"，他们觉得这些问题是"天生的"。第二，患者似乎没有能力去完成治疗师所布置的任务，尽管这个任务其实是双方在治疗过程中共同确认了的。患者有一种"卡住了"的感觉，既想要改变，又抗拒改变。第三，患者似乎意识不到自己给其他人造成的影响。对于一些自我伤害的行为，他们可能也缺乏觉察力。

图式改变起来很困难。它们由认知、行为和情绪因素共同支撑，而治疗又必须针对所有这些因素，仅改变其中一项或者两项，并不会有什么作用。

本书提出了其中 11 种长期的、自我伤害的人格模式，书中将其称为"性格陷阱"。这本书把非常复杂的原材料变得简单易懂。读者将非常容易理解性格陷阱的概念，并能快速地辨别出自己身上的性格陷阱。作者从其真实的临床经验中提取的丰富案例材料，也有助于读者联系自己的实际情况，认清性格陷阱。此外，作者在书中展现的技术，对于帮助人们实现改变具有异乎寻常的力量。他们使用多元整合的方法，既保留了认知疗法实操性强、以解决问题为导向的特点，也融入了行为疗法、精神分析和体验性疗法的技术。

本书教给我们一些实用的技巧，告诉我们该如何克服生活中那些痛苦且伴随很多人一生的问题，体现了作者高度的敏感性、同情心及临床洞察力。

阿伦·贝克医生

译者序

心理学到底算文科还是理科

这个讨论时不时地会出现在各大网络社区。之所以会有这样的争论，是因为在心理学科的内部同时存在着两种倾向。举一些不完全的例子，从研究方法的角度来说，心理学有偏"理"一些的定量研究，也有偏"文"一些的定性研究。从学科内部分工的角度来说，有临床神经心理学这类很硬核的分支，也有社会心理学这类偏"文"、偏"哲"的分支。从大学招生的角度来说，心理学有文学学士的文科路线，也有理学学士的理科路线，一些西方大学心理学系的招生说明中甚至很明确地划分了这两条路线，对两条路线的学生也有不同的学业要求（比方说是否要学数学）。从我们临床心理的疗法分类来说，也存在偏"理"一些的行为疗法和认知疗法，以及偏"文"一些的人本主义疗法和精神分析疗法。

既然这些"文"和"理"长期存在于心理学科内部，那么自然有其合理性和必要性。

出于对临床效用和效率的追求，认知、行为类的心理疗法由于实证研究充足、见效时间较短、来访者花费成本较低等优点，受到西方现代医学的推崇，近半个世纪以来一直是西方主流的心理治疗方法，但是在面对长期的、顽固的人格障碍时，这些以管理心理症状为主的疗法则显得有些无力。一些心理学家在临床工作中不断进行科学、谨慎且富有创新精神的改进，以更好地为自己的来访者服务。

本书的作者，美国心理学家杰弗里·杨就是这样一位杰出的心理学家。说起著名的心理学家，很多中国心理学爱好者会下意识地想到弗洛伊德、荣格等人；但对于很多西方科班出身的心理从业者，尤其是我们这些直接为患者提供治疗服务的一线工作者来说，阿伦·贝克、玛莎·林内翰（Marsha Linehan）、史蒂文·海斯（Steven Hayes）、杰弗里·杨等现代心理疗法的开创者，才是我们谈论更多的"大神"。

杰弗里·杨年轻时曾在耶鲁大学和宾夕法尼亚大学系统地学习和实践过人本主义、行为、认知等多种心理疗法，博士后期间又师从认知疗法的创始人阿伦·贝克。在心理治疗的工作中，他发现，单纯的偏"理"的行为、认知类疗法和单纯的偏"文"的精神分析和体验式疗法都不足以解决那些固化的、不易察觉的性格缺陷。综合了认知行为疗法实操性强、以解决问题为导向的长处，以及精神分析、体验式疗法深入内心的特点后，杰弗里·杨开创了本书所介绍的图式心理疗法（schema therapy）。

《性格的陷阱》是这位创始人写给心理学爱好者和普通大众的一部经典自助书籍。尽管出版于1993年，至今仍是很多心理学家书房里的常备品。书中总结了11种长期的、自我伤害式的、顽固的人格缺陷（例如深度的自我残缺感、严重的孤立和孤独感、过度考虑他人而不惜牺牲自己需求的倾向，以及对他人不健康的依赖等），并针对每一种人格问题提供问卷评估、性格模式解析和具体的解决步骤。

在阅读的过程中，你可能会发现，书中对性格缺陷的分析和梳理让你豁然开朗。你身边总有一些人，或者干脆就是你自己，人生总是围绕着一个错误的主题打转，不论如何挣扎，最终总是落入同样的困境中。就仿佛是一部老电视剧，被不断地翻拍。演员会有变化，场景和道具会更新鲜，但是主角和配角的人设却相差无几，曾经痛苦的桥段总是在新的人和事的演绎下重复上演。

让我们拿情感剥夺陷阱的受害者举例。一个儿童成长在缺乏关爱和联结的家庭中，家人没有提供给他所需要的情感支持和温暖。他开始感到，自己会永远地孤独下去，有些情感需求永远不会被满足，他永远不会被倾听、被理解。随着他的长大，这种感觉逐渐被内化，他得出这样一个生活结论：别人永远不可能满足我对爱的渴望，没人会真正在乎、理解我的感受。

这样的性格模式导致了他亲密关系的不如意，因为他发现自己很容易被情感冷漠疏离、不愿付出的人所吸引，或者他自己就变成了一个冷漠疏离、不愿付出的人。他的情绪在愤怒、受骗和受伤、孤独之间来回摇摆；他会产生防卫式的怒火，最终把别人驱赶得更远，进一步延续了他情感剥夺的感受。在一段又一段的亲密关系中，即使开端良好，但不知为何，他最终总是落得个无人理解、无人关爱的结局。

包括情感剥夺在内的 11 种性格缺陷起源于童年，并会伴随人的一生。因童年时的遭遇（比如被过度保护、被抛弃排挤、被苛刻批评等）而形成的认知和行为模式，随着儿童的成长，会逐渐地被内化，直至成为这个人性格的一部分。哪怕我们已经脱离原生家庭很久，甚至已为人父母，这些性格缺陷仍然会持续地产生影响。置身其中的我们，往往难以察觉到自己的性格模式。童年时不公平、被忽略、被贬低、被控制的感受一再地重复，持续地影响我们的决定，让我们没法达成自己最渴望的生活目标。

之所以会形成这些有缺陷的人格模式，是因为儿童本能地利用这些模式保护自己、对抗原生家庭带来的伤害，因此它们一度是有适应性价值的。然而，成年后的我们脱离了童年时的生活环境，拥有了更多的力量和新的生活，这些人格模式于是不再是适应性、保护性的，反而成为自我伤害的源头。要改变这些缺陷不仅需要重塑人格的能力，还需要放弃它们所带来的可预测感、控制感和安全感。要做到这一点非常困难，因为它们已经是我们人格的一部分了。即使它们总是带来痛苦，这种痛苦也是所我们熟悉的、可预测的、可掌握的，我们明确知道痛苦会如何延续、如何收场。在熟悉的痛苦和未知的恐惧之间，大部分人会选择前者。这就是为什么错误的人格模式像一个圈套一样牢牢地卡在我们的脖子上，让人挣脱不开，但又不至于立刻死亡。

杰弗里·杨的图式疗法尽管取得了实证研究的支持，在西方国家发展良好，但在中国大陆知道的人却很少，真正掌握它的人更是寥寥无几。我个人认为，它的低传播率一定程度上与它的技术难度以及培训要求有关。图式疗法主要针对的是人格障碍这种难度较高、性质复杂的心理健康问题。同时，它对治疗师的要求也很高，需要治疗师在熟练掌握心理测评、诊断和数种心理疗法的基础之上，同时精通图式的治疗体系。我恳切地希望在未来能有越来越多的心理工作者加入到这种小众但有效的心理疗法的学习和传播中来。

当然，尽管图式疗法是一项难度颇高的心理疗法，这本书却是一本简单易懂的自助书籍。整本书中，除了前言和序言，几乎没有出现过"图式"两个字。而且本书并不是针对临床意义上的人格障碍，而是面向普通人的性格缺陷。书中包含了很多活生生的案例故事，随着故事的推进、展开，你可以从这些鲜活的人物身上看到作者是如何以阿伦·贝克所说的"高度的敏感性、同情心及临床洞察力"帮助他们修补童年时形成的性格缺陷的。此外，在理论阐述和案例故事分析之余，书中还详细解析了修复每一种性格缺陷所需的具体步骤。作为读者的你只需要按照书中的方法一步步地往下做，就一定会有所收获。

最后说一说本书的翻译。我之所以会翻译本书，是因为在机缘巧合之下结识了机械工业出版社的编辑刘利英女士。当时我刚刚结束了在澳大利亚十多年的海外生涯，转而在上海纽约大学（NYU Shanghai）做学生心理咨询。刘女士邀请我推荐一些优秀的海外心理学自助书籍给中国读者，于是我把自己在工作中时常会用到的、可以辅助心理治疗的书单发给了刘女士，其中就包含了这本书。

在翻译的过程中我和前同事陆杨配合愉快，我们都觉得这本书的翻译让我们成长良多。然而对于一个高考过后就在国外生活的人来说，语文实在不是我的强项。尽管我已经非常努力、用完美主义的标准来要求自己，难免仍然有言语上不顺畅的地方。希望大家能够包容并不吝指出。

我和陆杨希望通过这本书，把这种从根本上修补自己性格缺陷的心理学思路带给大家。如果大家再能从书中收获一两点可实际操作的具体方法，那将是我们最大的期盼。

希望本书对你的帮助和对我的一样大！

王怡蕊博士

澳大利亚注册临床心理学家

2019 年 3 月

于上海陆家嘴

为什么又出一本自助书

我们认为，本书填补了目前自我成长类书籍的一个重要空白。市面上有很多出色的自助书籍，也有同样优质的心理治疗方法。然而，大多数治疗和自助书都有其局限性。有些书只针对某一个特定的问题，例如依赖、抑郁、缺乏坚定表达的能力，或者总是选择糟糕的对象。也有些书虽然能帮助读者解决不止一种问题，但往往仅提供单一的改变方式，比如"内在小孩"类练习、夫妻伴侣类练习，或者认知行为方法。还有其他的书虽然很励志，或者能把一些常见的问题讲得很生动，比如讲述失去重要的人或物的感觉，但它们给出的解决方案却太过于含糊，导致我们备受鼓舞后，却不知道该如何进一步行动以做出改变。

在这本书中，我和珍妮特·克罗斯科将与你分享一种新的治疗方法，它能帮你改变生活中的许多固有模式。"性格陷阱疗法"归纳了我们在现实生活中会遇到的 11 种最具伤害性的性格陷阱。针对各种长期困扰生活的问题，本书将为你提供远比你以前阅读过的大多数书籍都更为周密和详尽的方案，并最终帮你逃离这些生活陷阱。

既然这是本关于个人成长和改变的书籍，我也叙述一下自己是如何一路走来开发这套"性格陷阱疗法"的。从很多方面而言，我作为一个治疗师的成长过程也反映了本书中我们为你描绘的自我探索之旅。

故事开始于1975年，我还是宾夕法尼亚大学的研究生的时候。我至今仍记得，自己第一次作为一名实习生，在费城一家精神健康中心的经历。当时我正在学习一种非指导性的、罗杰斯式疗法。我记得自己多数时间都感到困难重重。患者带着严重的生活问题前来找我，向我倾诉强烈的情绪，而我则被教导要倾听、要复述、要澄清，因为只要我们这样做，患者就能自行找到解决方法。这里显然有个问题，那就是通常他们自己其实是无法做到这一点的。有些人即使真的能自己找到解决办法，也要花费太长的时间，以至于等到结束这段治疗时，我会感到无比烦闷。罗杰斯疗法不符合我的脾气和天性。或许是我太缺乏耐心，但我确实喜欢看到相对快速的进步和改变。有时候来访者有严重的问题，但我却只能无助地坐在那里观望，没法加以纠正，对此我常感到烦躁和无奈。

没过多久，我开始研读行为疗法，这是一种强调迅速、切实改变具体行为方式的治疗方法。对此我感到极大的欣慰，我可以主动向患者提出建议，而非像之前那样被动地倾听。针对患者的具体问题，行为治疗方法提出了一个完整的理论框架，以及解决心理问题的具体方法和技巧，就像菜谱或者操作手册一般明确。与我最初所学的那个含糊的治疗方法相比，行为治疗模型非常吸引人。它的推进速度快，短期就能带来改变。

过了几年后，我对行为治疗的美好感觉也幻灭了。我发现行为疗法太关注并且只关注人们做了什么，而太过于忽视我们的想法和情绪。我开始怀念患者丰富的内在世界了。就在那个时候，我读到了阿伦·贝克博士的《认知治疗与情绪障碍》（*Cognitive Therapy and the Emotional Disorders*），这让我再一次激动起来。贝克博士兼顾了行为疗法直指问题本质和可操作性强的特点，还有患者那丰富的思想世界。

1979 年研究生毕业后，我开始跟随贝克医生研习认知疗法。我热衷于帮助患者意识到他们的想法是怎样被歪曲了，并让他们了解到其实还有更合理的想法可以替代。我也喜欢一针见血地指出患者的问题行为，帮他们演练处理日常问题的新方法。患者开始发生显著变化，他们的抑郁状态减轻了，焦虑症状消失了。我还发现，认知疗法的技术对于我的个人生活也极有价值。于是通过讲座、工作坊等途径，我开始在美国和欧洲向其他专业人士传播认知疗法的理念。

几年后，我在费城开设了自己的私人诊所，我的工作一如既往地取得了显著成效，尤其是对有抑郁和焦虑症状的患者。遗憾的是，随着时间流逝，我手上也攒下一些不成功的案例。这些患者要么没有任何治疗效果，要么只有少许进步。我决定坐下来仔细找找这些患者之间是否有什么相似之处。我同时还询问了其他的认知治疗师同事，请他们讲讲自己的顽固案例。我想弄明白，他们的失败是否有跟我类似的情况。

对照那些难有进展的患者和进步迅速的病人，我发现了一个颇有启示性的现象：那些最难有所进展的患者通常症状反而更轻一些。总的来说，他们并没有那么的抑郁和焦虑。他们的问题主要集中于亲密关系领域：共同的特征是与伴侣之间的关系普遍不令人满意。另外，大多数这样的顽固患者在他们的大半生中都一直饱受这些问题带来的困扰。他们来寻求治疗的原因，也并不是重大的生活危机，比方说离婚、父母去世，而是他们长期存在的各种自我伤害的生活模式。

接着，我决定对这些患者最常见的问题或者说行为模式列个清单。这后来成了我的第一份图式（又称作"性格陷阱"）的清单。这份清单仅涵盖了本书 11 种图式中的几种，诸如深度的自我残缺感、严重的孤立和孤独感、过度考虑他人而不惜牺牲自己需求的倾向，以及对他人不健康的依赖。总结出这些性格陷阱，对我治疗那些之前一直缺乏疗效的患者价值巨大。我发现，通过这张性格陷阱清单，我能够把患者的问题拆分成一个个更容易处理的小模块。同时，这样我也能就患者的每个问题制订出不同的治疗办法。

现在回想起来，我对心理、行为模式的探寻也高度反映了我自己的性格特征。我一直希望能够有一个整体、有序，甚至一定程度上可预测的视角，来观察和理解我自己生活的方方面面。我也一直觉得，如果我可以把这其中的总体模式和规律提炼出来，就能掌控自己的生活。还记得在大学期间，我曾尝试按照自己对室友的信赖程度，将我和他们的友谊归入不同的类别。

作为治疗师，我职业发展的另一条主线是，我越来越不喜欢"做减法"或批判（其他流派的观点），越来越倾向于将其加以整合。许多治疗师觉得，他们必须选择某一种治疗方法，然后一心一意地使用它。这也是为什么我们看到了很多严格限定于本流派的格式塔治疗师、家庭治疗师、精神分析师、行为治疗师。可我逐渐意识到，把不同疗法最好的部分整合到一起，会比任何一个单一的疗法都有效得多。精神动力流派、体验流派、认知流派、药理学、行为学流派的治疗方法都有很多可取之处，然而如果单独使用，每种疗法都存在明显的局限性。

但另一方面，我也反对在没有统一框架的前提下，草率地拼接不同技术。我相信，11 种性格陷阱提供了这种统一框架，在此框架下，我们可以从不同心理疗法中，收集治疗的"武器"进行组合，用于与各个性格陷阱战斗。此外，在接下来的章节中，我会讲到，这些性格陷阱其实还为你提供了一种连续观察生活的视角；在这种视角下，过去和现在都是生活整体的一部分。我们会发现，其实每种性格陷阱都与童年的经历相关，我们可以本能地确认这个源头。例如，一旦我们意识到小时候父母的苛求和惩罚有多严厉，我们就能理解，为什么我们很容易选择一个爱挑剔的伴侣，以及为什么我们在犯错后自我感觉是那么糟。

我希望本书能够广泛覆盖各种潜藏于内心深处、贯穿我们一生的问题。我也希望这本书能为你提供一个有用的框架，帮助你了解这些性格陷阱的产生过程和解决方案。这些方案由我们从很多心理疗法中归纳总结而来，相信能真正地帮助到你。

杰弗里·杨

1992 年 9 月

Reinventing
Your
Life

致谢

本书对我们具有特殊的意义，它标志着我们两人在个人和事业成长上的重大成就。为此，我们需要感谢很多过去和现在为我们的发展提供重要帮助的人。

我们感谢丹·高曼和塔拉·高曼夫妇，没有他们的指导、信任、建议、温和的激励以及友谊，我们绝不会去做这样一个巨大的工程。感谢亚瑟·韦恩伯格，多年来，他在我们建立图式模型的过程中给予了很多建议和鼓励。感谢威廉·赞格威尔，他扮演了一个"故意唱反调的人"和批评家的角色，鞭策我们打磨并精练理论。感谢大卫·贝瑞克，他参与新疗法的开发，不断地向我们提供新的视角。感谢卡茜·弗拉纳根，感谢她的智慧意见和热情，以及为运营我们治疗中心所做的努力。感谢比尔·桑德森，他同时担任纽约认知治疗中心的培训主管和长岛认知治疗中心的联合主管，在我们的工作中扮演着重要的角色。感谢马蒂·斯隆、理查德·塞克特、杰恩·莱以及其他纽约的朋友和同僚为这种疗法的研发所做出的贡献。感谢编辑黛比·布洛迪和艾莉莎·多辛西，她们为这本书制定风格和形式。感谢经纪人帕姆·伯恩斯坦，他让这本书成功出版。

杰弗里·杨和珍妮特·克罗斯科

我想在个人感谢的部分再加上一些名字，他们在疗法开发中起到了举足轻重的作用。感谢珍妮特·克罗斯科，感谢她让我们的合作精彩刺激、硕果累累，我不可能"重塑"出一个更好的合作伙伴。感谢威尔·斯威夫特，他像父亲一样，即使在我有点动摇的时候，也一直对我充满信心——谢谢你在过去八年里帮忙把我的点子录下来，并提供重要的反馈意见。感谢我的导师阿伦·蒂姆·贝克，感谢他丰富的临床智慧、富有洞察力的才智、针对个人和专业问题的实证性理念。感谢我的研究生指导彼得·库瑞洛夫和亚瑟·杜尔，感谢他们给我的友谊、对我的信心，也感谢他们在认知疗法还没得到广泛接受前，就足够开明，给我自由使用认知疗法的空间。感谢坎蒂丝，感谢她对我的忍让，她替我承担了大量我处理不了的事务。感谢理查德·沃腾米克和戴安·沃腾米克夫妇、鲍勃·斯派泽、珍妮特·威廉姆斯、基恩·达奎利，以及其他很多自己可能都没意识到帮助过我的人。

我这一生一直都很幸运，因为我拥有一个值得依赖的家庭：在这里无论我经历了什么，永远都可以获得表扬、肯定和接纳。感谢我的父母、祖父母、弟弟斯蒂芬、姐姐黛博拉以及其他的大家庭成员，感谢他们能够接受我所有的怪癖。在与来访者的工作中（他们很多人没我那么幸运），我深深感到不能把这些来自家庭的支持当作是理所当然的。

杰弗里·杨

我想感谢所有其他帮助我成为一个更好的心理学家的人。首先，我想感谢杰弗里·杨，他是一个如此值得效仿的模范，给我提供我所知道的最好的心理治疗方法。我想谢谢我的导师大卫·巴洛，谢谢他教会我"专业性"这个词的真正意义，并鼓励我充分发挥自己的天赋。感谢我在纽约的导师威尔·斯威夫特，布朗大学的安·兰斯、麦克·波克哈德，以及我的实习医生同侪们和其他导师。我还要谢谢纽约州立大学奥尔巴尼分校的杰瑞·瑟尼、瑞克·海姆博格、约翰·维普纳、格兰·科纳德、罗宾·坦森瑞、吉姆·马科索、罗伯特·波伊斯、比尔·西蒙斯、阿兰·科恩等给我温暖支持的同学和其他人。最后，我想感谢我的家庭成员和密友，感谢你们给我的一切。

珍妮特·克罗斯科

Reinventing
Your
Life

目录

Reinventing
Your
Life

第1章

性 格 陷 阱

○ 你会反复爱上冷漠的人而不可自拔吗？你会觉得即使最
  亲近的人也不够关心或理解你吗？

○ 你是否感到你真实的自我是有缺陷的，如果别人真正了
  解你，就不可能会爱你或者接受你吗？

○ 你会总是把别人的需要放在首位，而常常委屈了自己，
  甚至搞不清自己想要什么吗？

○ 你是否害怕会有坏事发生在自己身上，以至于哪怕是普
  通的喉咙痛，都会让你担心患上更可怕的疾病？

○ 你是否发现，无论你得到多少公开赞扬和社会认可，你
  仍不开心、不满足或者觉得这不是自己应得的？

我们将这些问题称作"性格陷阱"。本书将介绍 11 种最常
见的性格陷阱，并向大家展示如何觉察到它们的存在、明白它
们的起源，以及该如何改变它们。

性格陷阱是一种开始于童年阶段、会影响一生的行为模
式。它源自童年时家人或朋友对我们造成的伤害，比如被抛

弃、批评、过度保护、虐待、排挤或剥夺。最终，这些性格陷阱会内化成我们自己的一部分。哪怕已经离开原生家庭很久，我们仍旧会不断制造出让我们感到不公平、被忽略、贬低或者被控制的生活状况，并且，身在其中，我们根本没法达成自己最渴望的生活目标。

性格陷阱决定了我们思考、感受、行动、交际的方式，也会引发强烈情绪，比如愤怒、悲伤、焦虑。哪怕我们似乎拥有了一切：社会地位、完美的婚姻、亲朋好友的尊敬、事业的成功，也仍然无法尽情享受生活，甚至不相信自己真的取得了这些成就。

——○ **杰德**：39 岁的证券经纪人，在事业上极其成功。他征服过很多女人，但是从来没跟对方真正建立过情感联结。杰德陷入了一个叫作"情感剥夺"的性格陷阱。

发展出性格陷阱疗法⊖以后，最先接受这种治疗的就是杰德。他是一个很有意思的患者，他的经历完美诠释了性格陷阱的自我伤害本质。

杰德不停地换女朋友，坚称自己遇到的女人没有一个让他满意的，每一个最终都令他失望。杰德最接近亲密关系的体验是对激发他性欲的女人的迷恋。问题在于，这些关系从来都不持久。

杰德无法和女人建立真正的情感联结，他只想征服她们。一旦他征服了她们，一旦她们爱上了他，他就对她们失去兴趣了。

——○ **杰德**：女人一旦变得黏人我就受不了。要是她开始紧紧缠着我，尤其是在公共场合，我就想赶紧跑。

杰德在孤独中挣扎。他感到空虚、无聊，好像身体里面有个洞。他无休无止地寻找能填补那个洞的女人，但同时又认为自己永远找不到这样一个合适的女人。他觉得自己一直都很孤独，并且会一辈子孤独下去。

⊖ 亦即"图式治疗"。——译者注

　　杰德小的时候就经历过这种痛苦的孤独。他从没见过自己的爸爸，妈妈又冷漠、毫无温情。父母都没能满足他的情感需求。他在成长中受到了情感剥夺，在成年后仍持续重演着当时那种情感分离的状态。

　　多年来，杰德在心理治疗中也无意识地重复着相同的行为模式，他一个接一个不停地换治疗师。他对每位治疗师在一开始的时候都充满希望，但最终又都无比失望。他从未真正与任何一个治疗师建立联结，反而总会找到一些致命瑕疵，并以此为借口停止治疗。每一次心理治疗的经历都让他更加确信：自己的生活并没有改变，甚至更加孤独。

　　实际上，杰德的治疗师都温暖而富有同理心。问题并不在治疗师身上，而是在杰德身上，他总是找借口逃避亲密关系，因为那让他觉得既不熟悉也不舒服。对杰德来说，得到治疗师的情感支持是必要的，但仅仅有情感支持并不够。他还需要治疗师以一定的强度和频度来挑战他的自我伤害行为模式，然而，他之前的治疗师都没有做到。要想摆脱情感剥夺性格陷阱，杰德不仅必须停止挑别人的错，而且需要积极适应与他人亲近和接受他人呵护的感觉。

　　当杰德最终来我们这里治疗时，我们反复地挑战他，每一次他的性格陷阱冒头的时候，我们就努力削弱它一点儿。我们让杰德明白我们真心同情他在与人亲密接触时的不适感，这一点很重要，尤其是考虑到他的父母是如此的冷若冰霜。然而，即便如此，当他坚称温迪不够漂亮、伊莎贝尔不够聪明、梅丽莎就是不适合他时，我们仍然会逼着他正视：他正再次陷入自己的性格陷阱，他是在通过挑别人的错来逃避温暖的感觉。在杰德的治疗中，我们一直都在平衡对他的情感支持和对他的挑战。终于在接受了一年的挑战（我们在挑战时充分注意对他的共情）以后，我们看到杰德产生了巨大的变化——他和温暖有爱的妮可订婚了！

　　杰德：我以前的心理治疗师真的都很通情达理，他们帮我更加理解了
　　　　　　自己灰暗的童年，但却没能真正敦促我改变。我实在太容易
　　　　　　掉回到过去熟悉的行为模式里了。但这个治疗方法不一样。

我终于敢于承担维系亲密关系的责任了。我不想让自己和妮可的关系再次失败，而且我感觉她就是"那个人"。虽然我明白妮可并不完美，但我最终决定：要么真正和人建立联结，要么就心甘情愿地孤单一辈子。

性格陷阱疗法需要我们不断地挑战自己。在本书中，我们将会教你怎样在性格陷阱现形的时候追踪它们，以及如何反复地发动有效反击，直到它们造就的行为模式不再困扰你。

> ——∘ 海瑟：女，42 岁，具有很多潜力，但却由于严重的恐惧感而无法走出家门。虽然目前正服用镇静剂劳拉西泮，但她仍然被牢牢地困在一个叫作脆弱的性格陷阱中。

某种意义上，海瑟毫无生活质量可言，她太害怕了，害怕到什么都做不了的程度。对她来说，生活中充满了危险，她情愿待在"安全"的家里。

> 海瑟：我知道，城里有很多好东西。我也喜欢去剧院，喜欢好餐馆，喜欢看望朋友。可是，那对我而言太难了。我享受不来，每时每刻我都在担心，老觉得可怕的事情随时会发生！

海瑟担心会发生交通事故、桥梁坍塌、被抢劫、被传染上艾滋病之类的疾病，或花钱太多……那她当然会觉得进城没意思了。

丈夫沃尔特对海瑟非常生气，他是想出门去享受生活的。他说，让他也这样与世隔离是不公平的——诚然如此。于是，沃尔特越来越多地自己出门，不带海瑟一起了。

海瑟的父母对她保护得过度了。他们都是犹太大屠杀的幸存者，童年的大部分时间都是在集中营里度过的。海瑟说父母把她像瓷娃娃一般对待，不停地警告她各种理论上可能，但实际上很少会发生的危险：比如，她可能会得肺炎、会被困在地铁里、会被淹死，或者会遇到火灾……所以，毫无疑问，海瑟大部分时间都处在令人痛苦的焦虑状态下，试图确保自己所在的环境是安全的。与此同时，几乎所有令人快乐的事都从她生命中消失了。

在向我们寻求帮助前，海瑟在 3 年内尝试了数种抗焦虑药物。（药物是最常见的抗焦虑治疗方法。）最近，她去看了一位精神科医生，医生给她开了劳拉西泮。她每天服用，症状确实得到一些缓解。她感觉好多了，不那么焦虑了，生活也因此变得更有乐趣。知道自己手里有一种可以缓解焦虑的药物后，海瑟就觉得自己能更好地应对各种事情了。然而，即便如此，她仍旧避免走出家门。她丈夫抱怨说，吃药唯一的作用，就是让她更开心地在家待着。

另一个严重的问题是，海瑟觉得自己开始依赖劳拉西泮。

海瑟： 我感觉自己这辈子都得一直吃这个药了。"不吃药"这个想法太可怕。我不想再回到那种时时刻刻都在害怕所有事物的状态。

哪怕有时海瑟明明是依靠自己调节了压力，她也会觉得那都是药物的作用。她没能建立起掌控感，即一种觉得能够依靠自己的力量来处理问题的感觉。（这也是患者在停药后容易复发的原因，这一点在焦虑治疗中尤为常见。）

海瑟在性格陷阱的治疗过程中进步神速。一年之内，她的生活就显著变好了。她开始逐步挑战让自己更加焦虑的情境。她已经能够出门，去看望朋友，看电影，并且最终决定去做一份需要乘公交上下班的兼职工作。

作为海瑟治疗的一部分，我们帮助她学着更客观地评估坏事情发生的概率。我们反复向她证明，她是如何夸大无害场景中发生灾难的风险概率，同时也向她展示，她过度高估了自己在家门以外的环境中的脆弱和无力感。海瑟最终学会了对危险保持合理的警惕性，不再反复向丈夫和朋友寻求安慰。她的婚姻质量提升了，生活中的乐趣也变多了。

复发的讽刺

杰德和海瑟的案例分别体现了 11 种性格陷阱中的两种：情感剥夺和脆弱。我们会继续通过其他案例展示另外 9 种性格陷阱：屈从、不信任和虐待、遗弃、自我缺陷、权利错觉、依赖、失败、苛刻标准、社交孤立。你可能会在自己身上看到不止一种性格陷阱的影子。

精神分析疗法的核心洞见之一是人们总是反复重演童年的痛苦经历。弗洛伊德把这种过程称作**强迫性重复**。酗酒者的孩子长大后，和酗酒者结婚。遭受虐待的孩子长大后，和施虐者结婚，或者自己变成施虐者。受到猥亵的儿童长大后，成为卖淫者。被家长管控得太严的孩子长大后，容易被别人操控。

这种现象令人困惑：我们为什么会这样？为什么要人为地重演自己的痛苦，延长自己的苦难？我们为什么不从这样的模式中逃脱，去创造更好的生活？几乎每个人都会以自我损害的方式，重复童年时养成的负面行为模式。这正是心理治疗师试图对抗的诡异现实。成年的我们总会设法创造出与童年时的痛苦经历相似的情形。性格陷阱，就是我们重建这些行为模式的方式。

描述性格陷阱的专门术语叫作**图式**（schema）。图式的概念来自认知心理学，指的是我们在童年时形成的对于自我和这个世界的根深蒂固的坚定信念。这些图式对自我认知非常重要。放弃图式中的信念，就等于是放弃我们从"自己是谁"和"世界是什么样"这两个明晰的认知中所获得的安全感。所以哪怕图式会给我们带来伤害，我们也会固守不变。这些早期形成的信念带给我们一种可预期感和确信感，让人觉得宽慰和熟悉。在某种奇怪的意义上，它们让我们觉得自在。这就是认知心理学家认为图式（或者说性格陷阱）特别难改变的原因。

现在，我们来看看性格陷阱会如何影响我们的爱情生活。

—○ **帕特里克**：男，35 岁，建筑承包商。他的妻子弗朗辛越是出轨，他越是渴望她。帕特里克陷入了遗弃性格陷阱。

帕特里克极不快乐。他的妻子不断和其他男人传出绯闻，每当她出轨时，他都伤心绝望。

帕特里克：只要能挽回她，我愿意做任何事。我受不了这种感觉，我知道，要是失去了她，我会崩溃。我不明白自己为什么要忍受这一切，好像越是知道她要离开我，我就越是爱她。我开始想，只要我能变得更好，她就不会再出轨了；只要我能变得更好，她就会留在我身边了。我真的承受不了这种不确定感。

弗朗辛总是发誓会忠贞不贰，每次帕特里克都选择相信她。但是，每一次他的希望都会破灭。

帕特里克：我不敢相信，她又这么对我。我没法相信，她又要逼着我再次经历这一切。上一次之后，我确定她不会再这样了。我是说，她亲眼看到了她对我的伤害，我差点自杀。我无法相信，她会又出轨。

帕特里克的婚姻就像过山车。他坐在上面，完全失控，从巨大的希望落到绝望，忽升忽降，反反复复。

帕特里克：对我来说，最难过的就是等待，即使知道她又在背叛，还是在等着她回家。有几次，我等了好几天。我就坐在那儿等，等着她回家。

在等待的期间，帕特里克时而抽泣，时而暴怒，反复循环。当弗朗辛最后回到家的时候，场面会很难堪。有那么几次，帕特里克打了她，紧接着又乞求她的原谅。他想从她那辆过山车上下来，想要稳定和宁静。然而，这就是遗弃陷阱的辛酸之处：弗朗辛越变幻莫测，他在深层次的情感上就越离不开她。他觉得，当她威胁说要离开他的时候，他感受到的吸引力就更大。

帕特里克的童年充满了失落和不可预测感。他两岁时，爸爸抛弃了家庭，他和两个姐妹是被酗酒的妈妈抚养长大的。妈妈一喝醉，就忽略了对他们的照料。他很熟悉被抛弃和忽略的感受，与弗朗辛结婚、忍受她的不忠，让他成功地重演了相同的感受。

帕特里克曾接受过为期三年的（弗洛伊德式的）精神分析治疗，每周见他的治疗师三次，每次 50 分钟，花费可观。

帕特里克： 我会走进去，然后在长沙发上躺下，谈论随便什么我突然想到的事。对我而言，那很美妙。我的精神分析师在这整整三年里很少说话。即使我痛哭或者冲他吼叫，他通常也不会说什么。我觉得，他好像并不是真的在那儿。

他讲了很多童年经历，也讲了很多自己躺在长沙发上的感受。

他说他开始对精神分析感到抓狂，因为进展太慢。他虽然更加明晰了自己的问题所在，但却解决不了，这些问题仍旧在那儿。（这是对精神分析疗法常见的怨言之一：仅仅是洞察问题并不足够。）他想要一种更快、更直接的心理治疗，他想要更多的引导。

针对性格陷阱的治疗方法为帕特里克提供了他所需的指导。我们采用了与他共同合作的态度，而不是精神分析师那种疏远、中性的态度。我们帮助他切实地理解自己的模式是怎样的，以及应该怎样打破它。我们教他更谨慎地选择女朋友，并警告他，虽然具有破坏性特质的伴侣会更吸引他，但沉溺于这样的恋爱关系对他而言很危险。他被迫正视这样一个现实：和很多人一样，他爱上了一个强化他性格陷阱的伴侣。

经过一年半的图式治疗，帕特里克决定结束和弗朗辛的婚姻。因为在一年半的时间里，他已经给足了弗朗辛机会。他努力纠正自己破坏亲密关系的行为，那些在不经意间把她越推越远的做法。他已经不再试图控制她，给了她更多的自由。当弗朗辛对他不好时，他也已经能坚守自我了。然而，虽然经过了这么多努力，弗朗辛依旧没有改变。事实上，情况变得更糟了。

当我们初次问他有没有想过离开弗朗辛时，帕特里克坚持说，他怕自己会崩溃。但是，最终离开弗朗辛、结束婚姻时，他并没有崩溃。相反，他变得更加冷静和自信了。他认识到，生活中没有弗朗辛也没关系。我们认为，结束这段自毁性的婚姻是正确的。

帕特里克慢慢地开始和其他女士约会。最初，他约会的对象跟前妻特别像——情绪不稳定，不能支持他。看上去他仿佛是以快进的速度绕了一个圆圈，又转回到了原点。然而事实上，我们逐渐帮助他学习做出更加健康的选择，哪怕这样的伴侣对他没有那么强的吸引力。他现在已经和心理稳定、值得信赖、深爱着他的西尔维娅同居六个月了。虽然西尔维娅没有弗朗辛那么有魅力，但这是帕特里克这辈子第一次开始学着满足于一段稳定、充满关爱的感情。

当你明确了自己的性格陷阱类型，针对性格陷阱的治疗方法就会明确地告诉你，哪些关系是健康、值得追求的，哪些关系是需要避免的。一般来说，这并不容易。就像帕特里克，你可能不得不做出在短期内令人非常痛苦，甚至违背内心感受的决定，但是，只有这样才能逃脱可能困扰你一辈子的泥淖。

——● **卡尔顿**：30 岁，跟着父亲经营家族纺织品生意。他不太擅长管理人，更喜欢做其他工作。卡尔顿陷入了叫作"屈从"的性格陷阱。

卡尔顿是个讨好者。他把所有人的需求都置于自己的需求之上，当别人问他的意见时，他总说"我不介意，你决定就好"。

卡尔顿努力让妻子高兴，所有妻子说的或想要的，他都说"好的"。他也努力讨孩子喜欢，从来不对他们说"不"。他尽力让父亲开心，尽管非常不喜欢做生意，但仍然去家族企业里工作。

讽刺的是，尽管卡尔顿如此努力地去讨好每个人，大家却经常被他惹恼。他总是自我牺牲。妻子很生气，认为他没骨气；尽管他的纵容让孩子们得了便宜，可在另一个层面上来说，他无法设定边界也让孩子们恼火；父亲也总是很生气，因为他觉得卡尔顿太软弱，工作手段太温和，尤其是在管理员工的时候更是如此。

卡尔顿甚至不知道他自己内心深处其实也很愤怒，他为长期以来一直无视自己的需求而生自己的气。这一切都是他幼年时习得的行为模式。卡尔顿的父亲是个暴君，喜欢颐指气使、控制别人。所有事情都必须按照他的方式来。小时候，如果卡尔顿不同意父亲的意见或者与父亲争辩，父亲就会对他大打出手，并出言贬低讥讽，而母亲在家里一直处于绝对的消极被动状态，大多数时间都很抑郁。卡尔顿常常还得照顾她，努力让她感觉好过些。所以，卡尔顿根本无从满足自己的需要。

在来到我们这里之前，卡尔顿做过两年体验性的格式塔治疗。他的治疗师鼓励他活在当下，去感受自己当下的情绪。比如，治疗师会让他做假想性的练习，想象父亲的模样，练习对父亲回嘴。这种治疗方法有一定的帮助，他开始感受到自己有多愤怒了。

问题是，这种疗法缺乏明确的导向，并没有一个持续的焦点。每一次治疗时，卡尔顿都只是在探索自己在当时当下最为突出的情绪感受。很自然地，他对那些挚爱之人的愤怒不断浮现，可是他既不明白为什么会这样，也没有采取任何实际行动。治疗师没能帮他把所有问题作为一个整体去思考和理解，也没能教会他具体的技巧来克服屈从行为。

针对性格陷阱的治疗方法为卡尔顿提供了一个简单、直接的理论框架。从中他不仅明白了"屈从"是贯穿他人生的基本主题，还学到了改变的方法，所以，他进步神速。我们发现，打破屈从这一性格陷阱的用时通常是最短的。

卡尔顿获得了更强的自我感。他更加了解和注意自己的需求和情绪，而不是像过去那样自我压抑。他开始有了自己的意见和偏好。面对父亲、员工和妻儿，他也能更加坚定自信地表达自己。他还特别学习了如何表达愤怒的情绪，学会了用平静、克制的方式陈述自己的需要。虽然刚开始妻儿在意识到自己正失去权力时，有一点儿排斥，但是很快就习惯了。事实上，他们更喜欢这样的卡尔顿，他们希望他更强势。

卡尔顿与父亲的角力更加艰难一些。虽然父亲试图碾碎卡尔顿的抵抗，坚守自己的统治地位，但是，卡尔顿发现，事实上他对父亲的影响力远比想象中更大。当他威胁说，如果父亲不能给他更平等的地位，他将退出家族生意时，他的父亲让步了。现在，卡尔顿开始接手许多父亲的职责，父亲准备退休了。卡尔顿也发现，他的父亲对他产生了一种新的尊重。

这个案例表明，在探索情感以外更进一步很重要。许多所谓的体验性心理疗法，比如与自己心灵深处的孩子对话，可以很好地帮助我们把现在的日常生活和童年的感受联结起来。但是，这些治疗方法基本都不够深入。治疗参与者常常觉得结束治疗面谈或者工作坊之后好转了不少，可很快又会回归自己的固有行为模式。与此不同，针对性格陷阱的治疗方法可以提供结构化的行为治疗家庭作业，并持续挑战来访者的性格陷阱，让治疗中取得的进步得以巩固。

认知疗法革命

针对性格陷阱的治疗方法是认知疗法的衍生物。认知疗法是阿伦·贝克（Aaron Beck）博士于 20 世纪 60 年代发明的。我们把这种疗法里的很多内容都融合在了性格陷阱疗法之中。

认知疗法的基本假设是，我们对生活事件的思考方式（认知）决定了我们对事件的感受（情绪）。而有情绪问题的人倾向于扭曲现实。举个例子，海瑟在她妈妈的教导下，把诸如坐地铁这样的日常行为当作危险的事。性格陷阱导致我们以不恰当的方式看待某些特定的情境，激活我们认知偏差的开关。

认知治疗师相信，如果我们能够教会患者更准确地解读情境，就可以让他们感觉好些。如果我们能够向海瑟证明，她可以自己出行且不会有多少危险，那么她就不会那么害怕，并且可以重新开始正常生活。

贝克博士提出，我们要检视自己的想法是否符合逻辑。当我们感到沮丧不安时，我们有没有夸大事实，有没有把事情想得过于针对自己，有没有灾难化现实等行为？我们的想法真的有道理吗？是否可以从其他角度来看待这件事？另外，贝克认为我们应该通过一些小实验来检验自己的消极思想。比如，我们请海瑟在冬天的街区里独自散步，让她明白她并不会受到伤害，尽管她之前十分确信，自己一定会生病或者被抢劫。

认知疗法已经获得了广泛认可。大量且持续增加的研究证据表明，它对焦虑和抑郁等心理障碍非常有效。它是一种主动的治疗方法，教导患者通过控制自己的想法，来控制自己的情绪。

认知治疗师通常会综合运用认知技术和行为技术。行为技术可以教会来访者一些新的实用性技巧，比如放松练习、坚定的自我表达、焦虑管理、问题解决、时间管理以及社交技巧。

然而，近年来，我们逐渐意识到，认知和行为的方法固然非常重要，但仍不足以改变贯穿来访者人生的行为模式。因此，我们研发出针对终身问题的图式治疗方法。图式疗法把认知和行为技术与精神动力学、体验性技术相结合。玛德琳，我们在这一章要讨论的最后一位来访者，向我们显示了仅仅使用认知技术的价值及其局限性。

———● **玛德琳**：*29 岁，演员、歌手，曾被继父性虐待，一直挣扎在这件事带来的影响中。玛德琳陷入了不信任和虐待的性格陷阱。*

玛德琳从未与异性有过长期亲密关系。相反，她一直游走于两个极端：要么完全避免跟男人接触，要么滥交。

在上大学以前，玛德琳一直回避男孩子，从不与异性约会，也没有交过男朋友。

> **玛德琳：** 我从没让任何男性接近过我。我记得第一次被一个男孩子亲过之后，我跑开了。当我感觉到男生喜欢我，我会表现得很高冷，直到他离开。

进入大学的最初两年，玛德琳开始喝酒、吸毒。那段时间，她和超过30名男性发生过性关系。她说："对我来说，那些男人什么都不是。"

> **玛德琳：** 大学期间的我很疯狂，随便跟男人上床。学校里有个兄弟会，里面所有成员都跟我睡过。我觉得很痛苦，感觉自己低贱、肮脏，觉得自己被利用了。可我就是没办法拒绝。即使在跟男孩子出去玩之前，我承诺自己不会跟他上床，可最后还是会这样做。我想，男孩子之所以愿意跟我出去玩，唯一的原因就是他们想跟我上床。我真不知道自己为什么会那么做。那段时间，我就好像彻底失控了一样。

被继父性虐待的经历，摧毁了她对性的认知和与男性亲密接触的能力。她无可避免地把性与虐待混为一谈。

现在，玛德琳又回到了回避所有男性的状态。她已经好几年没有约过会了，担心自己永远都不能结婚生子。

玛德琳最初尝试的是传统的认知疗法。她的治疗师把注意力集中在玛德琳当下对男性的回避上，治疗中很少谈到玛德琳童年的经历。相反，她和治疗师把两次治疗之间的家庭作业设计成发起与男性的谈话，或者去参加聚会。治疗师让她列举她所认识的、体贴女性且渴求亲密关系的男性，以纠正她扭曲的认知，例如"男人约我出去只是为了性"。

持续治疗了几个月以后，玛德琳又开始约会了，然而，她被虐待女性的男性所吸引。虽然她之前认识到，很多男性是体谅、照顾女性的，但她自己与男性交往的经验并不是这样。玛德琳意识到，要改变根深蒂固的行为模式，她需要更多的帮助。

玛德琳： 我觉得我的治疗师想让我在并不理解自己为什么会是这个样子的情况下就做出改变。我的意思是，我知道自己必须按照她说的那样改变。我必须学会信任男性，不再回避亲密接触。但是，我回避男性是有原因的，我需要理解为什么。

玛德琳变得对有意追求她的男性很愤怒。她能理解到，这种愤怒是她扭曲的思维的产物，但这改变不了她仍旧感到愤怒的事实。玛德琳必须要把她愤怒的矛头对准其真正的对象：继父。她需要表达并肯定自己愤怒的情绪。

在玛德琳接受针对性格陷阱治疗的头一年半的时间里，我们通过意象法帮助她发掘受虐的记忆。我们督促她宣泄自己对继父的愤怒，当面指控继父，鼓励她参加乱伦幸存者的互助小组。我们还指出，她是如何通过选择有虐待倾向的男友，来持续不断地重演自己受虐的模式的。

玛德琳慢慢地重新开始约会。虽然她依然会被有虐待倾向的男性所吸引，但她在我们的坚持下跟这样的人保持距离，转而去注意愿意尊重她的男性，哪怕相比之下和他们的爱情化学反应没那么强烈。她学习主动要求获得尊重，而不是等着别人给她尊重。她还在学习向他人说"不"。

大约一年以后，她爱上了本，一个温柔、感情丰富的男人。不过，即便是和本在一起，玛德琳仍然有严重的性压抑的问题。本愿意和她一起接受治疗，克服她在性方面的障碍。现在，她正在考虑结婚。

在第 16 章里，我们会提供许多纠正不信任和虐待的性格陷阱的具体建议。然而，我们要强调，许多性格陷阱，尤其是不信任和虐待这种，需要花很长的时间来改变，并且应该去寻求心理治疗师或者互助小组的专业帮助。

　　从玛德琳的治疗过程我们可以看到，针对性格陷阱的图式治疗方法保留了一部分认知和行为疗法的关注点：它教授应对技巧，着眼于改变。但是，我们关注的不仅仅是短期的行为纠正，还关注影响来访者一生的重要问题，尤其是两性关系、自尊和事业方面的障碍。我们既要纠正行为，也要改变来访者体验情绪和经营人际关系的方式。

　　下一章开头将会有一份问卷，可以帮助你发现自己的性格陷阱。

Reinventing
Your
Life

第 2 章

你陷入了哪些性格陷阱

在这一章，我们将帮助你鉴别，哪种性格陷阱看上去最符合你的生活。

下列 22 个陈述，在多大程度上符合你的情况？请按照以下的 6 分制来评分。

计分标准

> 1 分：完全不符合我
>
> 2 分：基本不符合我
>
> 3 分：有点儿符合我
>
> 4 分：部分符合我
>
> 5 分：基本符合我
>
> 6 分：完全符合我

首先，请回想还是儿童时期的你，对这 22 条陈述的相符程度进行评分。如果你在童年期的不同阶段给出的评分有所差别，那么就选用总体来说最符合 12 岁以前的你的评分。然后，再思考一下现在，作为一名成年人，你和各条陈述的相符程度，并进行评分。如果你觉得成年以后，不同阶段你的情况也不一样，那就根据你最近 6 个月的情况进行打分。

表 2-1 性格陷阱问卷

童年期	现在	问题描述
		1. 我会黏着亲密的人，因为害怕他们会离开我
		2. 我非常担心我爱的人会找到更喜欢的人，然后离开我
		3. 我经常警惕别人的背后动机，我没法轻易信任别人
		4. 我无法放下对周围人的防备，不然的话他们会伤害到我
		5. 我比一般人更担心危险，比如担心自己生病或受到伤害
		6. 我担心自己（或家人）会失去财产，变得一贫如洗、不得不依赖别人
		7. 我觉得自己无法独立做好事情，所以必须得有人帮我才行
		8. 我和父母都存在过度干预彼此生活以及个人问题的倾向
		9. 从没有人照料我，与我分享他们生活的点滴，或者真正在乎我的一切
		10. 没有任何人能满足我对于理解、共情、指引、建议、支持等方面的情感需求
		11. 我感觉自己没有归属感，我是个异类，我真的和周围格格不入
		12. 我无趣又无聊，不知道该跟别人聊些什么
		13. 没有一个我在乎的人会在认识到真正的我之后，在我所有的缺陷都暴露出来以后，还会再爱我
		14. 我是一个可耻的人，我不配得到其他人的爱、关注和尊重
		15. 我在工作（或学习）上，不如大多数人聪明或者有才干
		16. 我常感到能力不足，因为我在天赋、智力或者成就上都不如其他人
		17. 我觉得自己无路可选，必须给别人让步，否则的话，他们会以某种方式报复或者排斥我
		18. 别人觉得我为他人做得太多，为自己做得太少
		19. 我努力做到最好，"差不多"对我来说是绝对不行的。无论做什么，我都必须是第一
		20. 我要做的事太多了，几乎没时间放松或者娱乐
		21. 我感觉自己没必要遵守普通人的规则和惯例
		22. 我似乎很难有足够的自制力去完成常规的事物、无聊的任务，也无法控制好自己的情绪
		社交孤立陷阱的总分（1 ～ 22 题的所有得分相加）

如何使用计分表

现在，我们再把得分从问卷上誊到计分表上。可参照下面的问卷样例和计分表样例：

问卷样例		
童年期	现在	问题描述
3	2	1. 我会黏着亲密的人，因为害怕他们会离开我
5	4	2. 我非常担心我爱的人会找到更喜欢的人，然后离开我

计分表样例						
√	性格陷阱	童年期	现在	童年期	现在	最高分
√	遗弃	① 3	① 2	② 5	② 4	5

第一个和第二个问题都是关于遗弃性格陷阱的。让我们以第一个问题为例。首先，把你在这道题"童年期"的得分填入计分表"遗弃"这两个字右边的那一格的数字 1 之后（"童年期"那一竖列）。接着，把"现在"（成年后）的得分誊到计分表相邻的那一格里（"现在"那一竖列）。

然后，我们再看第二个问题。把第二个问题的"童年期"的得分誊到计分表内用数字 2 标记的"童年期"的那一竖列里。然后，把第二个问题"现在"的得分誊抄至相邻的用数字 2 标记的"现在"的那一竖列里。

看一下计分表中"遗弃"性格陷阱的这四个得分，哪个分数最高？把最高的那个分数（1 ～ 6）填在遗弃这一横行的最后面的"最高分"的格子里。如果你的最高分是 4、5 或者 6，那就在这一横行左边的第一个格子里打个钩。这个"√"意味着，遗弃可能是你的图式之一。如果你的最高分是 1、2 或者 3，就让第一格空着。这意味着，你可能没有遗弃这个图式。

现在，继续往下，用同样的方式把计分表填完。

表 2-2

性格陷阱计分表						
√	性格陷阱	童年期	现在	童年期	现在	最高分
	遗弃	1.	1.	2.	2.	
	不信任和虐待	3.	3.	4.	4.	
	脆弱	5.	5.	6.	6.	
	依赖	7.	7.	8.	8.	
	情感剥夺	9.	9.	10.	10.	
	社交孤立	11.	11.	12.	12.	
	自我缺陷	13.	13.	14.	14.	
	失败	15.	15.	16.	16.	
	屈从	17.	17.	18.	18.	
	苛刻标准	19.	19.	20.	20.	
	权利错觉	21.	21.	22.	22.	

分数解读

现在，我们将简要地分别描述这 11 种性格陷阱，让你对每一种都能有一个基本了解。看一下你的计分表，第一列打了"√"的都可能是你所拥有的性格陷阱。在某项性格陷阱上的得分越高，它对你来说可能就越强大，对生活的影响也更严重。在看完了这些介绍性的章节以后，你应该会想要进一步阅读关于每一个性格陷阱的详细内容了。

如果你不确定你自己或者某个亲朋好友是否具有某个性格陷阱，不用急着现在就下定论。当你读到讲述每个性格陷阱的具体章节的时候，会看到更加细致的测试题，那时候你就会更加明确是不是真的有这个性格陷阱了。

简述：11 种性格陷阱

两种和原生家庭缺乏安全感相关的性格陷阱：**遗弃**和**不信任**。

遗弃

遗弃陷阱指的是一种觉得自己爱的人会离开、自己在感情上注定会孤独一生的感受。你可能觉得亲近的人会去世，或者永远离开这个家，或者因为更爱别的人而抛弃你。不知为何，你总觉得自己会因为各种原因而被抛弃。由于这个想法，你可能会过分黏着亲近的人。但讽刺的是，你最终却把他们推远。即便是正常的分离，也可能让你感到不安或者愤怒。

不信任和虐待

不信任和虐待[⊖]性格陷阱，是一种别人会以某种方式伤害你或者对你不好的预期。比如，别人可能欺骗你、对你撒谎、操控你、羞辱你、对你造成人身伤害，或者占你便宜。假如掉入这个性格陷阱，你会躲在一面叫

⊖ 原文是"abuse"，英文中 abuse 含义比中文的"虐待"更为宽泛，可以指代各种不恰当的使用和对待；作为一个性格陷阱的名称，本书统一采用虐待的译法。——译者注

作"不信任"的高墙背后保护自己。你绝不会让别人靠得太近，总是怀疑别人的企图，并倾向于做最坏的假想。你预计你爱的人会背叛你，所以要么干脆彻底回避人际关系，要么选择和你无法敞开心扉的人建立肤浅的关系。还有一个可能，就是你一边选择与对你恶劣的人在一起，一边痛恨对方，想要报复他。

两种与你在这个世界上独立生活的能力相关的性格陷阱：**依赖**和**脆弱**。

依赖

假如掉进了依赖的性格陷阱，你会感到只有在获得他人诸多帮助的前提下，你才能比较好地处理日常生活。你会把别人当作拐杖，需要持续不断的支援。在孩童期，当你试图独立自主的时候，总有些人或事让你觉得自己是无能的。成年以后，你主动寻找强大的依靠。你依赖他们，同时也不介意他们主宰你的生活。在工作中，你不愿意自己做决定，不愿意自己行动。不用说，这个性格陷阱正在限制你。

脆弱

掉入脆弱性格陷阱的你，生活在忧心灾难即将降临的恐惧中——无论是天灾、人祸、疾病，还是财务方面的困难。你在这个世界上很难体会到安全感。童年时期，有各种影响让你觉得这个世界很危险。你的父母很可能太过担心你的安全，以至于对你过度保护。现在你常有过分且不符合实际的恐惧，你让恐惧控制了你的生活，耗费大量的精力来反复确认自己是安全的。你的恐惧可能围绕着疾病的主题，比如担心惊恐发作、患上艾滋病，或者怕自己发疯；也可能是以财务问题为焦点，比如担心破产、流落街头；还可能是其他恐惧性场景，比如害怕坐飞机，害怕遭抢劫，担心地震。

两种与他人的情感联结强度相关的性格陷阱：**情感剥夺**和**社交孤立**。

情感剥夺

情感剥夺是一种认为他人永远不可能满足自己对爱的渴望的信念。你觉得没人真正在乎或者理解你的感受。你发现自己容易被冷漠、不愿付出的人所吸引，或者你自己就是个冷漠和不愿付出的人，这无可避免地导致了不如意的人际关系。你觉得受到了欺骗，你的情绪在愤怒和受伤、孤独之间来回变换。讽刺的是，你的怒火恰恰会把别人赶得更远，进一步地延续了你情感剥夺的感受。

当情感剥夺的患者前来寻求心理治疗时，他们的那种孤独感甚至会在他们离开诊所之后，继续萦绕在我们的办公室里。这是一种空虚，一种情感失联的状态，而他们是一群不明白爱是什么的人。

社交孤立

社交孤立讲的是我们与朋友以及自己所在群体的联结。它是一种孤立于全世界、觉得自己格格不入的情绪感受。掉入这种陷阱的你，童年时觉得自己被其他孩子所排斥，不属于任何一个朋友圈子。这也许是因为你的某些不同寻常的个人特点导致你觉得自己与众不同。而成年后，你仍然经常通过逃避行为来维护这个性格陷阱：你逃避社交，逃避交朋友。

可能是由于你的某些特质不招其他孩子待见，你在童年时候就受到排挤。这样的经历让你觉得自己不讨人喜欢。而成年后，你可能认为自己容貌丑陋、对异性毫无吸引力、社会地位低、言辞乏味、个性无趣或者有其他某种缺陷。你反复演绎童年时被拒绝的经历，在社交场合里总是觉得低人一等，并表现得矮人一头。

社交孤立这个性格陷阱并不总是那么明显。很多掉入这种陷阱的人，在与亲密、熟悉的人的相处中，表现得相当自如，甚至富有社交魅力。他们在一对一的关系中，可能也不会表现出这种性格陷阱。但是，在聚会、课堂、会议或工作场合，他们焦虑和疏离的程度有时会严重得让人吃惊。他们有种焦躁不安的特质，仿佛一直在寻找一个自己能融入的地方。

两种关乎自尊的性格陷阱：**自我缺陷**和**失败**。

自我缺陷

掉入自我缺陷这个性格陷阱的人，在内心深处会觉得自己充满缺点和缺陷。你相信，假如有个人离你足够近，真正了解你，那么这个人会发现你其实根本不值得爱。你的缺点必将展露无遗。当你还是个孩子的时候，你觉得家人没有尊重你真实的自己。相反，他们不断批评你的"缺点"。因而你责备自己，觉得自己不配得到爱。成年之后，你也害怕去爱。你很难相信亲近的人会看重你，所以随时抱着被拒绝的准备。

失败

失败的性格陷阱也是一种根植于内心的想法，认为自己在学业、工作、体育运动等方面都不足以获得成就。相较于周围的人，你觉得自己是个失败者。当你还是一个孩子的时候，周遭的人和事让你感到自己在成就方面始终低人一等。你可能曾经有过学习障碍，或者从未有过足够的自制力来掌握诸如阅读之类的重要能力。周围的其他孩子总是比你出色，你被别人指指点点，说你"笨""没天赋"，或者"太懒惰"。成年之后，你过度夸大自己的失败，并且总是按照会导致失败的方式行事，于是一直把自己拘束在这个性格陷阱里。

两种与自我表达（即表达自己想要什么以及满足自己真实需求的能力）相关的性格陷阱：**屈从**和**苛刻标准**。

屈从

屈从这个性格陷阱，会让你为了取悦他人或满足他们的需要，而牺牲自己的需求和愿望，甚至你允许他人控制自己。你这样做，既可能是出于内疚感（你认为如果首先照顾了自己的需求，就等于伤害了他人），也可能是惧怕自己的不服从会招致惩罚或被抛弃。童年时，你身边的某个人

（通常是家长）一直要求你无条件地服从。成年后，你还是不断地跟那些强势、控制欲强的人交往，对他们俯首帖耳。或者你也可能选择那些自身有各种心理缺陷，因此需求极多，却无法回应你付出的交往对象。

苛刻标准

掉入苛刻标准这个性格陷阱的人，会无休止地鞭策自己实现对自己来说很高的目标。你会过度在意地位、金钱、成就、美貌、秩序、认可，不惜为此放弃幸福、快乐、健康、成就感、良好的亲密关系。你可能还会拿自己的严苛标准去要求别人、对别人武断地评头论足。当你还是孩子的时候，你就被要求做到最好，只要没能做到最好就等同于失败，而你认识到你做的每一件事都不够好。

权利错觉

最后一个性格陷阱是权利错觉，和接受生活中实际限制的能力有关。掉入这个性格陷阱的人会感到自己是特别的。他们坚信，自己可以立马做到、说出，或者得到自己想要的任何东西。他们不去考虑别人是否会觉得这是合理的，不考虑什么才是切实可行的，通常来说又要花费多少时间和耐心，以及别人得付出多少代价。他们在自我约束方面存在问题。

许多掉入这个性格陷阱的人小时候都被溺爱。家长没有要求他们学会自我控制，或者像其他孩子那样去遵循一定的限制。成年之后，他们依旧会在自己的要求没得到满足时大发脾气。

现在，你已经大致了解哪些性格陷阱比较符合你的情况了。下一章，我们将告诉你性格陷阱是从哪里来的，或者说，在我们童年时，性格陷阱是怎么产生的。

Reinventing
  Your
  Life

第 3 章

了解性格陷阱

我们可以通过三个核心特征来辨认性格陷阱。

辨认性格陷阱

1. 它们是持续一生的模式或者主题。
2. 它们带有自我伤害性质。
3. 它们想方设法地要自我延续。

正如第 1 章所说，性格陷阱是起始于童年，并在一生中不断重复上演的模式或主题。这个主题可能是被抛弃、不信任、情感剥夺或任何我们描述过的其他主题。最终的结果是，成年以后，**我们会设法再次创造童年时让我们最受伤的情境**。

性格陷阱带有自我伤害性，具有自暴自弃的特点，因此看着性格陷阱的上演对治疗师来说也是件痛苦的事情。我们会看到像帕特里克这样的人再一次被遗弃，或者像玛德琳这样的人再一次被虐待。患者被激发他们性格陷阱的情境所吸引，就像飞蛾扑火一般。性格陷阱损害我们的自我意识、健康、与他人的关系、工作、幸福、情绪……它影响我们生活的各个方面。

性格陷阱的生命力非常顽强。我们感到强大的推动力要把它继续维系下去。这是人性中寻求一致性的部分体现。性格陷阱是我们所熟知的。虽然它令人痛苦，但也让人感到舒服和熟悉，因此它非常难被改变。此外，性格陷阱通常源自童年期对原生家庭的适应。这些模式在童年时是可行的，问题是，当它不再有效时，我们还在继续重复。

性格陷阱是如何产生的

很多因素会影响性格陷阱的产生。首先是气质⊖。气质是天生的，它指的是我们情绪的构成方式、对事件做出反应的自然模式。

与其他天生的性格特点一样，气质因人而异。气质也包括一系列的情绪。下面是我们认为主要由遗传决定的性格特点的一些例子。

可能的气质维度

害羞的 ←——→ 外向的

被动的 ←——→ 攻击性的

情绪淡漠的 ←——→ 情绪激烈的

焦虑的 ←——→ 无畏的

敏感的 ←——→ 坚韧的

你可以把自己的气质理解为在所有维度上的特征之和，既包括以上列举的维度，也包括我们尚不知道或理解的其他维度。

当然了，行为也受环境的影响。安全的、鼓励性的环境，可能把一个

⊖ 原文是"temperament"，很多心理书籍将其译为"气质"，本书采用此种译法以保持一致。——译者注

天生害羞的孩子培养得相对外向；而如果环境足够糟，即使性格天生相当坚韧的孩子，也可能被击垮。

遗传与环境塑造和影响我们，即便纯粹的生理特征也是如此（虽然程度更轻）。例如身高，我们天生就具有长到某个高度的潜力，但能否长到那么高，部分取决于环境——我们是否被喂养得当、是否拥有健康的生活环境等。

环境中最重要的早期影响是家庭。在很大程度上，家庭的氛围就是我们早期生活环境的氛围。当我们再次演绎一个性格陷阱时，重演的几乎都是童年的家庭场景。例如，帕特里克重演了被妈妈遗弃的境遇，玛德琳重演的是被虐待的境遇。

大多数情况下，家庭的影响在出生时最强，随着孩子的长大会逐渐减弱。同伴、学校等其他影响逐渐变得重要起来。不过，家庭的影响仍然是最主要的。在童年早期生活环境不利时，性格陷阱就会产生。下面是一些例子。

不利早期环境示例

1. 父母中一方是虐待性的，另一方表现得消极无助。

2. 父母在情感上很疏离，且对成就的期望值很高。

3. 父母总是在吵架，你被夹在中间。

4. 父母一方患病或者抑郁，另一方缺位，你成为照顾者。

5. 你与父母中的一方过分亲密，被当作父母中的另一方的替代者。

6. 父亲或母亲过于恐惧，对你过度保护，且害怕独处，总是黏着你不放。

7. 父母总是批评你，在他们眼里你什么都不够好。

8. 父母过于纵容你，没有给你设定任何边界。

9. 你被同伴排斥，或者感到自己异于他人。

遗传与环境互相作用。童年环境的恶劣影响与我们个人的气质相互作

用，共同影响性格陷阱的形成。气质会部分决定父母如何对待我们。例如，一般来说，家中的数个孩子中，只有一个被虐待。同时，气质也会部分决定我们面对父母的方式。同样被虐待的两个孩子，可能一个变得被动消极，另一个则奋起反抗。

要想茁壮成长，孩子需要什么

要想成为一个适应良好的成年人，并不需要完美无缺的童年。正如温尼科特所说，只要"足够好"就行了。孩子对基本安全、与他人的联结感、自主性、自尊、自我表达和合理规则有特定的核心需求。若这些都能被满足，那么孩子的心理通常能够健康发育。而当孩子的需要严重不被满足的时候，才会发生问题。这些不足就是我们所说的性格陷阱。

我们需要什么才能茁壮成长

1. 基本安全　　　　　　4. 自尊

2. 与他人的联结感　　　5. 自我表达

3. 自主性　　　　　　　6. 合理规则

基本安全（性格陷阱：遗弃、不信任和虐待）

有些性格陷阱处于核心地位，比方说基本安全就是最核心的性格陷阱。它出现得很早，甚至婴儿就可以有这个性格陷阱。对婴儿来说，安全感是绝对首要的，关乎生死。

基本安全性格陷阱受家庭对待孩子方式的影响。抛弃或虐待的威胁来自于我们最亲近的人——那些本该爱我们、照顾并保护我们的人。

童年时被虐待或遗弃的人是受伤害最严重的。他们在任何地方都不会感到安全。他们感觉糟糕的事情随时都会发生——他们爱的人会伤害或者离开他们。他们感到很容易受伤、很脆弱。很小的事情就能打破他们的平衡。他们的情绪激烈且不稳定，冲动且会自我伤害。

孩子需要安全、稳定的家庭环境。在安全的家庭环境中，父母是可预期的可及的，会在生活上和情感上陪伴孩子；家里的任何一个人都不会被虐待；吵架是在正常范围内的；没有人去世或长时间把孩子单独抛下。

妻子总是出轨的帕特里克，童年时家庭就不稳定。他妈妈是个酒鬼。

> **帕特里克：** 有些晚上，她根本就不回家。她就是不会出现。虽然我们都不说，但也都知道她在哪里。她在家的时候，也和不在家没什么区别。她总是处于醉酒或宿醉的状态，或者正在喝醉的过程中。

若父母严重酗酒，那几乎可以肯定你对安全的需求从未被完全满足过。

我们可以说，成年的帕特里克对不稳定的生活上瘾了。不稳定的情境像磁铁一样吸引着他。具体来说，他被不稳定的女人所吸引。她们让他产生很多化学反应。他爱上的正是那类女人。

有安全感的孩子能够放松并信任他人。核心的安全感是一切的基础。若没有安全感，其他的就更谈不上了。我们也无法进行接下来的发育和成长任务，精力都花在对安全问题的担心上了，无力顾及其他。

重复不安全的童年情境是最为危险的。最终结果就是，不断匆忙而轻率地从一段自我伤害的关系跳到下一段，或完全逃避任何关系，就像玛德琳在大学毕业后那样。

与人联结（性格陷阱：情感剥夺、社交孤立）

若要建立一种与他人的联结感，我们需要爱、关注、共情、尊重、情感、理解和引导。我们需要从家庭以及朋友那儿得到这些。

与他人的联结有两种。一种是**亲密**关系。亲密关系通常是指与家庭、爱人或好朋友的关系。他们与我们有最亲密的情感联结。在最亲密的关系中，这种联结的感觉就好像对爸爸或妈妈的感觉。第二种是**社交**关系。这是一种适应更大社会环境的归属感。社交关系是与朋友圈子或社区团体的关系。

联结问题可能是不易察觉的。你看起来似乎融入得非常好，可能有家庭、爱人，或者是某个团体的一分子。但是，在内心深处，你仍感到脱节、感到孤单，并渴望拥有一种不曾有过的关系。只有非常敏锐的人才会发现，你并未真正与周围的人建立联结。你与别人保持一定距离，不允许任何人靠得太近。或者可能你的问题更严重：你是个独行侠，永远是一个人。

在第 1 章中描述的、对一个又一个女人都不满意的杰德，就有严重的亲密关系问题。面对亲密关系，他畏缩躲闪，把自己最亲密的关系也保持在肤浅的层面。最开始接受治疗的时候，他说不出任何一个让他觉得亲近的人。

杰德在情感的真空中长大。他几乎不认识他的父亲，母亲则冷漠疏离。家里没有任何情感交流，也没有肢体上的情感表达。我们说，童年期的剥夺涉及三个方面：照顾、共情和引导。杰德在这三方面都被剥夺了。

若是有联结问题，那对你来说，孤单就是一个问题。你可能感到没有人真正了解你，或关心你（情感剥夺性格陷阱），或感到与世隔绝、自己在哪里都融入不了（社交孤立性格陷阱）。那是一种空虚的感觉，一种对联结的渴望。

自主性：独立生活（性格陷阱：依赖和脆弱）

自主性是像同龄人一样与父母分离，并在世界上独立生活的能力，是离开家、拥有自己的生活、身份认知、目标和方向，所有这些都不依赖于父母的支持和指导的能力，是像一个独立个体一样去做事的能力——是拥有自我。

在一个鼓励自主性的家庭里，父母教授孩子自我照顾的能力，鼓励孩子承担责任，教孩子良好的判断能力。他们鼓励孩子探索外面的世界、与朋友交流。他们不会过分保护孩子，他们告诉孩子世界是安全的，教孩子如何在其中保护自身安全。他们鼓励孩子发展独立的自我。

但是，你的童年也许不太健康，被鼓励的是依赖和依靠。父母也许没教你自力更生的能力。相反地，他们把所有的事都替你做了，并破坏你想自己做自己的事的尝试。他们可能教你说世界是很危险的，不断警告你可能存在的危险和疾病，阻止你践行自己的意愿。他们教你说，你不可能依靠自己的判断和决策在世上生存。

第1章中说到的海瑟是一个害怕很多东西的女人。她在童年时被过度保护。她的父母因为自身对危险的时刻担忧而不断地警告她各种危险。他们教给了她脆弱的感觉。

海瑟的父母并没有恶意。他们自己感到恐惧并想保护海瑟。一般都是这样，过度保护孩子的家长其实很爱自己的孩子。海瑟有脆弱性格陷阱，因为她太害怕到外面的世界里去，或者做任何事。她的自主能力受损了。

感到足够安全、可以去探索世界是自主性的一个表现方面。觉得有能力面对常规事务，并有独立的身份认知是另一个方面。后者与依赖性格陷阱的关系更大。

依赖的性格陷阱是指没有能成功地发展出在世上独自生存的胜任感。可能你的父母过度保护了你：他们替你做决定、帮你承担责任。他们也可能是不知不觉地破坏了你的独立性，每次你自己去尝试的时候，他们都批评你。结果，长大以后你会感到，在没有比自己强大、聪明的人来指导、建议或提供财务支持的情况下，你就无法有效地处理好任何事情。即使离开了父母——很多人永远都不会离开父母——你也会与一个扮演父母角色的人建立关系。你会去找一个可以替代父母角色的伴侣或老板。

有依赖问题的人通常自我身份认知发展不全，或过分卷入他人的生活。他们的自我认知与父母或配偶纠缠在一起。这种情况的典型形象是：一个妻子完全融入了丈夫的生活，失去了独立的自我意识。她对丈夫唯命是从，没有自己的朋友、兴趣爱好或想法。她聊天时，聊的都是关于丈夫的生活。

感到足够安全可以去探索世界，感觉自己能行，并有强大的自我意识是自主性的必要组件。

自尊（性格陷阱：自我缺陷和失败）

自尊是指在个人生活、社交和工作中的一种自我价值感。它来自从家人、朋友和学校中得到的被爱与被尊重的感受。

理想条件下，每个人都应该有一个利于自尊发展的童年，被家人爱并欣赏着，被同伴接纳，在学校获得成功，受到表扬和鼓励，而非过度批评或排斥。

但是，对你来说，也许并非如此。也许你的父母或兄弟姐妹总是批评你，以至于你做的任何事都不被接受。你感到自己不招人喜欢。你也许被同伴排挤，他们让你觉得自己不受欢迎，也或许你在学习或体育项目上感到很失败。

长大成人后，你也许对生活的某些方面有不安全感。在自己的弱势领域缺乏自信——可能是亲密关系、社交情境或工作等领域。在弱势领域，你觉得自己不如他人。你对批评或拒绝也特别敏感。做一件具有挑战性的事情让你觉得焦虑，你或者完全避免挑战，或者在挑战面前表现得差强人意。

关于自尊的两个性格陷阱是自我缺陷和失败。它们分别对应了在个人和工作领域中的自卑感。失败性格陷阱是指在工作与成就领域感到能力不足，是一种自己没有同事成功、没有他们有天赋，或不如他们聪明的感觉。

自我缺陷这个性格陷阱指的是一种觉得自己先天有缺陷的感受，即觉得别人越了解你，就越不会爱你。自我缺陷陷阱通常与其他陷阱共同出现。第 1 章中讨论的五个患者里，玛德琳、杰德、卡尔顿三人在各自主要的性格陷阱之外，也同时具有缺陷性格陷阱。

玛德琳是被继父性虐待的那个患者。不信任和虐待与自我缺陷这两种性格陷阱经常并发。儿童几乎总是会因为被虐待而自责，感觉一定是因为自己太坏或不值得被爱，所以应该受到虐待。

与一个又一个女人纠缠不清的杰德有很深的自我缺陷感。为了掩盖这种感觉，他采取了一种高冷的态度。总是在取悦他人的卡尔顿也觉得自己有缺陷，他否认自身需求的一部分原因就是觉得自己不配得到更多。

自尊受创会导致羞耻感。羞耻感在这儿就成了主导情绪。有自我缺陷和失败这两种性格陷阱的人，在生活中充满了对自己的羞耻感。

自我表达（性格陷阱：屈从和苛刻标准）

自我表达，是指表达自己的需求、感受（包括愤怒）和偏好的自由。它隐含的意思是我的需求与别人的需求同等重要。我们有自在地生活，而不必过分压抑的自由。我们可以自由地去做让自己开心的事、追求自己的兴趣爱好，而非身边有什么就得去做什么。我们也可以花时间去玩、去做有意思的事，而不是只能去工作、无止境地竞争。

在一个鼓励自我表达的早期环境中，我们会被家长鼓励去发掘自己天生的兴趣和偏好。在做决定的时候，我们的需求和愿望会被照顾到。只要不严重伤害他人，我们完全可以表达自己的悲伤或气愤等情绪，也可以经常表现得活泼、无拘束和热情。家长鼓励我们寻求玩耍与工作的平衡，给我们提出的要求、标准是合理的。

若是成长在一个阻碍自我表达的家庭，当你在表达自己的需求、偏好或感受时，则会被惩罚，或被迫感到内疚。父母的需求和感受总是优先于你，这一点使你感到很无力。当你表现得活泼、无拘无束时，会感到羞愧。工作与成就被过分强调，快乐与乐趣则是可以被牺牲的。除非你表现得很完美，否则父母就会对你不满。

总是在取悦他人的卡尔顿的生长环境就破坏了他的自我表达。他的父亲总是批评他，且很有控制欲，母亲经常抑郁和生病。

> **卡尔顿：** 我父亲对我总不满意，他总是试图改变我，告诉我我该是什么样。母亲总是躺在床上，她总是生病卧床。我很努力地尝试照顾她。

卡尔顿的自我意识并未被重视。父母利用他来达成自己的目标。为避免让父母生气或抑郁，他学会了推迟自己的需求。他的童年是很糟糕的、没有自我的。他说："我感觉我从来都不曾是一个孩子。"

自我表达受限有三个征兆。一个是非常迁就他人，总是取悦身边的每个人、照顾别人的需求，总是像殉道者一样自我牺牲，不关心自己的需求。你看到身边人受苦就不能忍受，总是牺牲自己的欲求去帮助他人。你甚至为别人做得太多了，以至于别人和你在一起时，都会感觉内疚。从内心里讲，当你的付出不被感激的时候，你会感到很脆弱、消极或愤恨。你太受他人需求的支配了。

自我表达受限的第二个征兆，是过分压抑或控制。你可能是个工作狂，你全部的生活都绕着工作转。这里所说的工作可以是指职业，也可以指其他事情。你可能会每时每刻都努力把自己收拾得很漂亮，所有的东西都必须整理地干净有序，做事情必须遵循最适当、最正确的方式。

你也许情绪淡漠，生活中完全没有顺其自然这回事。你压抑自己的自然反应，不论是出于必须按照别人的想法做事的感受（屈从性格陷阱），还是有一定要达到某些高不可攀的标准的理由（苛刻标准性格陷阱），你感到自己没有在真正地享受生活。你的生活是暗淡无趣的。你以某种方式剥夺了自己的快乐、放松和愉悦感。

自我表达方面有问题的第三个征兆，是有很多未被表达的愤怒。长期的愤恨在暗地里发酵，偶尔会在出人意料的时候几乎不受控似的爆发。你也许感到抑郁，被困在了一个让人很没成就感的模式里。生活看起来很空虚。你在做你应该做的所有事，但却感觉不到丝毫快乐。

现实边界（性格陷阱：权利错觉）

现实边界的问题，在很多方面，其实与自我表达问题正好相反。当你不被允许自我表达时，等于是在过度控制，压抑自己的需求来满足别人的。而当你在接受边界限制上有问题的时候，则是不考虑他人，过分关注自己的需求。你可能太不顾及他人了，以至于让别人觉得你自私、苛刻、控制欲强、自我中心或者自恋。同时，你也可能有自我控制方面的问题。你太冲动或情绪化，以至于很难达成自己的长远目标。你总是选择即时满足，不能忍受例行公事或无聊的任务。你觉得自己很特殊、有特权，可以想怎样做就怎样做。

承认现实中的边界和限制，意味着可以**接受对自己行为的合理限制，不论是内在的还是外在的规则限定**。它囊括了在行事中理解并考量他人需求的能力，即很好地平衡自我需求与他人需求的能力。它也包含了一种自我控制、自我约束，以达成既定目标、避免社会惩罚的能力。

如果我们成长在一个具有合理限制的童年环境中，父母会给我们的行为设立特定结果，以奖励合理的自我控制和自我约束。我们不会被过分宠溺、给予过度自由。我们被教导要承担责任。我们需要去完成作业、参与家务劳动。父母帮助我们学会从他人的角度思考，并关注他人的需求。除非必要，不去伤害他人。尊重他人的权利和自由。

但是，也许你的童年环境没能使你养成合理的边界感。父母可能过分宠你，或者过度宽容。他们给你想要的任何东西，奖励你摆布他人的行为，比如只要你发脾气就可以为所欲为。他们没有适当地管理你，他们允许你不受控制地发脾气。你从未学会**互相回馈的原则**，也从未被鼓励去理解、顾及他人的感受。你没被教会该如何自我约束、自我控制。所有这些错误都会导致权力性格陷阱。

或者也可能是另一种情况，即你的父母情感冷漠，没有什么情感表达。你总是被批评和贬低。你在之后的人生中，也产生了一种权力感，以弥补或逃避批评和贬低。

权利错觉感会破坏生活。最终，人们会觉得受够了你。他们或离开你，或报复你。恋人和你分手，朋友不再和你在一起，工作上被辞退。若是你的不能接受边界和限制的问题还会带来自我约束和控制方面的困难，你的健康甚至会受到影响。你可能会吸烟过度、药物成瘾、锻炼太少、暴饮暴食。你甚至还可能犯罪，比如情绪失控、打人、因酒驾而被拘留。自我约束问题会导致你无法实现自己的既定目标，你可能会因为实在无法约束自己而不能完成需要做的事情。

有边界和限制问题的人非常倾向于责备（他人）。他们总是指责别人，而不会认识到自己才是问题的根源所在。所以，有边界问题的人不太可能来读我们这本书。他们相信别人才是有问题的，而非自己。但是，很有可能，本书的许多读者与有边界问题的人有来往。第 1 章中讲的五个患者都没有边界问题。但是，他们中的很多人都与有边界问题的人维持着自伤性的人际关系。

总结

总之，下边是一张性格陷阱的分类列表。

---

11 个性格陷阱

I. 基本安全

　1. 遗弃

　2. 不信任和虐待

II. 联结感

　3. 情感剥夺

　4. 社交孤立

III. 自主性

　5. 依赖

　6. 脆弱

IV. 自尊

　7. 自我缺陷

　8. 失败

V. 自我表达

　9. 屈从

---

10. 苛刻标准

VI. 现实边界

11. 权利错觉

下一章中我们会讨论性格陷阱是如何运作的，以及不同的人应该怎么应对自己的性格陷阱。

Reinventing
Your
Life

第 4 章

屈从、逃避和反击

性格陷阱一直在积极地编织着我们的生活体验。或明显或微妙，它们影响了我们的思想、感受和行为。

对性格陷阱，不同的人有不同的应对方式。这就是为什么在相同环境下长大的孩子也可以表现得很不一样。比如，同样是被父母虐待的两个孩子，他们回应虐待的方式可能非常不同。一个变成了消极、恐惧的受害者，并终其一生都是如此。另一个可能会公然反抗或挑衅，甚至可能会离家出走，成为在街头讨生活的青少年。

之所以如此，部分是由于我们生而不同的气质和天性，我们可能容易害怕，可能很活跃，可能开朗，或者羞涩。气质会让我们向不同的方向发展。同时，还有一部分原因是我们选择模仿不同的父母。由于施虐者通常会与受害者结婚，他们的孩子自然有两种不同的榜样可以选，既可以选择模仿施虐的家长，也可以选择模仿受害的家长。

三种应对性格陷阱的方式：屈从、逃避和反击[⊖]

让我们来分别看一下亚历克斯、布伦登和麦克斯三个人的不同故事。他们都有缺陷这个性格陷阱。在内心深处，他们三人都觉得自己有缺陷、不被喜爱和羞耻。但是，他们应对缺陷感的方式完全不同。我们称这三种方式分别为屈从、逃避和反击。

⚊○ **亚历克斯**：屈从于缺陷感。

亚历克斯是一名 19 岁的大学生。你与他见面时会发现，他不看你的眼睛。他会一直低着头，说话的时候声音很小，几乎听不到。他脸红、结巴，在别人面前把自己放得很低。他总是为各种差错道歉，即使不是他的问题，他也会把事情怪到自己头上。

亚历克斯总是觉得自己低人一等，总是拿自己的缺点与别人比，觉得别人比他要好得多。因为这个原因，社交活动对他来说从来都是很痛苦的。上大学的第一年，他去参加了几个派对，但他太焦虑了，以至于无法和任何人说话。"我想不出来要说些什么。"他解释说。现在他已经二年级了，作为一个大二的学生，他再也没参加过任何一个大学派对。

亚历克斯开始与同宿舍的一个女生交往后，女朋友总是批评他。他最好的朋友也总是批评他。他觉得所有人都会批评他，而这个想法总是被不断证实。

治疗师：你为什么这么苛责自己？
亚历克斯：我猜我是想在别人批评我之前，先自我批评。

亚历克斯有很强烈的羞耻感。他总是脸红且低着头走路，就是因为他为自己感到羞耻。他把生活中的所有事都解读为自己有缺陷、不被喜欢、

⊖ 在图式治疗中，这些分别对应保持、逃避和补偿的应对方式。——译者注

没有价值的证据。

> **亚历克斯：**我觉得自己是个被社会拒绝的人。学期已经过半，我仍然不认识任何一门课上的任何一个人。其他人都坐在一起聊天，但我就像一块木头一样坐在那里，没人和我说话。
>
> **治疗师：**你和别人说话吗？
>
> **亚历克斯：**不。谁会想和我说话呢？

亚历克斯用一种仿佛自己真的有缺陷那样的方式去**思考、感受和行动**。性格陷阱渗透、影响了他生活中各种方面的各种体验。这就是屈从。当我们选择了屈从这种应对方式，性格陷阱就会如影随形地跟着我们。亚历克斯非常清楚自己一直有一种缺陷感。

当我们屈从的时候，我们会扭曲自己对客观情况的认知，以证实性格陷阱的确存在。性格陷阱被激活时，我们会产生强烈的情绪反应。我们选择那些会强化性格陷阱的伴侣或情境。**我们主动维持着性格陷阱的运转。**

亚历克斯总是扭曲或曲解各种情境，以强化自己的性格陷阱。他的认知是有偏差的：他觉得别人在攻击或羞辱他，尽管别人并没有真的在那样做。他看待事物有很强的偏颇，把消极方面放大，把积极方面缩小，把所有事情都理解为是自己不足的佐证。他在这点上完全没有逻辑可言。当我们选择屈从的时候，就会不断地曲解或误解别人和事，以保持性格陷阱的持续运转。

我们在成长的过程中，会习惯扮演某种角色，或习惯被以某种方式看待。如果我们生长于被虐待、忽视、喊叫、长期批评或支配的家庭，我们就会觉得那就是最舒适的环境。尽管可能很不健康，多数人仍会去寻求并创造熟悉的、与生长经历相似的环境。屈从的全部本质，就是设法在现实生活中继续重复童年的模式。

亚历克斯小时候，家里人总是批评和贬低他。这是缺陷陷阱的典型源头。长大后，他也采取一种确保自己最终会被批评或贬低的行为方式。他选的朋友和恋人都经常批评他。他表现出一种羞耻感，并总是急于认错。他会在别人面前批评自己。当别人对他好的时候，他会疏远人家，并自觉或不自觉地破坏与对方的关系。亚历克斯努力地维持着这种状态。当周围的环境过于支持他的时候，他会试图改变这种状况，好继续回到羞耻与沮丧的情绪状态，那让他觉得舒服。如果他一时间觉得自己比别人强，或和别人一样强，他也总会设法回到劣势地位。

屈从涵盖了所有我们正在不断重复着的、自我伤害性的行为模式。我们复制童年不幸的各种方法都属于屈从的表现。我们仍是那个孩子，那个正在经历旧时痛苦的孩子。屈从将我们的童年经历延伸至成年生活。因此，我们总是觉得改变无望。我们只知道这个永远无法逃离的性格陷阱。这是一个自我维系的闭循环。

—◦ **布伦登**：逃避缺陷感。

布伦登40岁了，从未有过亲密的人际关系。他的空余时间多半用来在社区小酒馆与哥们一起抱怨生活。让布伦登最感到舒服的就是这种随意、友好，但又不会深入讨论个人生活的人际关系。

布伦登的妻子是一个与自身情感脱节的女人。她非常重视维护自己的形象。她看重自己的已婚状态，但并不在意丈夫是不是布伦登这个人。她有关系很好的闺蜜，却并不期待与布伦登之间能有很亲密的关系。她想要一个男人，因为这样就能够扮演传统妻子的角色。他们婚姻只是基于传统的男女角色，而不是真正的亲密关系。他们几乎从不对彼此吐露心事。

成年以后，布伦登一直是个酒鬼。虽然家人和朋友都建议他参加匿名戒酒会，但他并不理会。他说自己才不是酒鬼，他喝酒只是为了娱乐，并且完全能够控制自己。除了在社区小酒馆喝酒以外，他也会在某些社交场合喝酒，尤其是当他觉得在场的所有人都比自己强时。

布伦登来进行治疗是因为他变得抑郁了。与亚历克斯相反，他并不知道自己有性格陷阱。他花了很长时间来确保自己不知道。刚开始接受治疗的时候，他只是隐约知道自己有一些缺陷感。当我们问他，他觉得自己如何时，他否认自己有低自尊或羞耻的感受。（在之后的治疗中，这些感受非常强烈地表现了出来。）

我们不得不从各个方面和布伦登的逃避作战。我们让他在家庭作业中写下消极想法，他没照着做，并声称："为什么要去思考呢？这只会让我感觉更糟。"我们让他闭上眼睛想象自己还是个孩子，他说："我什么也看不到。我的大脑一片空白。"或者，他说看到了自己小时候的照片，照片上的孩子没有任何情绪反应。我们问他，对虐待他的爸爸有什么感受，他坚持说自己没有觉得愤怒。"我爸爸是个好人。"他说。

布伦登试图逃避自己的缺陷感。逃避能让我们避免思考性格陷阱，我们把它从脑海中赶了出去。逃避也让我们避免感受性格陷阱，当情绪产生的时候，我们就把它压下去。我们吸毒、暴食、强迫性地打扫卫生或者疯狂工作，我们避免任何可能会激活性格陷阱的情境。事实上，我们照常去思考、感受和行动，就像性格陷阱从未存在过一样。

很多人完全回避所有会让自己觉得脆弱、敏感的生活领域。若你也有缺陷陷阱，可能就会像布伦登一样，避免所有亲密的人际关系，从不让任何人接近。若是有失败陷阱，你可能会逃避工作、学校功课、升职或承担新任务。若是有社交孤立陷阱，你可能会避免团体活动、聚会、会面和大型会议。若是有依赖陷阱，你可能会避免一切需要独立能力的情况，并对独自去公共场合充满恐惧。

我们把逃避作为应对性格陷阱的方式是很自然的选择。当性格陷阱被激活的时候，我们会感受到大量的负面情绪——悲伤、羞耻、焦虑和气愤。我们非常想逃避这种痛苦，不想面对自己的真实感受，因为那太让人难过了。

逃避的缺点是，我们永远都无法战胜性格陷阱。从不面对真相，我们就只能被困住。对于自己都不愿承认的问题，我们是不可能改变的。相反，我们会不断重复同样的自我伤害行为，重复建立有害的人际关系。为了不经历痛苦、安然生活，我们剥夺了自己做出改变、彻底摆脱这些痛苦的机会。

当逃避的时候，我们就与自己达成了某种协议。在短期内我们不会再感到痛苦，但是，长期来讲，我们却要承担年复一年的逃避所带来的后果。只要还在逃避，布伦登就永远得不到自己最想要的东西——爱人与被一个理解他的人爱。爱是布伦登在童年时代就没有得到的。

采取逃避的方式，我们就放弃了情感生活。我们不去感受，我们麻木地生存，无法感到真正的快乐和痛苦。由于避免面对问题，我们最终会伤害身边的人。我们也容易因此染上酒精或药物成瘾的恶果。

—◦ 麦克斯： 对缺陷感反击的应对方式。

32岁的麦克斯是股票经纪人。表面上，他很自信且笃定。事实上，他很自命不凡，有一种优越感。他苛责别人，也很少承认自己的错误。

麦克斯来参加治疗是因为妻子威胁说要离开他。他坚信他们之间的所有问题都是妻子的错。

治疗师： 所以，你的妻子对你很生气？

麦克斯： 如果你问我，我认为，她才是造成了所有问题的那个人。她总是小题大做，而且对我要求太多。她才需要接受治疗。

事实上，麦克斯选择的是一位非常顺从、自我牺牲，且很崇拜他的妻子。多年来，他对妻子说话越来越过分（言语虐待）且越来越自私，妻子终于决定：要么他们开始心理治疗，要么她就离开麦克斯。

麦克斯总是会给自己建立一个优势的地位。他选择会奉承他的人做朋友和雇员，而不选择那些会挑战他或与他争论的人。他享受这种优越感。他把绝大多数精力用来追求声望和地位。为了达成这一目标，他会采取任何必要的方式操纵、利用别人。

他在治疗中也试图让自己处于优势地位。他询问了我们的资质、方法、能力、成功经验和年龄，并不断提醒我们，他有多成功。当我们告诉他，我们认为他对妻子很不好时，他非常愤怒。他坚持说，我们不了解他的感受。他坚持认为，他想要约在什么时间治疗就可以约在什么时间，因为他是一个非常重要的人。当我们拒绝他的要求时，他再次变得很愤怒。他觉得自己没有得到应得的特殊待遇。

麦克斯并不知道自己有性格陷阱，然而他的性格陷阱一直伴随着他。麦克斯让自己生活在一种优越感里，一种与他童年时的经历截然相反的体验。童年时，父母让他觉得自己是个卑微的孩子，他现在则要尽可能与那时的自己不同。我们也许可以说，他把一生的时间都用在了保护那个孩子，并奋力击退那些他认为会对他进行批评和虐待的人。

当我们反击的时候，我们是在弥补这个性格陷阱带来的伤害，我们说服自己也说服他人：**真相恰恰相反**。我们告诉自己，我们是**特别的、优越的、完美的、不会犯错的**，我们带着这个面具去感受、行动和思考。我们拼命地戴紧这个面具，不肯放手。

反击的出现，是因为它能在被贬低、被批评和被羞辱之外，提供另一种方案。它是一种脱离糟糕的脆弱感的方式，它能帮到我们。但当它太过极端时，就会适得其反，最终反伤自己。

反击看似有益。事实上，很多我们崇拜的对象都是反击者，比如一些电影明星、摇滚明星和政治领袖。但是，虽然他们似乎很能融入社会，并且在他人眼中很成功，但他们通常不能与自己和平相处。他们私下里经常会觉得自己有缺陷。

为了应对这种缺陷感，他们将自己置于可以获得观众掌声的场景中。获得掌声事实上是一种对内心深处卑微感的补偿。他们反击的方式是，在被别人发现自己的缺点并看轻自己之前，就用成功来掩盖掉。

反击会让我们远离他人。我们太投入于让自己看起来很完美，甚至不在乎谁会因此而受伤。无论对他人产生怎样的影响，我们还是要继续反击，但那注定是会有消极作用的。最终，人们会离开我们，或以某种方式报复我们。

反击也会影响真正的亲密关系。我们失去了信任的能力，失去了脆弱、与他人在深层次联结的能力。我们见过一些患者，他们宁愿失去一切，包括婚姻、与他们所爱之人的亲密关系，也不愿冒险变得脆弱一些。

无论我们试图变得多么完美，最终总会在一些事情上失败。反击者从来都学不会该如何应对挫败。他们不会承担自己的失败，也不会承认自己的能力有限。但是，当一个重大挫折出现的时候，反击的模式会被彻底粉碎。这时，反击者通常会开始崩溃，并变得很抑郁。

反击者在内心深处经常是很脆弱的。他们的优越感很容易就被打破。最终，他们的盔甲上会出现裂缝，感觉整个世界都在崩塌。这时，性格陷阱会以巨大的力量卷土重来，最初的缺陷、剥夺、排斥或虐待等感受都会回来。

我们刚才说的三个人，亚历克斯、布伦登和麦克斯，他们都有缺陷这个核心性格陷阱。在内心深处，他们三人都觉得自己有缺陷、没有价值、不被喜爱。但是，他们应对缺陷感的方式完全不同。

亚历克斯、布伦登和麦克斯的案例都相对比较典型，他们每个人都主要使用一种应对方式。事实上，单一的应对方式是很少见的。大多数人会用综合使用屈从、逃避和反击。为了克服性格陷阱，重塑我们的心理健康，我们必须学会如何改变这些应对方式。

下一章将告诉你如何不屈从、不逃避、不反击地有效面对性格陷阱。

第 5 章

如何改变性格陷阱

性格陷阱是一种长期模式，像上瘾和坏习惯一样根深蒂固，很难改变。改变需要面对痛苦的意愿。你必须要直视并理解它。改变也需要自制力，要能每天系统地观察和改变自己的行为。改变不能是漫不经心的、有一搭没一搭的，需要持续的练习。

改变性格陷阱的基本步骤

我们将以丹妮尔为例，带着你熟悉改变的具体步骤。丹妮尔有遗弃陷阱。她今年 31 岁，正在与罗伯特交往，罗伯特不肯给她承诺。他们在一起 11 年了，虽然她向罗伯特要求了很多次，但罗伯特仍不愿与她结婚。

每隔一段时间，罗伯特就会跟她分手一次。每次，丹妮尔都会感到绝望。她在某次分手后开始了心理治疗。

> **丹妮尔：** 我不想再有这样的感受了，我受不了了。我脑子里只有罗伯
> 特，他让我沉迷。我一定要把他找回来。

这种执念是遗弃陷阱的一个特征。在两人的分手期，丹妮尔偶尔会与别的男人约会，但她从未对罗伯特以外的任何人感兴趣过。稳定、平稳型的男人让她厌倦。

以下就是丹妮尔为改变自己的模式而采取的步骤，也是我们向患者推荐的步骤。

1. 识别并标记自己的性格陷阱

第一步是识别自己的性格陷阱。这可以通过做第 2 章中的性格陷阱问卷来实现。一旦你能够识别性格陷阱，并明确它是怎样影响你的生活的，你就更容易去改变它。通过给性格陷阱命名，比如缺陷、依赖，并阅读本书后半部分的相应章节，你将更深刻地了解自己，对自己的生活有更清醒的认识。这种洞见是第一步。

丹妮尔通过各种不同的方法，认识到了自己的遗弃陷阱。治疗刚开始时，我们给她做了性格陷阱问卷，她在遗弃部分的得分很高。

> **丹妮尔：** 我猜在某种程度上，我一直知道，我害怕被别人抛弃。因此
> 我总是很恐惧，担心自己最终会被抛弃。

一般来说，患者在识别性格陷阱的时候，会有一种把一直以来都隐约知道的问题明确化了的感觉。

丹妮尔很容易就明白了遗弃这个主题是如何影响她的生活的。她与罗伯特恋爱长跑的主题就是遗弃。她也通过对过去的意象练习回忆、知悉了自己的性格陷阱。当我们让她闭上眼睛，任由童年的景象浮现于脑海，其中压倒性的主题也是遗弃。

丹妮尔： 我看到了自己。我站在客厅沙发旁边，努力想让母亲注意到我，但是她喝醉了，我无法让她注意到我。

从丹妮尔记事起，母亲就是个酒鬼。她 7 岁时，父亲抛弃家庭与他人结合。当他与新妻子生育孩子后，就逐渐地进一步脱离了之前的家庭。他把丹妮尔和丹妮尔的妹妹留给了明显不能妥善照料孩子的母亲。

丹妮尔被父母双方都遗弃了。母亲因为酒精成瘾而抛弃了她，父亲离开了家、真正意义上抛弃了她。父母的遗弃是她童年的核心。

最终，丹妮尔意识到，遗弃问题自始至终紧紧地缠绕着她的生活。性格陷阱这个理念把她的经历用她能理解的方式梳理清楚。

性格陷阱是你的敌人。我们希望你能做到知己知彼。

2. 了解性格陷阱的童年起源，感受你内心受伤的孩子

第二个步骤是去感受性格陷阱。我们发现，若不重历内心深处的痛苦，则很难去改变它。我们每个人都有一些阻断这种痛苦的机制。但不幸的是，阻断了痛苦，我们就无法充分体会到性格陷阱的存在。

要想感受性格陷阱，需要去回忆童年经历。我们将请你闭上眼睛、让童年的画面自然闪现，不要强迫——就让它自然而然地出现在脑海里。试着尽量深入地去感受每一个画面，尽量生动地重现早年记忆。试过几次以后，你就会开始回忆起童年时的感受了，就会感受到与性格陷阱紧密相连的苦楚或其他情绪。

这样的回忆是痛苦的。如果你因此觉得不堪重负或被惧怕所压倒，这意味着你需要接受治疗。你的童年经历太痛苦了，所以不应该一个人去独自回忆，而是需要一个引导者、一个盟友。治疗师正可以扮演这样的角色。

当你感受到童年的自己时，我们会请你与之对话。你内心的这个孩子是处于冻结状态的。我们想让他恢复生机，这样才可能成长和改变。我们想让这个孩子痊愈。

我们会让你与内心的孩子进行对话。你可以通过大声诉说或写信的方式来对话。你可以用惯用手（通常用来写字的那个手）来给这个孩子写信，然后让这个孩子用另一只手回信。我们发现童年的自我可以通过非惯用手出现。

与自己内心的孩子对话，开始听起来会有点儿奇怪。但是，如果你继续阅读本书，就会越来越理解这个概念。下面是丹妮尔与她内心的孩子对话的例子。这次对话也发生在我们之前描述的那个场景里，她正在努力让醉酒的妈妈注意到自己。

治疗师： 我想让你和你内心的孩子对话、帮助她。

丹妮尔： 嗯……（停顿）我进入那个场景，抱起小丹妮尔，让她坐在我腿上。我说，"我很抱歉你有这样的遭遇，很抱歉你的父母不能像你所需要的那样陪伴你。但我会陪着你的。我会帮你撑过这一关，确保你顺利度过"。

我们会让你去做的还包括：安慰你内心的孩子，给他提供指导、建议和共情。虽然你一开始会觉得这些练习有点傻儿和奇怪，但是，我们发现大多数人都会从中获益匪浅。

3. 收集反对性格陷阱的证据，在理性层面证明它无效

你的生活经历让你完全信服性格陷阱的真实性。丹妮尔全身心地相信，所有她爱的人都会抛弃她。她在情绪上和理智上都接受了自己的性格陷阱。

改变的第三步，是从理智上挑战性格陷阱。为此，你必须证明它不是真的，或者至少是可以被改变的。你必须质疑它的有效性。只要你还相信它是有效的，就不能真正改变它。

要否定性格陷阱，首先要列举生活中所有**支持和反对它的证据**。例如，如果你觉得自己在社交中不受欢迎，就要首先列举支持这个性格陷阱

的所有证据，即你不受欢迎的证据。然后再列举所有反对这个陷阱的证据，即你受人欢迎的证据。

大多数情况下，证据都会显示性格陷阱是假的，也就是说，你事实上并不是有缺陷的、无能的、失败的、注定会被虐待的，等等。但也有些时候，性格陷阱是真的。比如，你可能总是受排挤或一直逃避，所以没有学会必要的社交技巧。于是就真的在某些方面不受欢迎。再比如，你也许在学习和工作上逃避了太多挑战，导致在自己选定的领域中失败。

请你看一看肯定自己性格陷阱的证据列表。有没有任何证据表明是你天生就像性格陷阱所描述的那样，还是说，你是在童年时期被家人和同辈洗脑灌输了这样的想法？例如，你是天生就无能，还是被好批判的父母反复灌输到自己也开始信以为真了（依赖陷阱）？你小时候真的有那么与众不同，还是父母溺爱纵容你、让你觉得自己就应该比别人获得更多（权利错觉陷阱）？问问自己，支持性格陷阱成立的那些证据现在是否仍然成立，还是说，这些证据仅符合童年时的你？

如果经过这些分析，你仍然觉得自己的性格陷阱是真的，那就问问自己："我该如何改变自己这方面的问题？"探讨一下你该如何补救。

以下是支持丹妮尔遗弃陷阱的证据列表的一部分。

所有我爱的人都会抛弃我的证据		
证据	这本质上是真的，还是我被洗脑了？	我该如何改变？
如果不是我缠着罗伯特，他就会离开我。	这不是真的。事实上，当我缠着罗伯特的时候，他会觉得没劲、生我的气、想要离开我。我之所以会这样认为，是因为小时候，无论我如何努力，都无法留住父亲。	我可以不再缠着罗伯特，给他一点儿空间。独处时，我可以学着放松，而不是总想着被抛弃的可能性。

49

以下是证明丹妮尔性格陷阱错误的一部分证据。

并非所有人都会抛弃我的证据

1. 我和妹妹一直很亲近。
2. 曾经有过几个想和我在一起的男朋友，但是因为对罗伯特的执念，我从未给过他们机会。
3. 我的治疗师一直陪伴着我。
4. 我有一个一直很关心我的阿姨，她一直想帮助我。
5. 我有一些相交多年的老朋友。
6. 虽然时好时坏的，但是，我和罗伯特在一起已经 11 年了。

列完证据清单以后，把反对性格陷阱的证据总结一下，写在一张卡片上。这是丹妮尔写的卡片的样例：

遗弃卡片

虽然我觉得每个亲近的人都会抛弃我，但那并不是真的。我之所以有这种感觉是因为双亲在我幼年时抛弃了我。

虽然生活中曾有许多被抛弃的经历，但在很大程度上，这是由于我受到那些不愿付出的男人和朋友的吸引。

但是，在我的生活中并不是所有人都是这样。我可以把这些人从我的生命中移除，并选择与愿意陪伴我、愿意付出的人交往。

很多时候，当我感到被某人抛弃时，我应该问问自己，是否是自己太过敏感。即使感觉别人抛弃了我，也有可能只是因为我的遗弃陷阱被触发了，或是因为有些什么细节让我想起了童年时的经历。别人有权获得一些私人空间。我需要给他们这个空间。

每天都读一读这张卡片，随身带着它，在床边或你每天都能看到的地方放上一张。

4. 给造成你性格陷阱的父母、兄弟姐妹或同伴写信

宣泄对自己的遭遇的愤怒和悲伤很重要。情感的钳制是让你内心的孩子冻结的一个重要原因。我们想请你让内心的孩子发声——允许他表达自己的痛苦。

我们会让你给所有伤害过你的人写信。我们知道，要做到这一点很可能需要克服强烈的内疚感，尤其是面对父母时。把矛头指向父母并不容易。父母也许并无恶意，他们的出发点可能是好的。但是，请把这些考量暂时放在一边，单纯地描述事实。

在信中表达自己的感情。告诉他们，他们做的哪些事伤害了你，那些事让你有怎样的感受。告诉他们那样做是错的。告诉他们你希望事情是怎样的。

你可能决定不把信寄出去。**写出和表达**感受的过程才是最重要的。况且，父母的感受和行为往往也是无法改变的。这一点你应该早就知道了。写这封信的目的不是改变父母，而是让你自己重新成为一个完整的人。

下面是丹妮尔写给母亲的信。

亲爱的妈妈：

在我的生命里，你一直是一个酒鬼。我要告诉你，这给我造成了什么影响。

我觉得自己从未有过真正的童年。相反地，我必须总去担忧其他孩子做梦都不会去想的事情。我不确定我们是否有东西吃。所有的事情都得我自己做。当其他孩子在外边快乐地玩耍时，我得做晚饭、打扫整个房子。

你不知道你让我多丢脸。我记得六岁的时候，我就得学会熨衣服，否则，我就得穿着皱巴巴的衣服，被其他孩子嘲笑。我也不能带任何人到家里来。

你从未像其他的母亲那样陪伴我。你从来没到学校看过我。我也不能

跟你说任何问题。你就只是躺在沙发上，自己喝酒，直到不省人事。我非常努力地想把你叫起来，做一个妈妈该做的事，而你从来没有做到过。

我觉得非常伤心，自己失去了那么多。也曾经有几次你在我身边陪着我，那感觉真的很特别。比如，那次我因为高中时的男友伤心，你起来跟我聊天了。我多么希望你能总是如此。

然而，我却不得不在母亲缺位的巨大空洞中长大。那个巨大的空洞现在仍然在我心中。你那样待我是不对的。你做错了。

这样一封信能够澄清是非，能够大声讲出你的故事，这很有可能是你第一次这样做。

5. 认真详细地检查性格陷阱的运行模式

我们想让你明确性格陷阱在你的生活中是如何运行的。在本书的后续章节里，也就是具体讲述各个性格陷阱的章节里，我们会帮你识别出那些强化性格陷阱的自我毁灭性的习惯。

我们会让你写出，自己是如何屈从于性格陷阱的，以及应该如何改变它们。下面是丹妮尔写的样例。

我在日常生活中强化遗弃陷阱的方式	我可以如何改变
1. 我缠着罗伯特并想控制他。	我可以给罗伯特一些自由时间，而不是不停地盘问他去了哪里、做了什么。我可以让他告诉我，他对我们的关系有什么不开心或生气的地方，而不是崩溃或和他争吵。我可以停止每五分钟就问他一次是否爱我、是否会留在我身边的行为。当他要求个人空间的时候，我可以不再发怒。当**他**的生活中有好事情发生时，我不再觉得受到威胁。

2. 当朋友没有立刻回复我电话的时候，我就非常生气。	我可以给朋友们更多空间，当他们忙于自己的生活时，我不会觉得受到威胁。
3. 我过分关注罗伯特的生活，而忽略了自己的生活。	我可以把关注点从他的生活转回到自己的生活。我可以去做对我来说重要的事，比如去见朋友、画画、读书或写信。我可以去做点儿有意思的事，也可以对自己更好一点儿。

6. 下一步是打破这些模式

　　填好第 2 章中的性格陷阱问卷，确认了自己的性格陷阱以后，我们想让你先选择其中一个开始入手。选择对你现在的生活影响最大的那个。若是那个太难，就选一个看起来容易掌握的。我们希望你每一步都走得踏实。

　　丹妮尔有不止一个性格陷阱。除了遗弃陷阱，她还有缺陷陷阱。她以为，没能让父亲留下来，没能有一个好母亲是她的错。如前所述，在被虐待或忽视的时候，孩子通常会责怪自己。

　　但是，遗弃是丹妮尔的核心性格陷阱，是她选择最先解决的。她觉得自己需要一个稳定的基础，再来挑战其他性格陷阱。我们同意了。

　　从你在第 5 个步骤中填写的表格里，选择两到三种强化性格陷阱的方式，尝试执行相应的改变策略。从你觉得自己能做到的地方开始，这是因为我们希望你能获得成功的体验。

　　丹妮尔决定从改变自己对待朋友的方式开始。她试着不再一会儿缠着朋友们，一会儿又很生他们的气。如果他们没有回复她的电话或者邀约，她就过一段时间再打过去，而不是立刻就生气地打回去，或者显得过分难过。她也努力加强与那些忠诚的朋友们的友谊，弱化与不太忠诚的朋友的联系。她决心放弃与特别不稳定的（多数是酒鬼的）那些朋友的来往。这是一种失去，但至少是**她自己**决定的放弃。

之后，请运用后续章节中描述的技巧，继续改变性格陷阱。逐一解决你列出的那些强化性格陷阱的行为。当你把一个性格陷阱解决得差不多了以后，再继续下一个。

7. 不断尝试

不要轻易放弃或丧失信心。性格陷阱可以被改变，只是它需要付出很多的时间和努力。坚持住，**不断地挑战自己。**

丹妮尔已经经历了一年多的心理治疗。偶尔，生活中的一些事仍会激发她的遗弃陷阱，但是，这种情况越来越少了，她的情绪也不那么激烈了。整体上来讲，事情会更快过去。并且，现在只有像分手这种更严重的事，才会激活她的性格陷阱。她的生活已然改变。

最显著的变化是她和罗伯特的关系。她学会了给罗伯特一定的空间。过去，罗伯特觉得她让自己窒息，并花了很多时间试图离开她。他不肯给出承诺的一部分原因正是为了抗拒她的纠缠。另外，丹妮尔也学会了在自己生气的时候，平静地告诉罗伯特自己生气了，而不是冲罗伯特发脾气。当罗伯特抒发自己的愤怒情绪或谈论自己的生活的时候，丹妮尔也学会了倾听。她试着让罗伯特自己做主。

几个月前，丹妮尔跟罗伯特说：要么结婚，要么就分手。罗伯特选择了结婚。当然了，世事并不可能总是如意。有些时候关系也会破裂。但是我们相信，与其被困在遗弃陷阱中，不如结束一段无望的恋爱关系。

8. 原谅父母

原谅父母并不是必需的。尤其是如果他们曾严重虐待或忽视了你，你可能永远都无法原谅他们。这完全是你自己的选择。然而我们发现，在大多数情况下，对父母的宽恕会在治疗过程中自然而然地发生。在患者心里，父母的形象会渐渐变得不再那么巨大、消极。患者会认识到，他们的父母也不过是有着各自问题和忧虑的普通人，也挣扎在他们他们自己的性格陷阱中。事实上，这些父母更像是孩子，而非巨人。如此一来，他们慢慢就可以原谅父母了。

再次强调，这并非一定会发生。你也许会原谅他们，也许不会。视你的童年经历而定，你可能决定永远都不原谅他们，事实上，你甚至可能决定与他们断绝联系。在你治疗的终点，等待你的也许是对他们的谅解，也许不是。无论如何，你必须做对你来说正确的事。无论你如何选择，我们都会支持你。

改变的障碍

根据给许多患者治疗的经验，我们列举了一些改变中最为常见的障碍，也列出了一些可能的解决方案。

障碍 1：你仍在反击，而非承认性格陷阱或为性格陷阱负责

若是在改变过程中遇到了困难，有可能是因为，你还在为自己的问题或缺乏进步而责怪他人。你也许仍然不能承认自己的错误，不能负起改变的责任。你也许仍然在通过更努力地工作、让别人印象更深刻、赚更多钱、更卖力地取悦他人等方式过度补偿。（更多关于反击的内容，请见第4章。）

不停换女友的杰德，在付出了很多努力以后，才能做到不再反击。他为了给自己的孤独找借口，总是对女人很挑剔，要求她们在外表和社会地位方面必须满足他高不可攀的标准，并且他自己也总是在追求那种兴奋的状态。这些都是他反击的方式。只有停止并超越这样的反击，他才能不再继续批评女性，不再试图在女性面前表现，而是和她们建立一种人与人之间正常的情感联结。他必须得与人走得足够近，才能看到性格陷阱以外的东西。

以下是一些解决这个障碍的方法。

方法 1：做个实验。列一个清单，细数生命中所有让你后悔的选择。

要是那些全都是你的错怎么办？你会有怎样的情绪感受？要是别人对你的批评是有一定道理的怎么办？对你这个人来说，这意味着什么？

尝试着去感受直面自身缺点的煎熬。尝试着去承认自己童年的苦痛，那些你想要却没能拥有的东西。

方法 2：逐渐减少工作量或少赚些钱。尝试克制自己有意在人前表现的欲望。试着体验自己只是和大家一样，既不特别也不优越的感觉。只有当你愿意去接纳这些感觉时，你才会允许自己脆弱到足以去做改变。

障碍 2：逃避体验自己的性格陷阱

逃避是个很常见的问题。许多患者都觉得放弃他们的逃生路线很困难。你也许会发现自己也有同样的难点。你不允许自己去思考自己的问题、过去、家庭或生活模式。你不停地阻断自己的感受，或用酒精和药物来麻痹自己。

我们理解你为什么想要逃避。停止逃避意味着让自己经历巨大的焦虑和痛苦。第 1 章中的五个患者都有逃避的问题。帕特里克通过对弗朗辛的执着迷恋来逃避面对自己的问题。玛德琳逃避性亲密引发的痛苦。海瑟逃避自认为危险的活动。杰德逃避情感上的亲密。卡尔顿逃避自己的需求和偏好。他们都需要停止逃避。

要克服逃避这种应对方式，需要强大的动力。请你想一想自己以后的人生——你是想要不断地在性格陷阱里挣扎，还是想要重获自由。

方法 1：你必须允许自己去反思自身的问题，允许自己去感受童年的痛苦，然后才有可能改变。

强迫自己做一些童年回忆的练习（在描述你的性格陷阱的章节中可以找到）。写下你对父母、对自身缺点和弱点的批评。

坚持每天都这样做。

方法 2：分别列举逃避真实感受的好处和坏处。每天都读一遍这个清单，以提醒自己为什么要做改变。

方法 3：花几天时间，停止用喝酒、暴食、吸毒、过度工作的方法来逃避。在日记本上写下自己的真实感受。在这段时间里，尝试一下描述你的性格陷阱的章节内的想象练习。参加匿名戒酒、戒毒会。

障碍 3：你内心并未真正否认性格陷阱，在理性层面，你仍然接受性格陷阱

另外一个障碍是仍然相信性格陷阱是真的。如果你在理性层面上仍然认同它，那就不可能去改变它。你必须对它的有效性提出足够的质疑，才有可能去做改变的尝试。

例如，很长一段时间以来，海瑟一直对自己的生活环境非常焦虑。因为她仍然相信世界很危险、灾难随时都会发生。她保持着高度警觉的状态，时刻警惕着可能遭遇的伤害。

海瑟仍然对自己的性格陷阱深信不疑，她仍相信自己在伤害面前极度脆弱。她必须改变这种想法。海瑟采用了几种不同的方法去改变：她自学了如何合理评估危险，努力降低自己对危险概率的过高估计，并采取合理的防范措施。她学会了在这样的情况下放松自己的身体。她的想法也逐渐改变了。

性格陷阱不会立即让步。你必须一点一点地不断削弱它，逐步减弱它的引力。

方法 1：把书翻到描述你性格陷阱的那一章，再做一次否定这个性格陷阱的练习。承诺自己，一定可以打败性格陷阱。

也许请一个你信任的人帮你一起做这些练习会很有帮助，因为这个人可以提供一个更客观的视角。

方法 2：仔细寻找生活中所有挑战性格陷阱的证据。寻找一切可能改变的途径。是否有什么特别的情况可以否定性格陷阱的存在？你是否曾被虐待？是否因为害怕失败、害怕被拒绝而不够努力？你是否选择了强化自己性格陷阱的朋友、爱人和老板等？尝试做个故意唱反调的人，据理驳斥自己的性格陷阱。

方法 3：总结反对自己性格陷阱的证据，写在一张卡片上（如前文所

述），每天读几遍。

障碍 4：你首先选择解决的性格陷阱或任务过于困难

一种可能是，你有不止一个性格陷阱，然后你选择从最让你难受的那个开始。但是，这个性格陷阱实在太难，所以你进展缓慢。

还有一个可能，你虽然选择了一个难度适中的性格陷阱，但是你的改变计划太过冒进，你选择的改变策略可能太难。爱取悦他人的卡尔顿就是一个例子。当他最开始做坚定的自我表达练习的时候，他试图从父亲开始。这就是一个错误：因为那太难了。在面对父亲时，卡尔顿非常害怕，完全无法表达自我。对他来说，从父亲开始练习，是注定要失败的。

虽然，卡尔顿最终在面对父亲时也实现了坚定的自我表达，但是，那是在他已经磨炼技巧，从不那么让人惧怕的人身上建立起信心之后才做到的。卡尔顿首先从陌生人开始，例如推销员和服务员，然后逐渐升级到熟人和同事，最后才集中攻克亲密关系。

最重要的规则之一：永远只尝试可以搞定的任务。

方法 1：把计划分解成一个个小步骤。

方法 2：从相对容易的步骤开始，慢慢建立掌控感，逐渐升级到较难的步骤。

障碍 5：你在理性层面认识到了性格陷阱是错误的，但在情感层面仍然认同它

这种情况经常发生。大多数患者几个月来一直告诉我们，不管逻辑和证据怎么说，他们内心深处仍然觉得性格陷阱是正确的。

帕特里克，那个妻子有外遇的男人就是这样说的。即便他已经与一个稳定的、支持他的女人建立了健康的恋爱关系，他仍然感觉她会抛弃他。如果她哪怕仅仅是短暂地貌似心事重重或有些沉默，他就会变得警惕，然后拼命地试图把她拉回来。帕特里克不肯给她一点点私人空间。

最后，帕特里克不得不试着放手。他必须学会给她一些空间。他得明

白自己不会因此而失去她，放手也是安全的。

　　方法 1：提醒自己理解很容易，但改变很缓慢。也提醒自己，自己健康的一面会变得越来越强，性格陷阱会越来越弱。保持耐心，你的情绪感受终会改变。

　　方法 2：通过做更多的实验性练习，你可以加快改变的进程。把自己健康的一面与性格陷阱之间的对话写下来。开始对性格陷阱生气，为童年遭遇而哭泣，让自己感受到这种不公平。

　　方法 3：你也可以通过更加努力地改变固化性格陷阱的那些行为来加快这个进程。随着旧模式的改变，你会看到驳斥你的性格陷阱的新证据。这些新证据会更强烈地影响你的感受。

　　方法 4：最后，可以请求朋友的帮助和支持。朋友们可以帮你看到性格陷阱的谬误。

障碍 6：你还没有系统地、严格地去改变

　　你可能只是漫不经心地在尝试改变，也可能只是偶尔才试一试。你可能跳过了一些步骤，或者从一个性格陷阱跳到另一个，并未完成所有该做的书面练习。

　　我们认为老话说得很对："慢而稳，事必成。"性格陷阱就好比一块石头，你必须用锤子把它敲碎。如果你只是偶尔敲一敲、三心二意地，有时敲敲这里，有时敲敲那里，那么这块石头将会继续存在很久。如果你系统地、努力地、坚决地去敲的话，效果会更好。

　　方法 1：再次阅读关于你的性格陷阱的章节，确保完成所有的练习。你做想象练习了吗？你列举正、反面的证据了吗？你写卡片了吗？给父母写信了吗？做行为改变计划了吗？所有的练习都是用书面形式记录的，还是只在脑子里想了想？

　　方法 2：每天花几分钟时间回顾自己的进步，再读一遍你的性格陷阱卡片。今天，你的性格陷阱被触发了吗？你是否屈从于固有模式了？每天都督促自己用不同的方式去思考、感受、行动。

障碍 7：你的计划缺少某个重要的元素

也许你并未完全理解强化自己性格陷阱的想法、感受和行为。也许你的改变计划中缺少了取得进步所必需的某个步骤。

卡尔顿是个很好的例子。虽然在面对妻儿的时候，他可以更坚定自信，但是他心里仍然很不高兴、很气愤。他可以冷静地告诉妻儿自己生气了，他可以拒绝她们的不合理要求，当她们的行为打扰到他的时候，他也可以请他们做出改变。但是，他仍然在压抑自己，并因此生气。

后来，我们发现了问题所在。他的问题其实真的很简单。他没有说出自己想要什么，没有表达出自己的想法和偏好。他不告诉别人想从他们那里获得什么，然后又因为得不到自己想要的而生气。表达自己的需求就是卡尔顿的计划中十分必要，但缺失了的重要元素。

方法 1：请一个你信任的人来检视你的性格陷阱和改变计划。也许这个人会注意到你漏掉的生活模式问题。

方法 2：更加仔细地审查你的性格陷阱所带来的典型问题行为。（问题行为清单请见具体描述你的性格陷阱的章节。）看看你是否忽视了与你切实相关的部分内容。

障碍 8：你的问题太根深蒂固，无法自我修正

在向我们求助以前，很多患者都曾努力尝试过自我改变。当他们发现自助没有成效的时候，才开始接受心理治疗。

可能你就是这种情况。即使你遵循了书中的所有步骤，也仍然改变不了。即使你付出了很多努力，性格陷阱仍然统治着你的生活。

你也许就是无法自我改变。如果是这样，可以尝试接受治疗。与信任的人建立亲近的关系也许正是你所需要的。治疗师可以扮演替代父母的角色帮助你治愈、挑战你，或更客观地指出你的问题所在。

方法：寻求专业的个体或团体心理治疗。

现在你对总体的治疗方案有所了解了，接下来我们将分章节逐一讲解每个性格陷阱。这样，改变的过程就可以开始了。

第6章

"请不要离开我"：遗弃陷阱

——○艾比：28 岁，她生活在害怕失去丈夫的恐惧中。

艾比告诉我的第一件关于她自己的事情就是，在她小的时候，父亲去世了。

艾比：那是在我 7 岁的时候，父亲在公司心脏病突发，去世了。对我来说，要接受这点真的很痛苦，其实我对他只有挺模糊的记忆。当然我还有一些他的照片。我记得他很高大、温暖，总是会拥抱我。他去世后，我经常站在窗边等他回家。（开始哭。）我猜我就是不能接受他去世的事实。我永远也忘不了自己站在窗边等他时的那种感觉。

治疗师：在现在的生活中，你还会有那种感觉吗？

艾比：有，我现在也有。当我丈夫离开的时候，我就有这种感觉。

关于丈夫科特经常出差这件事情，他们夫妻之间产生了一些问题。科特每次出差，艾比都会变得非常不安。

艾比： 每次的场面都差不多。我哭，他试图安抚我，但这没有用。他不在的时候，我要么很害怕，要么在哭。我感到很孤独。而他回来以后，我会非常生气，因为他让我受了这么多痛苦。这也是整件事中最有讽刺性的部分。等他终于回家了，我却很生气，甚至不想见到他。

科特开始害怕回家。艾比在他不在家的时候，还总是要给他打很多很多的电话。有一次仅仅是因为想听到他的声音，艾比就打电话把他从一个重要的商务会议中叫了出来。

⟶ 帕特里克： 35岁，他妻子与其他男人出轨。

帕特里克的人生并未经历重大亡故。他经历的是日复一日的、持续性的丧失。在帕特里克八岁以前，母亲一直是个酒鬼。

帕特里克： 她最糟的时候，会不断地狂饮，会消失两三天。我从不确定她是否还会回家。在家喝酒是她最好的情况了，但是，她还是不会陪伴我。无论她在不在家，只要她在喝酒，我就是独自一人。

帕特里克的妻子弗郎辛有过一系列的外遇。她总是保证说再也不会这样了，表示会对帕特里克忠诚，但是，她从未做到过。她经常不回家，各种解释和发誓自己是清白的，但是帕特里克知道她在说谎。

甚至在开始治疗之前，帕特里克就已经意识到了，自己现在等妻子回家的感觉和童年时等母亲的感觉很相似。

帕特里克： 我考虑过这个问题。虽然弗朗辛不喝酒，但我却如同又回
到了面对母亲时一般，我不理解这是为什么。我等着弗
朗辛回家，这种孤单的感觉和那时一模一样。

━━○ 琳西： 32 岁，她一次又一次地谈恋爱，一直安定不下来。

我们对琳西的第一印象是她非常可爱和热情。多数人需要花一点儿时
间才能跟我们熟络起来，但琳西不用。她迅速就和我们建立了某种情感联
结。几次会面以后，我们就感觉好像已经做她的治疗师很多年了。

第一次见面时，琳西告诉了我们她来治疗的原因。

琳西： 我希望能找到那个人，会和我结婚并永远在一起的那个人，但
这似乎永远不会实现。

治疗师： 实际上的情形是怎样的呢？

琳西： 我不停地换男朋友。

琳西的恋爱经历都是大起大落的。她总是很快、很热切地开始一段感
情。她会感到很害怕，然后又把这种情绪掩埋。有时在恋情刚开始的几周
里，她就会说"我爱你"，想要每分每秒都和男友在一起，并说"要永远
在一起"这样的话。然而，因为太快、太过，大多数男人都被吓跑了。

琳西很热情，她的感情比一般人更强烈。在恋爱中，她似乎会失去一
切理智，并迷失在自己的情绪中。一旦对方稍稍疏远一点儿，她就开始指
责对方是想要离开她。她会考验对方，看对方会有多容忍她，为此，她有
时会做些出格的事。比如，有一次，她参加男朋友的生日聚会，但中途却
和另一个男人一起离开了。

当一段恋情结束，她再次孤身一人的时候，就会感觉空虚无聊。大量
的消极情绪开始淹没她，让她无法忍受，所以她会立刻匆匆开始一段新的
感情。她的恋情总是很短，都是以被男朋友抛弃而告终。最终，她所有的
男朋友都离开了她。

遗弃问卷

这个问卷测量的是遗弃性格陷阱的强度。请针对每个问题描述，给出 1～6 分的评分。评分是依据你成年生活的总体感受和行为。如果成年期不同阶段的生活差异很大，就以最近一两年的经验为准。

计分标准

　　　　　1. 完全不符合我

　　　　　2. 基本不符合我

　　　　　3. 有点儿符合我

　　　　　4. 部分符合我

　　　　　5. 基本符合我

　　　　　6. 完全符合我

如果你对任意一个问题给出了 5 或 6 分，那么即使总分很低，这个性格陷阱也许对你仍然适用。

表　6-1

得分	问题描述
	1. 我经常担心我爱的人会死亡或离开我
	2. 我因为担心别人会离开我而缠着他们
	3. 我没有稳定的亲友支持
	4. 我总是爱上不能真正陪伴我的人
	5. 人们总是在我生活中来来去去
	6. 当我爱的人疏远我的时候，我会很绝望
	7. 我总是觉得我爱的人会离开我，并且因此主动把他们推远
	8. 我觉得身边最亲近的那些人总是难以捉摸。他们一会儿会支持我，一会儿又离开不见
	9. 我太需要别人了
	10. 到最后，我终将孤独
	你的遗弃陷阱总分（把 1～10 题的所有得分相加）

得分解释

10～19 很低。这个性格陷阱大概对你**不**适用。

20 ～ 29 较低。这个性格陷阱可能只是**偶尔**适用。

30 ～ 39 一般。这个性格陷阱在你的生活中是个**问题**。

40 ～ 49 较高。这对你来说肯定是个**重要**的性格陷阱。

50 ～ 60 很高。这肯定是你的**核心**性格陷阱之一。

被遗弃的感觉

在你内心深处，有一个根深蒂固的念头：自己一定会失去所爱之人，并将永远孤独。不管他们是因为去世、把你送走，还是离开了你。不知为什么，你就是觉得你终将被孤零零地留在那里。你已经准备好被抛弃，一直、永远地被抛弃。你相信失去的人就再也无法找回。在内心深处，你觉得孤独终老是自己的宿命。

帕特里克： 有时，当我在开车或做其他事的时候，这念头就会忽然涌上来，我知道弗朗辛最终一定会离开我。她会爱上别的男人，那就是结局。我唯一可以做的就只剩下思念她了。

遗弃陷阱让你对爱绝望。你相信无论看起来多么美好，你的感情关系最终注定不会有好结果。

你很难相信人们会陪伴你，不相信即使他们不在你的身边，也仍然在某种意义上守候着你。大多数人是不会因为与爱人的短暂分离而不安的。因为他们知道这并不会影响他们之间的关系。但是，有遗弃陷阱的人，就没有这种安全感。就像艾比说的："我一看到科特出门，就感觉他好像永远也不会回来了。"你太想牢牢地抓住别人了，无论多小的分离的可能，都会让你过分地气愤或恐惧。特别是在恋爱中，你感觉在情感上很依赖对方，害怕失去那种亲密的联系。

遗弃通常是一个前言语性的性格陷阱。之所以这样说，是因为它开始于生命的头几年，那时孩子还没掌握语言能力。（艾比是个例外。她的性格陷阱开始得较晚，从7岁父亲去世时才开始。所以，相对来说，她的性格陷阱还没有那么严重。）多数情况下，遗弃发生得很早，在孩子还没学会用语言描述自身遭遇以前就开始了。因此，即使到了成年期，你可能还是无法形成有关性格陷阱经历的想法。但是如果你尝试去描述你的体验，可能会有这样的表达，"我很孤单""没人会守候我"。因为开始得很早，所以，遗弃陷阱具有很强的力量。有严重遗弃陷阱的人，即使在面对非常短暂的分离时，也会产生像被遗弃的小孩子那样的情绪反应。

亲密关系是触发遗弃陷阱的主要诱因。在一般的人际关系或群体中，遗弃陷阱可能并不明显。但是，与所爱之人的分离，会强有力地触发它。值得注意的是，并非只有真实的、现实生活中发生的分离，才会触发遗弃陷阱，想象的分离也有同样效果。有遗弃陷阱的人，通常过度敏感，会从无关的话语中读出遗弃的意味。所以，虽然遗弃陷阱最强力的诱因是那些真正的分离或失去（离婚、有人离开、有人死亡），但是在多数情况下，触发它们的都是那些更加不起眼的事件。

你总是觉得自己在情感上被抛弃了。也许是你的配偶或爱人表现得有点儿无聊、疏远，或者他（她）短暂地分心了、关注了一下别人，也许是因为，他（她）提出了一个需要分开一小段时间的行动计划。任何让你感到分离的事，都会触发遗弃陷阱，即便你并没有真的失去什么，也没有人抛弃你。

比如，在一次聚餐过程中，因为男友忽略了她说的一句话，琳西就突然离开了。

琳西： 我和格雷格在参加一次宴会，他正在和旁边的一个女人聊天，没听到我跟他说话。我就立刻站起来离开了。我感觉完全崩溃了。第二天他给我打电话时，我为此大发雷霆。

治疗师： 是什么让你那么不高兴？

琳西： 我之前就看到他看那个女人了。我肯定他对那个女人有兴趣。

格雷格根本没听到琳西说话，自然不明白她为什么会有如此极端的反应。通过这次事件，格雷格进一步说服自己琳西不合适他。最终，和琳西一直认为的一样，格雷格离开了琳西。

遗弃的循环

性格陷阱被触发以后，如果分离的时间足够长，我们就会经历一整个负面情绪的循环：从恐惧到悲伤，最后到愤怒。这就是遗弃循环。如果你有这个陷阱，那这对你来说一定不陌生。

首先，你会有种恐慌的感觉，仿佛自己是个在超市里暂时找不到母亲的孩子，孤身一人。你会有一种狂乱的"她在哪儿？就剩我自己，我丢了"的感觉。这种焦虑感会持续增长，达到恐慌的程度，并持续几小时甚至几天。但是，只要时间足够长，这种焦虑总是会过去的。最后，焦虑感会消失，你会接受这个事实，那个人已经走了。然后，你就会因为孤单而悲痛，就像失去的人永远也不会再回来了一样。这种悲痛可能会发展成抑郁。最终，尤其是当这个离开的人又回来了的时候，你会因为她的离开而生她的气，同时也生自己的气，怪自己想要的太多。

两种遗弃

遗弃有两种，分别源于两种不同的童年早期生活环境。一种源自过于安全、被过分保护的童年环境。这会造成遗弃陷阱和依赖陷阱的结合体。另一种源于没有稳定情感支持的童年环境。没有人能始终如一地给予孩子支持。

两种不同的遗弃

1. 基于依赖而形成的遗弃。
2. 基于不稳定或丧失而产生的遗弃。

很多有依赖陷阱的人也同时也有遗弃陷阱。事实上，我很难想象哪个

人只有依赖陷阱而没有遗弃陷阱。有依赖陷阱的人，相信自己无法独自生存。在日常生活中，他们需要一个强大的人来引领和指导自己。他们需要被帮助。艾比就是同时有两个性格陷阱的例子。

> **治疗师：** 如果你真的失去了科特，你觉得会怎样？
>
> **艾比：** 我不知道。没有他，我就什么都应付不了了。我活不下去的。我无法想象没有他的生活。
>
> **治疗师：** 你能维持基本生活吗，比如吃饭、穿衣、有地方住？
>
> **艾比：** 不能，我无法独自在世上生活。（停顿。）我猜，我相信，如果没有他，我会死。

如果你相信自己的生活完全依附于另外一个人，那么，失去这个人就是非常可怕的。所以，任何有严重依赖陷阱的人，也都必然有遗弃的问题。

但是，反之则不然。很多有严重遗弃陷阱的人并没有依赖问题。他们的遗弃陷阱属于第二种，根源是童年期没有与本该最亲密的人（母亲、父亲、兄弟姐妹或好朋友）建立稳定的情感联结。帕特里克和琳西都属于这种情况，他们害怕被所爱的人抛弃，但是，独自生活对他们来说根本不是问题。虽然他们对配偶也有着某种依赖，但是那是情感上的，而非功能上、生活上的。

如果你的遗弃陷阱源于童年环境的不稳定，那么具体的情况会是这样的：你曾经有过某种情感联结，但是后来不幸丧失。你之所以无法忍受与所爱之人分离，是由于他们不在你身边时你的情绪感受。这关系到在人性层面与他人的联结。当这种联结断开，你就像被抛进了一片绝望的虚无。

> **琳西：** 格雷格离开之后，我觉得异常孤独。我能感到孤独萦绕着我，就像一种疼痛。那真是一种彻底的空洞。

你需要依靠别人才能平静下来。这与依赖型的遗弃不同。在依赖型的遗弃中，你需要别人来照料你，就像孩子需要家长一样。在这种情况下，你寻求的是引领、指引和帮助。而在不稳定型的遗弃中，你寻求的是滋养、爱和一种情感联结的感觉。

两者的另一个区别是：依赖型的人一般会有备用的人选。一旦主要依赖对象离开了，备选人物就可以立即替代前者的位置。或者，他们会认识一个新的人，迅速与他建立起另一段依赖关系。孤单的人基本不太会有依赖问题，因为依赖型的人是无法忍受孤单的。多数依赖型的人都具有发掘可以照顾他们的人的天赋。他们从一个照顾者身边跳到另一个照顾者身边，间隔很少会超过一个月。

对于惧怕情感遗弃的人来说，却未必如此。他们可以长时间地独处，甚至可能会出于被伤害，或者惧怕再次受伤的理由，而从亲密关系中撤离。童年时，他们经历过孤独，知道自己能够在孤独中存活，所以孤独本身不是问题。真正可怕的是失去的过程，是在拥有了情感联结之后，再次失去，再次被丢回孤独之中。

遗弃陷阱的起源

当我们讨论性格陷阱的起源时，我们关注的主要还是童年生活环境的特征。我们现在已经比较了解，有缺失的童年环境（例如虐待、忽视和酗酒）会促进性格陷阱的形成。相对来说，我们不太讨论遗传的作用，部分原因是，研究者也不甚了解生理因素在长期人格模式形成过程中扮演了什么样的角色。我们认为，遗传一定会影响我们的气质，进而影响我们儿时被对待的方式，以及我们当时的回应方式。但是，我们很少有办法去推测，孩子的气质具体会如何影响特定性格陷阱的形成。

但是，遗弃陷阱并不符合这种一般规律，是个例外。婴儿的研究者们观察到，有些婴儿对分离的反应，比其他婴儿大很多。这说明，有些人也许从生理上，就更容易产生遗弃陷阱。

我们如何回应与照顾者的分离，看起来至少有一部分是取决于先天因素的。对于新生儿来说，与母亲的分离攸关生死。在动物世界里，婴儿的存活完全依赖于母亲，如果失去了母亲，通常就会死亡。所以，婴儿的行为，天生就是为了避免与母亲分离。一旦与母亲分开，他们会哭，会表现出痛苦。就像约翰·鲍尔比在他的经典著作《分离》中描述的那样，他们会"抗议"。

鲍尔比描述了几个与母亲暂时分离的婴儿和小孩子。他们与其他孩子一起被放在托儿所里。通过对他们的观察发现，分离有三个阶段，所有孩子都会经历这三个阶段。

鲍尔比的分离三阶段

1. 焦虑
2. 绝望
3. 解离

如前所述，孩子们首先会"抗议"，他们会表现出强烈的焦虑，拼命地寻找母亲，任何其他人都无法安慰他们。他们还会间歇性地生母亲的气。但是，随着时间一点点过去，如果母亲仍没回来，他们也就消停了，并进入一段抑郁期。在此期间，他们冷漠而回避。如果这时候托儿所老师试图与他们接触并建立情感联结，他们会完全漠视。但是，足够长时间以后，他们的抑郁会消退，并建立新的依恋。

如果母亲在这个时候回来，孩子会进入第三阶段，解离。孩子会对母亲很冷漠，不想接近，或对母亲没兴趣。但是，随着时间流逝，解离会被打破，孩子会再度依恋母亲。此时，如果母亲又离开孩子的视线，孩子就很有可能会黏人且焦虑，即对母亲产生了鲍尔比所说的"焦虑型依恋"。

鲍尔比说焦虑、绝望、解离的模式是普遍适用的。在与母亲分离时，所有孩子都会有这种反应。此外，在动物世界里也是一样。不只是人类婴儿，各种动物的婴儿也会有大体相同的反应模式。这种行为如此普遍，明显说明受某种生物因素影响。

你也许发现了鲍尔比的分离过程与我们所说的遗弃循环的相似之处：焦虑、悲伤和愤怒。有些人，像琳西，对这个情绪循环的体验似乎天生就异常强烈。在面对分离时，他们的焦虑、悲伤和愤怒情绪异常强烈，以至于无法自我安慰，甚至感到完全与周围隔绝，感到绝望。他们无法长时间把自己的注意力从这种感觉上移开。如果离开的人不回来，他们就冷静不下来，没有安全感。他们对于失去所爱之人极度敏感。他们可以与他人建立深厚的情感联结，这是他们的天赋之一，但他们无法忍受孤单。

天生对分离反应强烈的人，天生对所爱之人的离开无法自我安慰的人，都更容易产生遗弃陷阱。但这并不意味着，有这种生理特点的所有人都会有遗弃陷阱。它也部分取决于早期童年环境。

如果你在婴儿期，有稳定的情感联结，特别是与母亲，或其他重要的人，那即使你有这种生理倾向，可能也不会产生性格陷阱。但如果你的成长环境太不稳定，又不断失去很多重要的人和物，那即使你没有这种生理倾向，也很可能会产生性格陷阱。

然而，如果一个人的这种生理倾向越强，那么激活这个性格陷阱所需要的创伤就越少。以至于我们有时候回溯一个人的过往，却全然找不到是什么让其性格陷阱如此强烈。

遗弃陷阱的起源

1. 你可能有分离焦虑的生理倾向，独处有困难。

2. 在你小时候，父母中有人去世或离开了家。

3. 在你小时候，母亲住院了或与你分开了很长时间。

4. 你是被保姆带大的；或是在福利机构里长大，母亲形象缺失；或者在很小的时候就去寄宿学校上学了。

5. 母亲不稳定。她经常因为抑郁、愤怒、醉酒，或者因其他缘故而离开你。

6. 你小的时候父母离婚了，或总是打架，让你担心家庭会破裂。

7. 因为某些原因，你失去了父母对你的关注。例如：弟弟或妹妹的降生、父母再婚。

8. 你的家庭关系过分亲密，你被过度保护。小时候，你没学会如何面对生活中的困难。

当然了，早年失去父母是遗弃陷阱最糟糕的起源。艾比就属于这种情况。也许是父母一方生病了，不得不长时间离开你。也许是父母离异了，其中一方搬走了，渐渐忘记了你。在这里，父母死亡、生病、分居和离婚都属于同一种类型，都是重要的关系，最后却分离了。在生命早期失去父母是特别痛苦的。一般来讲，失去得越早，孩子越易受伤，遗弃陷阱就会越强。

还有一些别的因素会决定失去父母对你的影响有多大。其中，其他亲密关系的质量就很重要。比如艾比，她和母亲的关系是非常稳定有爱的，这给她提供了莫大的支持，削弱了她遗弃陷阱的强度。所以，她的遗弃陷阱只局限在某些特定领域。她只会在与男性的恋爱关爱中重现自己的遗弃陷阱。另外，如果你找到了其他人替代失去的父母，并与其建立很好的关系，比如继父母，也会有所帮助。而如果失去的父母可以通过某种方式与你恢复关系，比如生病的父母痊愈回家，分居的父母破镜重圆，或酗酒的父母戒酒了等，这些都会有很大的好处。很多种经历都可以治愈遗弃陷阱。但是，被遗弃的记忆并不会消失。如果你有了很多治愈性的经历，那么可能只有很严重的事件，才会触发你的遗弃陷阱，比如真正失去所爱之人。如果你早年曾失去父母，就会很清楚承受这种失去会给你什么样的感受，再度陷入那种痛苦的可能性会让人非常恐惧。

我们来看一下遗弃陷阱和情感剥夺陷阱的关键区别。情感剥夺的情况是，在现实中，父母总是在那里的，但是在情感关系上，你们一直不好，父母不知道如何很好地去爱、照顾和共情。这时，亲子关系是稳定的，但不够亲密。而遗弃的情况是，曾经有过与父母的情感联结，但又失去了，或者父母会时而出现，时而消失，完全无法预测。不幸的是，对有些孩子来说，父母既对他们没有很好的感情，且又无法预测。这也是比较常见的情况，结果孩子通常会既有情感剥夺陷阱又有遗弃陷阱。

除了失去父母，遗弃陷阱的另外一个来源是：童年时，生命中没有一个稳定的成人可以持续扮演母亲角色。例如：有些孩子，父母没有时间照顾他们，就请保姆或送托儿所，但是又经常换保姆或换托儿所；也可能虽然没换托儿所，但是托儿所总换老师。在生命的头几年，孩子尤其需要一个稳定的照顾者。这个照顾者可以不是父母，但如果总换人，就会造成不良影响。孩子可能会觉得自己生活在一个全是陌生人的世界里。

下一个来源是比较微妙的。也许，你拥有一个稳定的主要照顾者，但是她与你相处的方式可能并不稳定。例如，帕特里克的酒鬼母亲，她有的时候可以做到非常亲密有爱，然而仅仅几小时后，却又变得异常冷漠。琳西的母亲也是如此，她可能和琳西有相同的基因，情绪波动也很大。她人虽然总是在的，但是她与琳西相处的方式是变化莫测的。

琳西： 我母亲会在那儿陪我，或者我应该说她人是在那里的。她有时很快乐、兴奋，也对我感兴趣，但有时又陷入深深的抑郁中，整天躺在床上，无论我做什么，她都没反应。

这种起源反映了母亲与孩子日常的互动方式。如果互动是不稳定的，那孩子就会产生遗弃陷阱。

喝酒的时候，帕特里克的母亲并不会虐待他，只是很冷漠而已。并不是说只有虐待的父母，才会导致遗弃陷阱。如果你的父母，因为吸毒或脾气不好，总是在爱你与对你不好这两种模式中转换，你就可能会产生遗弃陷阱。但你也有可能没产生这个问题，因为这还取决于，对你来说，这种虐待是否是一种情感联结的丧失。对于一个几乎无法从父母那里得到任何东西的孩子来说，惩罚也可以是一种情感联结。虐待的父母也有两种，一种是和孩子有联结的，另一种是冷漠疏离的。这就解释了为什么虐待和遗弃未必是同一个问题。

　　还有一些其他童年遭遇也会导致遗弃陷阱。也许你的父母总是吵架，让你感觉家庭很不稳定，随时可能破裂。也许你的父母离婚了，各自再婚，有继子继女。也许在你的父母与新家庭成员互动时，你感觉自己被抛弃了。也许你的父母把对你的关注和照顾转到了弟弟或妹妹身上。当然，并不是说弟弟或妹妹的降生一定会给哥哥和姐姐带来创伤。一般情况下，这些事件并不会导致遗弃陷阱。但是，如果它们触发了非常强烈的遗弃感，那么就会导致遗弃陷阱了。换言之，遗弃陷阱的产生主要取决于自我感受到的被遗弃的程度。

　　很多时候，如果孩子觉得自己被父母遗弃了，就会一直跟着他们，像影子一样尾随他们、观察他们，或待在离他们很近的地方。在外人看来，似乎孩子和父母关系很亲近。然而事实是相反的，正因为他们之间缺乏很强的联系，所以孩子才觉得要确保能看到父母。只有如此，他们才能确定自己和父母是有某种情感联结的。对于这样的孩子来说，保持和父母的关系是他们生命中最重要的事，他们的全部精力都花在这上面了，没有精力再去关注其他人了。

　　最后，如前所述，遗弃陷阱也可能源于过度保护的环境，可能与依赖陷阱同时发生。依赖的孩子也会害怕被抛弃。艾比和她母亲之间就是这种情况。

　　艾比： 父亲去世后，母亲不想让我离开她半步。她害怕会有什么事情发生在我身上，然后也失去我。我也总想跟母亲在一起。我记得我不想去学校，不想去和朋友玩，更想待在家里。

　　艾比想跟母亲尽量待在一起的需求影响了她的自主性。她没能自由地探索世界，也没能建立起自我照顾的自信。她一直依赖母亲引领和指导她。事实上，母亲可能也想要这样，因为她无法面对再一次的失去。

　　而别的孩子对失去父母的反应可能是变得更加自立。因为没有人再照顾他们了，于是他们学会了照顾自己。

遗弃与亲密关系

如果你有遗弃陷阱，那么，你的恋爱关系则少有平稳的时候，而是像坐过山车一样。因为对你来说，恋爱的感觉就仿佛是走在灾难的悬崖边。在治疗的过程中，某次做想象练习的时候，琳西描述了她的感受。她说有一次她和格雷格吵架，结果和平常一样收场，她恳求原谅而他冷漠疏离。

治疗师： 闭上眼睛，形容一下，你的感受是什么样的。

琳西： 我看到自己向后倒去，仿佛是坠入一个阴暗的地窖，在那里，我会永远孤独。格雷格正在把我往下推，门就要关上了，我将会永远孤独。

治疗师： 你的感受是什么？

琳西： 恐惧。

如果你的遗弃陷阱很严重，那么在亲密关系中，哪怕只是出现很小的问题，也会让你有和琳西一样的感受。你觉得如果自己和所爱之人的关系破裂了，就会陷入无边的孤独。

有些人应对遗弃陷阱的办法是：避免所有亲密关系。与其再次经历失去，他们宁愿保持孤独。在与弗朗辛结婚前的多年里，帕特里克就一直如此。

治疗师： 你单身了很久。

科特： 我就是不想再经历这样的事情了，这太痛苦了。我永远也不会找到愿意守候我的人。

单身对我来说更好，至少可以享受片刻的宁静。

如果你愿意试着去恋爱，那么，这种宁静可能就不存在了。你会觉得自己的爱情并不稳定，总是有种会失去的感觉。

在恋爱中，你很难容忍任何疏离。即便是很小的变化，你也会很担心，并夸大分手的可能性。每次男朋友有一点点的不满意，琳西就会认为他们是不想和她在一起了。任何时候只要男朋友生她气、不开心或表现得有点疏离，但凡与分手有一丝沾边，都会让她百分之一百地笃定他们要分手了。嫉妒和占有欲也是常有的主题。琳西总是指责男友想离开她，这是个让人很窝火的习惯。像自证预言一样，她的感情确实频繁经历分手和一波三折的破镜重圆。

艾比也是类似的情况，每次丈夫出差，她都极度担心丈夫的飞机会失事、丈夫会死。她也一直担心母亲会生病去世、孩子会死。艾比会经历阶段性的周期，在一段时间不停地想着死亡，想着自己无法独立生活。

在新建立一段关系的时候，你会变得非常黏人。这种黏人强化了你一定会失去爱人的想法，进而强化你的遗弃陷阱。它使被抛弃的可能性像星星之火一般，随时可能燃烧起来。

你的这种黏人如绝望般强烈。琳西的案例很好地说明了这点。她总是觉得自己和母亲之间的关系不够牢固，和男友之间也是一样。她觉得孤单、迷茫，所以她把自己的全部生活都倾注到感情世界里，完全沉浸其中。就像她自己说的，她会变得很痴迷，忘记了外面的世界。感情关系对她来说太重要了，她会用尽全部精力去维系。

约会早期的危险信号

你很可能会被那些有抛弃你的潜质的恋人所吸引。以下是一些早期的警告信号，标志着你的恋爱关系正在触发遗弃陷阱。

潜在恋人的危险信号

1. 你的恋人不太可能给你长期的承诺，因为他（她）已经结过婚了，或同时还在和别人交往。

---

2. 你的恋人不能经常和你在一起（例如，他（她）经常出差、住得很远，或者是个工作狂）。

3. 你的恋人情绪不稳定（例如，他（她）喝酒、吸毒、抑郁、无法正常工作），不能给你提供稳定的情感支持。

4. 你的恋人是彼德·潘一样的人，坚持要求来去自由、不想安定下来，或者想要同时拥有多个情人。

5. 你的恋人对你的态度很矛盾，他（她）既想要你，但又在情感上退缩；或者一会儿表现得似乎深爱着你，一会儿又仿佛没有你这回事。

你在寻找的，不是完全没有希望和你建立稳定恋爱关系的人，而是可以给你一些希望，但又并不是百分之百确定的人，换言之，是既给你希望，又给你不确定性的人，你被这样的恋人所吸引。你觉得仿佛有可能，自己会永远地得到他（她），或者至少可以让他（她）与你更稳定地交往。

最吸引你的恋人，是可以在某种程度上给你一些承诺的人，而不是那些你百分之百确定会和你在一起的人。对你来说，生活在一段不稳定的爱情里，感觉很舒服和熟悉，那正是你所熟知的感受。不稳定感会持续刺激你的遗弃陷阱，为你提供某种稳定的化学反应。你会充满热情地去恋爱，选择不会真正守候你的伴侣，以确保自己不停地重现童年时的遗弃。

破坏好的恋情

即使你已经选择了一个稳定的恋人，仍然需要注意避免一些潜在圈套。因为你还是有可能不自觉地通过某种方式强化遗弃陷阱。

恋爱中的遗弃陷阱

1. 即使有合适的恋人，你仍避免建立亲密关系，因为你害怕会失去他（她），害怕因为走得太近而受伤。

2. 你过度担心因为死亡或其他原因而失去你的恋人，也很担心如果失去了，自己该怎么办。

3. 你对恋人说出或做出的一些小事反应过度，将其理解为他（她）要离开你的信号。

4. 你太善妒，或有过强的占有欲。

5. 你太黏人，你生活的全部意义就是要留住你的恋人。

6. 你不能忍受与恋人分离，哪怕只有几天时间。

7. 你永远无法真的相信恋人会留在你身边。

8. 你很生气，指责恋人对你不忠诚。

9. 如果恋人不理你，你会用疏远、离开或回避的方式惩罚他（她）。

有可能你已经处在一段稳定健康的恋情中，但却仍然感觉它是不稳定的。艾比就是这个情况。我们见过几次科特，相信他对婚姻完全忠诚。客观来讲，没有证据表明他想离开艾比。相反地，他看起来很爱艾比。但是不知为何，艾比永远也无法相信这一点。这让科特很懊恼，因为他无法赢得艾比的信任。

> **科特：** 无论我做什么，她都怀疑我，简直快把我逼疯了。尤其我一出差，她就疑神疑鬼，无缘无故地怀疑我和别的女人有染。有时我想，是不是她想和别的男人在一起。为什么她总提出轨呢？

你也有可能掉入另一种遗弃陷阱，你的行为方式把恋人越推越远。例如琳西，她会把小争吵夸大到不合情理的程度，认为那是男友在威胁与她分手。她过分解读争吵的意义，就像艾比在丈夫出差期间夸大分离的含义一样。

琳西和艾比总是对恋人说类似这样的话，"你不是真的爱我""我知道你会离开我""你不想我"或"你就是喜欢两地分离"。我们知道琳西和艾比对恋人就是这样说的，因为她们也对我们说过同样的话。她们总是在等，等哪一天我们会把她们踢出心理治疗，等我们搬走离开。她们的指责其实是在不断地暗示对方，对方**不**在意，对方最终一定会离开。琳西和艾比一方面在把恋人向外推，另一方面又在拼命地不放手。

一旦恋爱关系受到一点点威胁，你就会表现出十分强烈的情绪反应。这个威胁可能是任何你觉得会影响你和恋人关系的事，比如短暂的分离、提及一个让你感到嫉妒的人、一次争吵，或是对方的心情有点儿变化。恋人几乎毫无例外地会认为你的反应很过火，很可能已经充分向你表达过他（她）的困惑了：为什么不过是一件小事，你的反应看起来却那么强烈。科特描述了这种感觉：

> **科特：** 我们到了机场，艾比突然就特别伤心，哭得好像有人死了一样。我觉得这一切让我特别困惑。我人就在这儿，不过是要出两天差，她就表现得好像我们的婚姻要结束了似的。

对于没有遗弃陷阱的恋人来说，这是非常严重的过激反应。

你在独处的时候通常感觉不太好：可能会觉得焦虑、抑郁，或者与现实疏离。你需要与恋人亲密联结的感觉。一旦恋人离开，你就觉得这种联结断了。通常在恋人回来之前，这种被抛弃的感觉是不会消失的。当然你也可以转移自己的注意力，但是那种断了联结的感觉会一直存在，潜伏在暗处伺机吞没你。几乎所有有遗弃陷阱的人都能够成功地在一定时间内转移自己的注意力，可一旦超出了极限，他们就无法继续了。

你转移注意力的能力越强，可以独处的时间也就越长。而越是不擅于转移注意力，就会越快地体验到"想要对方快点回来、好像失去对方了、想要再度联结"这个过程。

> **艾比：** 我在侍弄花草，试图忘记科特不在家这回事。这时邻居来了，

和她聊天的时候，我发现，原来从旁观者的角度看，我很快乐，仿佛我真是一个能享受独处的人。但是我并不觉得快乐。我感觉自己更像是一个在不断奔跑的人，如果我太累了、跑不动了，坏情绪就会再次追上我。

解离是对遗弃的反击。当你处于解离状态，你是在否定与人联结的需求。这是一种蔑视："我不需要你。"解离里通常会混杂着一些愤怒，在一定程度上是惩罚性的。你在惩罚恋人冷落了你，或没有给你你要的东西。虽然这有助于你应对被遗弃的感觉，但是你也要为此付出代价：你放弃了自己的感情，在情感上处于冰冷、麻木状态。

真正的失去，比如分手，对你来说是毁灭性的。那再次肯定了你的想法，无论去到哪里，自己永远都得不到稳定的感情。你可能会对开始一段新感情感到很矛盾。你一方面想要与人建立联结，另一方面又觉得肯定会被遗弃。你一方面渴望亲密感，另一方面，又无缘无故地生气。有时，可能恋爱刚刚开始，你就觉得对方已经不在了。

朋友

如果遗弃陷阱很严重，也很可能会影响其他亲密的人际关系，比如亲密的友情。在亲密的友情中，也会出现与恋爱中相同的问题，只不过没有那么严重。

你认为友情是不稳定的，不可能持久。人们在你的生命中来了又走。你对任何会威胁到朋友关系的事都过度敏感，比如朋友搬家、分离、朋友不回复电话或邀请、双方有不同意见、朋友发展了其他爱好，或更喜欢别人。

琳西：我对朋友瓦莱丽很生气。我周一给她打了电话，现在都周三了，她还没有回电话给我。我在考虑给她打电话向她问罪。她没有权利这样对我！

改变遗弃陷阱

以下就是改变遗弃陷阱的步骤。

改变遗弃陷阱

1. 理解自己童年的遗弃经历。

2. 监控自己的被遗弃感。识别自己对失去身边亲近的人的过度敏感、对独处的强烈恐惧，以及抓紧别人不放手的需求。

3. 回顾过去的感情关系，发现重复出现的行为模式。列举遗弃陷阱在你身上的模式。

4. 避开不忠诚的、不稳定的、摇摆不定的恋人，即便他们真的很有吸引力。

5. 当你找到稳定忠诚的恋人时，努力相信他（她）。相信他（她）会永远在你身边，不会离开。

6. 对于健康感情里的正常分离，不要纠缠、不要嫉妒或反应过度。

---

1. 理解自己童年的遗弃经历。首先，考虑一下自己是否有产生遗弃陷阱的生理倾向。你一直是比较情绪化的人吗？小时候，对你来说，与所爱之人分离是否很难？开学或在朋友家过夜是否也很难？当父母晚上要外出或去短期旅行的时候，你是否极度不安？在陌生环境中，你是否比其他孩子更黏着母亲？你是否觉得自己的情绪过于激烈，很难处理？

如果你对上述许多问题的回答都是"是"，那么，对你来说服用药物也许会有所帮助。我们见过的许多病人，都通过服药来控制自己的情绪。如果你有治疗师，可以问问他有没有这个可能，或者预约精神科医生做个评估。

无论你是否有这个生理倾向，理解导致遗弃陷阱的童年情境都十分重要。当你有时间，在安静平和地独处的时候，可以让童年的影像在大脑中浮现。刚开始这样做的时候，不要对其做任何限制，让它们不受干扰地自然呈现。

当前生活中的被遗弃的感觉，就是一个最好的着手点。如果最近发生了什么事，让你觉得被抛弃了，闭上眼睛回忆一下，你从前是否也有过同样的感受。

> **琳西：** 自从格雷格告诉我，他在考虑分手，我一直觉得很痛苦，没法再想其他事儿。我总是对人发火，甚至在工作中也是如此。我很生气。我不敢相信他会这样对我。我一直给他打电话。我忍不住。他已经开始生气了，但是，我就是忍不住。
>
> **治疗师：** 闭上眼睛，想象一下格雷格的样子。你看到了什么？
>
> **琳西：** 我看到他的脸，他似乎正在厌恶地看着我，觉得我一直抓着他不放很可悲。
>
> **治疗师：** 你有什么感觉？
>
> **琳西：** 似乎是我恨他，但又想要他。
>
> **治疗师：** 跟我描述一下，你以前产生类似感觉时的情况。你能想起来的最早的一次。
>
> **琳西：** （停顿）我能想到的是去医院看母亲。那时，我八岁，父亲带我去医院看母亲。父亲告诉我，母亲误食了很多药，但我知道事情没有那么简单。我走进房间，看到了母亲，我特别讨厌她，但同时，我又非常想让她回家。

通过回忆把现在与过去联系起来。尝试回忆一下，被遗弃的感觉的起点。

2. **监控自己的被遗弃感。** 辨识自己在当前生活中的被遗弃感。磨炼你识别性格陷阱被触发的能力。也许，在生活中你正在经历失去：可能你的父母生病了，配偶正准备离开，某段关系即将结束，恋人不稳定、总是对你指手画脚；又或者，也许你一直在逃避失去的可能，所以选择一直孤单。

看看你是否能认出自己生活中的遗弃循环。当艾比、帕特里克和琳西刻意发掘时，都清晰地看到了他们各自的遗弃循环。

帕特里克： 真的每次都一样。首先，我意识到弗朗辛不会回家了，我就慌了。我一会儿害怕她出了什么事、发生了车祸，一会儿又特别生气，她怎么可以又这样对我，我觉得她进门时，我会想杀了她。我一连几小时都会如此，直到累得不行了。然后，我就躺下来，觉得非常抑郁，努力想让自己睡着。很多时候，当她终于回来了，我也不在乎了。但是，有的时候，一看到她又很生气，想不打她对我来说真的很难。

允许自己去体验遗弃循环中的所有情绪，并且有意识地去注意自己是否正在经历遗弃循环。

如果你还没有开始，那么现在就去试着花时间独处，这一点很重要。请主动选择独处，而不是逃避。艾比就学会了这样做。刚开始治疗的时候，她会花很多时间拼命避免独处。不管是在身边还是通过电话，她总要人陪着，这样在她需要的时候，就有人可以照顾她。但是艾比必须要学会忍受独自一人。后来，她学会了享受独处时光。

艾比： 这种感觉很好，我不用再不停筹划，确保有人能陪着我。这给我减轻了不少负担。我告诉自己，我可以独立生活，我可以照顾自己，一个人也没问题。

刚开始尝试的时候，时间可以短一些，不必操之过急。花一点时间独处，搞得特别一些，做你喜欢做的事。恐惧的感觉会过去的。经常练习的话，你会挺过恐惧阶段，达到一种平和状态。

3. 回顾过去的感情关系，发现重复出现的行为模式。列举遗弃陷阱

在你身上的套路。把过去的所有恋爱经历列张清单。看看每段恋情的问题出在哪里？对方有没有对你过度保护，你是不是不惜一切代价想去抓住他（她）？对方是一个稳定的人吗？你是否因为太害怕对方会离开，所以先一步离开了他们？你是否一直选择那些可能会离开你的人？你是否太善妒、太有占有欲而把对方推开了？有什么重复出现的模式吗？有哪些缺陷是你要避免的？

当琳西列出自己的清单时，她发现，自己经历了一段又一段不稳定的恋情。事实上，我们是她生命中，第一次遇到的一直陪伴她、不会离她而去的人。我们觉得，正是我们之间的稳定关系，才让琳西自己也变得稳定了下来。这再次证明了一段稳固的关系是多么重要，也证明了人们是可以真正安定下来的，也可以集中精神，更专注于生活。

4.避开不忠诚的、不稳定的、摇摆不定的恋人，**即便他们真的很有吸引力**。建议你试着与稳定的人建立关系，而避开那些让你感觉是在坐过山车的人，即便你可能会觉得，他们才是最吸引你的人。记住，我们的意思不是让你去和对你没有吸引力的人约会，而是说，你需要警惕，强烈的性吸引可能是对方正在引发你的遗弃陷阱的标志。若真是这样，这段感情就意味着麻烦，是否继续，也许应当三思。

治疗了一年半的时候，琳西开始与工作中认识的一个男人约会（琳西是高中美术老师）。他的名字是理查德，是和琳西同一个学校的老师。与理查德在一起是琳西第一次与男人建立稳定的恋爱关系。理查德很明确地表示忠诚于琳西。第二年治疗快结束的时候，他向琳西求婚了。理查德曾经酗酒，但是已经戒酒12年了。在情感上，他一直支持、陪伴着琳西。事实上，他是那种特别镇定的人，很少会情绪化或沉不住气。情绪化的人和冷静理智的人经常会组成一对。理查德给琳西稳定的爱，帮助琳西有效控制了她激烈的情绪，就像我们和她的关系那样。

琳西刚开始与理查德恋爱的时候，觉得理查德对她的吸引力也就一般，但是这种吸引不断增强。与从前的大多数恋情不同，在与理查德恋爱之前，他们做过几个月的普通朋友。这也是让他们的感情更稳定的原因之一。琳西没有觉得自己那么容易受伤害，她没有太黏人，也没有像以往那样指责对方不忠。

帕特里克和弗朗辛离婚了。他终于明白了，无论他多么努力让自己变得更好，弗朗辛永远也不会改变。虽然他预言说自己再也不会喜欢别的女人了，但是他现在正和另一个女人约会。通过这些亲密关系，他正在了解自己。更重要的是，他正在学习在恋爱中保持自我。一直以来，帕特里克总是完全放弃自我，最后就是自己一无所有，而对方拥有一切。如果你把一切都交给对方，那么，失去对方就是一场灾难。帕特里克正在学习在恋爱中把握自己的权力。

> **帕特里克：** 我一直以为，恋爱的全部意义，就是要守住对方。为了留住她，我愿意做任何事。但现在，我知道自己可以放手，我挺得过来。我可以放手、转身离开，最终，我会没事。

5. 当你找到稳定、忠诚的伴侣，相信他（她）。相信他（她）会永远在你身边，不会离开。 经历过那么多遗弃以后，很难学着去相信。但这却是走出遗弃循环、从爱情中获得满足的唯一方法。所以请跳下过山车，放下狂热而不稳定的爱情，选择那些更牢固而稳定的关系。

我们的三位来访者都必须学着去相信。艾比得明白：科特即使不在家，也仍然会一直和她在一起、守护她。

> **艾比：** 很搞笑，但是，我觉得就像是《绿野仙踪》的结局一样。我一直在寻找的东西，其实就在我自己的后院里。和科特在一起，我已经拥有了我一直以来最想要的——会一直守候我，但也希望我能够独立的人。

同样地，帕克和琳西也得在健康、忠诚的关系中，学会去相信他们的伴侣。

6. 对于健康感情里的正常分离，不要纠缠、不要嫉妒，或过度反应。

如果你的恋爱关系很好，你有一位稳定而忠诚的恋人，那么，学着控制自己，不要再对小事反应过激。最好的办法，就是去完善自己，发掘自身资源，学会独处。让自己明白，即使独处，也会过得很好。记住，你可以写提醒卡片来克服日常困难。每次性格陷阱被触发的时候，都可以通过卡片来瓦解、弱化它。

我们帮着琳西写了一张卡片（见下表），以协助她更好地经营与理查德之间的爱情。琳西用它来停止自己对理查德黏着不放的行为，停止自己对理查德的无谓指责。当信任有所动摇的时候，琳西还用它来再次坚定自己对理查德和自己的信任。

遗弃卡片

现在我感觉很崩溃，因为理查德正在冷落我，我马上就要开始发火、难以满足了。

但是，我知道，这是我的遗弃陷阱。一些微不足道的能表明我被冷落的证据把它给激活了。我必须记住：即使在良好的恋爱关系中，人们也可能会后撤一步，那也是良好关系的正常节奏。

如果我发飙、黏着人不放，会把理查德推得更远。他有权利间或疏远我一点儿。

我应该做的是：改变自己的想法，试着用更长远的眼光全面地看待我们的关系。我的情绪反应与现实情况的严重程度不成比例。我可以忍受自己的情绪，并且我要记住，整体而言，理查德和我仍然是联结在一起的，我们的感情很好。

最好的自助办法是，把注意力转到自己的生活和自我提升上。在恋爱中，我越是能够好好地独处，就会感觉越好。

如果你的性格陷阱很严重，并且你似乎无法自己建立一段好的感情关系，考虑参加心理治疗吧。一段治疗关系可以帮你达到你在人际关系中想要的位置。

Reinventing
Your
Life

"我无法相信你"：不信任和虐待陷阱

➤ **弗兰克**：32 岁，他在生活和工作中不信任他人。

弗兰克和他的妻子艾德丽安一起来参加治疗。他们的婚姻出了点儿问题。

弗兰克：虽然我知道她爱我，但我就是很难相信她。仿佛是我一直都想着我们的婚姻不过是一场大骗局，有一天，她会突然说，"好了，一切都结束了，我从没真正爱过你，我一直是在骗你而已"。

艾德丽安：就像那天一样。我去超市买东西，在那儿碰到了朋友梅琳达。我们一起去喝了一杯咖啡，大约半个小时。我回家的时候，弗兰克就像疯了一样。我在哪里，和谁在一起，在做什么。他一度揪住我使劲摇晃，还高声嘶吼。我真的很害怕他。

弗兰克：是的，我知道。我也不想失控。

弗兰克对我们也是如此。他不信任我们。我们花了很长时间才赢得他的信任,甚至在治疗已经开始了几个月以后,他仍然非常不信任我们。

> **弗兰克:** 你知道吗,我昨天上班的时候和老板聊天。他说我对顾客的态度太强硬了。我不想让自己听上去好像有妄想症似的,但是,他这话听起来,非常像我们上次治疗时的谈话内容。我开始想,"有没有可能你认识我的老板?有没有可能你跟他聊到了我?"
>
> **治疗师:** 我们不认识你老板。并且你是知道的,如果没有你的书面同意,我们永远不会对任何人讲你的情况。
>
> **弗兰克:** 那真像个巧合。老板和我谈话的时候,就好像他知道我们之间的对话内容一样。
>
> **治疗师:** 我们永远不会那样做的。我们是站在你这边的,记得吗?

弗兰克和艾德丽安有两个孩子。第一次见面的时候,我们问过他在孩子面前控制自己的脾气有没有困难。他们两个都说"没有"。弗兰克对孩子很好。

> **弗兰克:** 没有。是这样的,我自己的童年很惨,爸爸经常打我。我发誓一定要让我的孩子有更好的童年。我从没打过我的孩子,将来也绝对不会。

事实上,自成年以来,弗兰克只发过一次火,是在四年前一次喝酒的时候。从那以后,他再也没喝过酒。

我们立刻很同情弗兰克。他拼命挣扎着想做一个更好的人,不让童年的经历定义自己的人生。

──○ **玛德琳:** 29 岁,她从未有过长期的恋爱关系。

玛德琳因为和异性相处的问题来治疗。

玛德琳：我猜，我来这儿的原因是，我担心自己是否永远也无法谈一场正常的恋爱。我 20 岁出头的时候，经常喝很多酒，和不认识的男人过夜。我过去真的很随便，但两年前，我不再喝酒了。从那以后，我再也没有过男朋友。那天晚上，我去参加聚会。我开始和一个男人聊天，他看起来很好。但是，后来我们开始跳舞，他抓着我，轻轻地吻了我一下。我就特别生气、立刻离开了聚会。那天晚上，我就决定要来治疗。

玛德琳说，她一直认为，男人无非是要利用她，或占她便宜。

治疗师：你这种对男人的看法是从什么时候开始的？

玛德琳：哦，我知道是从什么时候开始的。我九岁的时候，母亲和继父结婚。在他们三年的婚姻里，他一直对我进行性虐待。（开始哭）对不起。我一般不会提起这件事。

治疗师：那时你母亲在哪儿呢？

玛德琳：哦，她吃了太多的镇静剂，总是浑浑噩噩的，根本不知道发生了什么。

玛德琳想结婚生子，但是她害怕那永远也不会实现，因为她无法让任何男人走近。

不信任和虐待问卷

这个问卷测量的是不信任和虐待陷阱的强度。请用以下评分标准来回答所有问题：

计分标准

> 1. 完全不符合我
>
> 2. 基本不符合我
>
> 3. 有点儿符合我
>
> 4. 部分符合我
>
> 5. 基本符合我
>
> 6. 完全符合我

只要任何一个问题的得分是 5 或 6 分，哪怕总分较低，这个性格陷阱也仍然可能对你适用。

表　7-1

得分	问题描述
	1. 我认为人们会伤害或利用我
	2. 在我生命的各个阶段，身边亲近的人曾虐待过我
	3. 我爱的人早晚会背叛我
	4. 我必须得保护自己、保持警惕
	5. 如果我不小心谨慎，别人就会占我便宜
	6. 我会故意测试人们是否真的站在我这边
	7. 我试图在别人伤害我之前先伤害他们
	8. 我害怕让人走得太近，因为我预计他们会伤害我
	9. 人们对我所做的事，让我感到很愤怒
	10. 我被自己本该可以信任的人在身体上、言语上或性虐待过
	你的不信任和虐待陷阱总分（把 1～10 题的所有得分相加）

不信任和虐待陷阱的得分解析

10～19 很低。这个性格陷阱大概对你**不**适用。

20～29 较低。这个性格陷阱可能只是**偶尔**适用。

30～39 一般。这个性格陷阱在你的生活中是个**问题**。

40～49 较高。这对你来说肯定是个**重要**的性格陷阱。

50～60 很高。这肯定是你的**核心**性格陷阱之一。

被虐待的经历

虐待的经历包含多种复杂的情感：痛苦、害怕、气愤和悲痛。这些情感很强烈，在距离表面很近的地方酝酿发酵。在遇见被虐待的患者时，我们能意识到这些强烈的情绪。即使他们表面看起来很冷静，我们也能在屋子里感受到这种情绪，仿佛大水要冲破堤坝一样似的即将爆发。

你的情绪也许不稳定，会突然变得很混乱，要么哭，要么暴怒。这经常会让别人很吃惊。弗兰克对妻子的暴怒发作和玛德琳的突然哭泣都是这样的例子。

其他时候，你也许又心不在焉，我们把它称作解离的状态。你的心思仿佛在别的什么地方，你会觉得所有东西都不真实，连情感也是麻木的。这是你为了应对虐待而发展出的一种心理上的逃避习惯。

艾德丽安： 当弗兰克不想再谈某件事的时候，他就像关机一样，"咔嗒"一声，消失不见，我对他来说仿佛根本不存在。

弗兰克： 我知道她是什么意思。我知道我是会那样做。我并不是真的想要那样做，但是它就自然而然地发生了。好像只要我不想面对某事，就可以关闭自己的感受。

你对人际关系的体验是痛苦的。与人交往时，不是你能放松或变得柔弱的时候。相反地，那是危险和不可预测的。人们伤害、背叛、利用你。你得保持警惕。对你来说，信任别人很难，即使是最亲近的人，你也无法信任。事实上，有可能最难以让你信任的，正是那些与你最亲近的人。

你认定人们暗地里都是要伤害你的。当别人对你好的时候，你会开始思考，他们是否有什么不可告人的目的。你认为人们会对你说谎，并试图占你便宜。

玛德琳： 通常我认为，无论一个男人有多好，我都知道他们真正想要的是什么。

治疗师：是什么呢？

玛德琳：性。只有性。

不信任和虐待会导致过度警觉的状态。你总是在防备，威胁随时会出现：你必须时刻警惕着别人背叛你的那一刻。你观察、等待。

你可能对全世界都过度警觉，也可能只是对特定类型的人。例如，弗兰克对所有人都持怀疑态度，而玛德琳基本上仅限于对男人。（她对女人也有些问题，但是那些问题主要集中于遗弃。）

你对童年虐待的记忆很重要。你可能清楚地记得所有的事，这些记忆可能会经常困扰你。很多事都会提醒你曾被虐待。

> **玛德琳**：很多时候，我讨厌做爱。我继父的模样总会在我的脑子里闪现。我会觉得一阵阵的恶心。

另一方面，你也可能对虐待没有清晰的记忆。关于童年的大段记忆都很模糊、朦胧。

> **玛德琳**：那些年的许多事我都不记得了。比如，那持续了多久，我是不知道的。我说那段时间一直如此，但是我并不确定。我就是感觉那持续了很长时间。

你也许不能直接回忆起，但是会通过另外的方式想起：梦或噩梦、暴力幻想、侵入性的图像，或因为某些事物让你想起受虐，于是突然觉得难受。即使你自己忘记了，身体仍会记得。

> **弗兰克**：那天，发生了一件很有趣的事。我走进自己搭建的储藏室，我去开灯的时候，灯泡坏了。我就那样站在黑暗里，突然我开始冒冷汗。我非常害怕。

治疗师： 你能否闭上眼睛，想象一下那一刻的画面吗？

弗兰克： 好的。

治疗师： 现在描述一下你过去有这种感觉时的情境。

弗兰克： 我想到自己还是个孩子时，站在黑暗的壁橱里颤抖。

治疗师： 你为什么害怕？

弗兰克： 我父亲正在外面找我。真好笑，我之前没能把这两者联系起来。这就是我为什么那么害怕的原因。

你可能会有些记忆的闪现，这些记忆太强烈，以至于让你感觉是在重历虐待。但是，也许最危险的回忆方式是通过现在的人际关系，你重现了童年的受虐经历。

抑郁和焦虑很常见。你也许对生活有种很强的绝望感。当然了，你也有较低的自尊和很强的自我缺陷感。

不信任和虐待陷阱的起源

这个性格陷阱源自童年被虐待、摆布、羞辱或背叛的经历。

不信任和虐待陷阱的起源

1. 小时候，某位家人对你进行了身体上的虐待。

2. 小时候，某位家人对你进行了性虐待，或猥亵了你。

3. 某位家人再三羞辱、嘲笑或贬低你（言语虐待）。

4. 你的家人不可信任。(他们背叛了你的信任；为了自己的利益，利用了你的弱点；对你做了承诺，却没打算去实现；或对你说谎。)

5. 某位家人似乎因看到你痛苦而快乐。

6. 你小时候被强迫做某些事，如果不做，就会受到严厉的惩罚

和报复。

7. 父亲或母亲不断警告你不要信任家人以外的任何人。

8. 家人针对你。

9. 小时候，父亲或母亲向你寻求肢体上的情感慰藉，那种接触
   方式并不恰当或让你觉得很不舒服。

10. 人们曾用很伤人的方式骂你。

各种形式的虐待都是对边界的侵犯。你的身体、性或心理边界没有被尊重。本来应该保护你的某个家人选择故意伤害你。作为孩子，你基本上是没有自卫能力的。

在玛德琳的例子中，是性边界受到了侵犯。她的母亲和继父很疏远，母亲滥用镇静剂。（毒品和酒精常常与虐待相关。）继父把玛德琳当作了温情的来源。

> **玛德琳：** 他是从正常的拥抱和亲吻开始的。最初，我真的很喜欢
> 继父。他看起来真的很关心我。起初，我喜欢他拥抱和亲
> 吻我。

这是很常见的情境。父母有矛盾或彼此疏远，其中一方会把孩子看作另一方的替代者。孩子可能很喜欢这种关注。但是，这种喜欢会成为孩子以后自责的一个原因。

玛德琳的继父对她的感情逐渐升级成了性虐待。开始的时候，玛德琳不太确定那是不是虐待。

> **玛德琳：** 但是从某一刻开始，我知道不对劲了。我记得他会和我一起
> 在沙发上睡着。他会用胳膊搂住我，并且开始假装无意地
> 抚摸我，往我身上蹭。

需要注意的是，虐待的程度可以有很大差异。有些人经历了很严重的性虐待，还有些经历仅限于抚摸或爱抚。无论程度如何，最重要的是你的感受。如果你感觉那样的抚摸让你很不舒服，那么几乎可以肯定那就是性虐待。

还有一个会导致孩子将来内疚的原因是，他（她）相信自己允许、鼓励，甚至享受了那种虐待。玛德琳就允许继父触碰她了。

玛德琳： 我就躺在那儿，好像动不了一样。

治疗师： 那时你并不知道可以去自我保护，而且当时的情景是非常可怕的。

虐待也引起了玛德琳性冲动的感觉。这让她很困惑，她觉得很不好、很羞耻。

要明白，你其实没有任何错，这很重要。允许虐待，甚至对虐待有了性反应，都不意味着你有错。事实是，你还是个孩子，你没有任何错。如果家里有一个比你更强大的人想要侵犯你的边界，那么你几乎什么都做不了。情况太过复杂。我们不能指望一个孩子能保护好自己。相反，家庭本应该是保护你的。

玛德琳的痛苦的最主要源头之一就是，那时没有人可以保护她。

玛德琳： 他们根本不够在乎我的遭遇，谁也不在乎。他们是我的母亲和继父，然而他们不在乎我的遭遇。

性虐待是对身体和精神的双重侵犯。无论你的感受如何，你都是无辜的。你的纯真和信任被背叛了。

秘密性是内疚和羞耻感的另一个来源。玛德琳的继父会告诉她，那是他们之间的小秘密。

治疗师： 为什么你没告诉母亲？

玛德琳： 嗯，开始时是因为继父告诉我别说。但是，我自己也不好意思跟母亲说。我是说，到今天为止，你是我告诉的第一个人，是第一个真正和我聊这件事的人。我没法和母亲说。而且，我也担心，如果说了会破坏整个家庭。但是，我试着让她少服点儿药。在她服药到不省人事的时候，是继父最经常虐待我的时候。我曾乞求她不要再吃那些药了。她应该也已经发现有些不对了，但是她无法停止服药。

感到未被保护是虐待最常见的形式中的一部分。父母中的一方虐待了你，但是另一方没能预防或阻止。他们俩都让你失望了。

如果陌生人试图虐待我们，我们都知道该怎么做。我们应该反击、寻求帮助、逃跑。但是，当你还是个孩子，施虐者又是自己所爱之人的时候，所有这些选择都会成问题。基本上，你会选择忍受虐待，因为你需要与这个人保持联结，这个人可能是你的父母或兄弟姐妹。毕竟，与他们的联结，可能是你仅有的、唯一的联结。如果连这也没有的话，你会很孤单。对大多数孩子来说，拥有一些联结，哪怕是虐待性的，也比完全没有更好。

身体、性和言语这三种虐待之间的共性比差异性更重要。它们都会引起相同的爱恨交织的古怪体验。弗兰克对虐待的心理体验与玛德琳是相似的。但是，因为虐待他的人是他的生父，而且从他很小就开始了，持续时间也更长，所以，他的性格陷阱更为严重。

弗兰克记得，自己曾生活在无休止的恐惧之中。父亲的暴怒会毫无征兆地来临。

弗兰克： 你从来不知道他何时会突然发作。上一分钟，我们还在正常聊天，下一分钟，他就开始大喊大叫，挥动拳头。他有时是对我的兄弟吼叫，有时是对我。那感觉就好像是和一个疯狂的巨人住在一起。即便表面上看起来还好，但事实并非如此。根本没有真正的安全区。

时至今日, 弗兰克也很难体验到安全感。安全问题消耗了他大量精力, 使他无法专注于其他事情。他总是在搜寻潜在的威胁。

当你还是个孩子时, 一个亲近的人对你的侵犯和伤害所带来的混乱和危险的感受, 是很难用语言表达得清的。大部分人觉得理所应当的、最基本的安全感, 对于你来说, 根本不存在。

作为治疗师, 在我们遇到的每个虐待案例中, 施虐者都会让孩子觉得自己一文不值。施虐者**责怪**孩子, 孩子也接受这种责怪。

> **弗兰克:** 那时我认为, 是因为我太坏了, 才会被虐待。我很笨, 还会惹麻烦。爸爸常说, 我会烂死在地狱里。我相信了他, 我以为, 因为我是特别恶劣的人, 所以才会被虐待。

虐待会造成强烈的缺陷感, 会让你为自己感到羞耻。你会觉得自己是毫无价值的, 没有资格拥有任何权利或去保护自己。你必须得让那个人利用你、欺辱你。你也会觉得虐待就是你自找的。

孩子的最后一道防线是心理上的。当真实世界太糟糕, 还可以在心理上逃离。你可能是以一种与真实世界分离的状态度过童年的部分时光的, 根据虐待的严重程度不同, 这段时间的长短也不同。尤其是, 当虐待正在发生的时候, 你可能必须得学会解离。对孩子来说, 这是一种有适应价值的应对方式。

> **玛德琳:** 当他虐待我的时候, 我假装自己是一个橙色气球, 飘在空中。任何事情都不是真的, 任何东西都无法伤害到我。

通过解离的方式, 你也许能让自己在情感上获得解脱, 才能撑得过虐待的经历。

解离也给虐待事件增添了一种分离感, 仿佛虐待是与生活的其他方面分开的。所以, 在其他情况下, 你还可以和施虐者相对正常地相处。

玛德琳： 虽然当时没感觉，但是现在想想很奇怪。我晚上和他做爱，然后早晨起床下楼，在吃早餐的时候，还与他和妈妈聊天。就好像前一晚的事发生在另外一个世界一样。

在虐待极端严重的情况下，解离会造成多重人格的形成。

弗兰克的暴怒发作是一种反击，用来应对自己对虐待的预期。有时，他会变得和父亲一模一样。孩子会模仿施虐者的行为，这是一种让孩子感觉更强大的方式。

弗兰克： 我曾经打我弟弟。天哪，我现在觉得那真的很糟。我像父亲打我一样打弟弟。

对不信任和虐待陷阱的常见反击之一就是虐待他人。这使得虐待链可以永久延续。受虐者有时会变成施虐者。事实上，多数虐童者自己小时候都曾被虐待。弗兰克的爸爸就是这样的例子。

弗兰克： 我知道爸爸为什么虐待我。他小的时候也被虐待了，他爸爸就总打他。

反之却未必如此，认识到这一点很重要。多数被虐待的小孩长大后不会成为虐童者。虽然弗兰克会暴怒发作，但是他并非虐童者。他打破了虐待链。

很多被虐待过的人，可能不会真正实施虐待行为，但会幻想虐待或伤害他人。

弗兰克： 我记得小时候有一个老师总是难为我。他会在全班同学面前贬低我。天哪，我恨他。我曾经坐在他的课上，想象着把他绑起来，一遍又一遍地打他的肚子，直到他求饶。

你可能时不时地朝别人发火，可能会享受看别人受伤，可能爱摆布或者侮辱别人。我们这是在描述你虐待狂的一面。你可能觉得这一面很可怕，这是你反击的一面，通过变得和伤害你的人一样来反击。

弗兰克的父亲在言语上也是虐待性的。如果**带有伤害他人的意图**，那么，可以导致缺陷性格陷阱的批判，就已经升级为言语虐待了。这个人是故意要羞辱、贬低你。

弗兰克：他喜欢把我弄哭。他认为那很有趣。我非常努力想不哭，但他会一直这样。

治疗师：他会跟你说什么？

弗兰克：他骂我，说我是瘪三、废物、失败者。他会在我的兄弟和朋友面前这样做。他真的是享受着我的窘迫不安。我发誓，他真的是这样。

弗兰克的父亲似乎是恨弗兰克的。很难理解为什么一个父亲会如此恨自己的孩子。不知为何，他无法忍受弗兰克的脆弱。他需要破坏、消灭这种脆弱。他被自己的不信任和虐待陷阱所支配。他把自己变成攻击者，以此来补偿自己童年期的受虐经历。

如果家长是虐待狂，孩子会面临很大的麻烦。经历虐待而不留伤疤基本上很难。有些父母会冷漠地利用和伤害自己的孩子，通常会从孩子很小的时候就开始，比如五岁以下。这样，就不用太担心孩子会告发他们，或别人会发现。

有些人是通过模仿榜样而学会虐待和不信任别人的，虽然这样形成的性格陷阱不会很严重，但这也是一种可能性。你的父母可能在对待朋友和工作方面有不道德行为，会操纵他人，或者操纵、摆布了你，背叛了你的信任。于是，你学到了"人类就是如此"，所以你也认为大多数人都是这样的。

恋爱中的危险信号

危险之处在于，吸引你的可能是有虐待倾向的、不值得被信任的伴侣。以下这些是危险的征兆。

伴侣身上的危险信号

1. 他（她）脾气暴躁，让你觉得害怕。

2. 他（她）如果酒喝多了，就会失去控制。

3. 他（她）在家人和朋友面前贬低你。

4. 他（她）再三贬低、批评你，且让你觉得自己一文不值。

5. 他（她）不尊重你的需求。

6. 他（她）会不择手段、说谎、操纵他人，以达到自己的目的。

7. 他（她）在处事上可以算是个骗术家。

8. 他（她）是个虐待狂或者残酷的人，从你或者他人的痛苦中汲取快乐。

9. 当你不按照他（她）想要的那样去做时，他（她）就打你或威胁你。

10. 即使你不想，他（她）也强迫你做爱。

11. 他（她）利用你的弱点满足自己的利益。

12. 他（她）背叛你（瞒着你有其他情人）。

13. 他（她）很不可靠，利用你的慷慨。

生活中最让人困惑的事情之一就是，我们似乎总是会一遍遍重复相同的自我伤害模式。这就是弗洛伊德所说的强迫性重复。童年时被虐待的人为什么会自愿再次进入另一段虐待性的关系呢？这说不通，然而，这样的事情又总是在发生。

你可能会发现，最吸引自己的是有虐待倾向的伴侣。那些会利用、殴打、强暴、污辱和贬低你的人，正是让你产生最多爱情化学反应的人。这是童年期虐待最令人崩溃的后遗症之一。它让你变得即使在成年期，也仍然被虐待性的关系所吸引。所以，即使是在长大以后也无法逃离，除非你接受治疗。

玛德琳 20 岁出头时和男性之间的关系就是一个例子。因为她自己服很多药，她的好几个男朋友都是药物成瘾者。

> **玛德琳：** 我最长的一段感情是和里奇。我现在也时不时会见他。他吸食可卡因，神志恍惚。他过去会偷我的钱。有一次，他为了得到可卡因，想让我去和另一个男人上床。

药物成瘾者比任何人都更可能利用你、占你便宜。但是玛德琳不服药的那些男朋友也有某种性虐待倾向。最常发生的情况是"他们利用我的身体，然后抛弃我"。有那么几年的时间，玛德琳经历了一段又一段的虐待性关系。

当我们问玛德琳，她为何允许这样的事情发生，她说："我爱上的就是这种男人。况且，这总比单身好。"但是我们并不认为这种状态比单身更好。至少单身的话，你有机会去康复、重建自尊，去寻找一个好好待你的伴侣。

下面的表格中，列举了不信任和虐待陷阱在长期亲密关系中的表现。因为虐待是非常严重的问题，所以这个列表很长。

亲密关系中的性格陷阱

1. 你经常觉得别人占你的便宜，尽管你并没有实在的证据。

2. 你允许别人虐待你，是因为你怕他们，或因为你觉得那是你应得的。

3. 你会很快地去攻击别人，因为你预期他们迟早会伤害、贬低你。

---

4. 你很难享受性爱，觉得性是一种责任，你无法从中获得快乐。

5. 你不愿分享个人信息，因为你担心别人会利用它来对付你。

6. 你不愿表现出自己的弱点，因为你认为别人会利用它来占你便宜。

7. 你与人相处时会感到紧张，因为你担心他们会羞辱你。

8. 你很容易对他人让步，因为你害怕他们。

9. 你感觉别人似乎享受你的痛苦。

10. 你有绝对虐待狂或残酷的一面，即使你可能没有表现出来。

11. 你允许他人占你便宜，是因为"那比独身一人更好"。

12. 你认为男人（女人）不能被信任。

13. 童年的很大一部分经历你都不记得了。

14. 当你害怕某人时，你会"走神"，就好像你的一部分不存在了一样。

15. 即使没有什么证据，你也经常觉得别人有不可告人的动机或恶劣意图。

16. 你经常有关于施虐（受虐）狂的幻想。

17. 你避免与男人（女人）亲近，因为你不相信他们。

18. 在男人（女人）身边时，你感到害怕，但是不明白为什么。

19. 你有时会虐待别人，或对别人残忍，特别是对最亲近的人。

20. 在与人的关系中，你经常感觉无助。

即使拥有一段良好的关系，你可能也会去做出些什么事，把它变成虐待性的。你自己也可能会变成施虐者或者受虐者。无论是哪种方式，都是一种对童年时的虐待的重现。

你会干出很多事，使一个不错的伴侣看起来像施虐者。你会曲解他们说过的话，所以无辜的言论也带上了刺痛和侮辱的色彩。你会测试他们，即使他们通过了测试也不足以说服你。你会指责他们试图伤害你，尽管他们根本没有。你会放大他们的不忠诚，低估他们对你的爱。即使他们真的待你很好，你仍然感觉像是在被虐待。

弗兰克对他妻子的态度就是最好的说明。从所有我们能搜集到的信息来看，艾德丽安值得被信任。

治疗师： 你能说一说她什么时候故意伤害了你吗？

弗兰克： 就在我们结婚之前，她瞒着我，去和乔约会了。

艾德丽安： 噢，这太让我生气了！这件事我们已经说过上千遍了！在我们结婚之前，我的前男友乔给我打电话，邀请我和他一起吃午饭。他说那很重要。我说我会去的，我没有告诉弗兰克，因为我知道他不会理解的。那次见面对我来说什么都不是！

治疗师： 乔想要什么？

艾德丽安： 他想知道我和他有没有可能复合。没有任何可能，我就是这样告诉他的。仅此而已！我什么也没做！我只是想让乔更容易放手。我很爱弗兰克，现在也是。

治疗师： 所以这件事你们俩已经讨论过很多遍了。

艾德丽安： 你不会相信他在我面前提了多少次这件事。

治疗师：（对弗兰克说）你能说出她故意要伤害你的其他例子吗？

弗兰克： 没有。我的意思是，我知道她是对的，但是我仍不能冒险。我不能相信她。我不相信她不会让我失望。

也许，童年时每次希望之后就会失望，把弗兰克伤得很深。他很难愿意去再次冒险保持希望。

取决于你被虐待的程度，很有可能你全部的世界观都建立在人不能被信任这个概念之上。你对人的基本认知是：他们想要伤害你，暗地里享受看你受罪。这是你与人交往的情感基调，当有人靠近时，你就是这种感受。

你也可能会做一些事，促使原本对你不错的伴侣去恶劣地待你。比如，你会在与对方相处时，**贬低自己的价值**：很容易屈从于对方想要的、自我贬低、允许对方占你便宜、传递出你不值得被好好对待的信息。

> **玛德琳：** 很多时候，男人们会和我发生关系，然后觉得我配不上他们。我记得有那么一个男人，亚伦，我真的很喜欢他。那段时间，我和很多人有性关系，但是，他是我唯一真正在乎的人。我曾经告诉他，"你就是认为我配不上你，因为我们认识的第一天晚上我就和你上床了"。或者我会告诉他，"你觉得我配不上你是因为我以前在性方面很随便"。
>
> **治疗师：** *之后发生了什么？*
>
> **玛德琳：** 我猜他后来也开始相信这一点了，因为他最终离开了我。

玛德琳不仅自我贬低，而且在自我保护方面，她也觉得很无助。当男人虐待她时，她会觉得自己像童年时那样无法移动，不能自卫。就像她说的："无论他们怎么对我，我都没法说不。"

你可能会朝完全相反的方向发展，变得非常富有攻击性。这是一个用反击作为应对方式的例子。你相信老话说的"最好的防守是进攻"。因为你认为别人会攻击你，所以你确保自己会抢先进攻。你没有注意到，随着时间流逝，你是唯一还在攻击的人。

> **艾德丽安：** 他总是指责我，然而他才是那样的，总挑我的毛病。他说我贬低他了，但是我没有，我很小心地不去贬低他。我知道那会让他很难过。那天晚上，他在冰上绊了一下，差点儿摔倒。我问他是否还好，他朝我大喊大叫。他认为我在嘲笑他。我发誓我没有！我只是想知道他是否安好。我觉得非常的挫败。他表现得好像我是他的敌人。

有的时候你在攻击别人的时候，对方会反击并且也变得同样富有攻击性。你的怒火反而会导致你最害怕的结果，或者会逐渐把对方推开。

对于伤害了你的人，你有很多的怒气。即使在良好的关系中，你的愤怒最终也会是个问题，它出现的时候，具有很强的破坏性。也有可能你对待所爱之人的方式是虐待性的，或者残酷的。首先，这种情况必须立刻停止。否则，在伤害别人的同时，也会给你自己造成几乎同等的伤害。

如果你曾被性虐待，那么你在性方面遭受的伤害，肯定会影响恋爱关系。在性爱的过程中，你很可能会感到愤怒，或感受不到任何情绪。

> **玛德琳：** 有时我想，如果生活中没有性，我也不会介意。我并不期待再次与男人发生关系。在性爱的过程中，我觉得自己就像关机了一样，这让我很难受。

玛德琳也有关于施虐 – 受虐的性幻想，这个问题让她觉得很困扰。所有与性相关的事情都充满了负面情绪。

改变不信任和虐待陷阱

这是改变不信任和虐待陷阱的步骤。

改变不信任和虐待陷阱

1. 如果可能的话，找一个治疗师来帮助你，尤其是如果你曾被性虐待或身体虐待过。
2. 找一个你信任的朋友（或治疗师），做意象练习，尝试回想被虐待的记忆，详细地回忆每一次事件。
3. 做意象练习的时候，发泄对施虐者的愤怒。在意象场景中，让自己停下无助的感受。
4. 停止责怪自己，被虐待不是你自找的。

---

5. 当你在努力解决这个性格陷阱的时候，考虑减少或停止与施
   虐者的联系。

6. 如果可能的话，在你准备好之后，当面和施虐者对质或给他
   写信。

7. 不再容忍当前关系中的虐待。

8. 尝试去信任和亲近值得你信任的人。

9. 尝试选择一个尊重你的权利、不想去伤害你的伴侣。

10. 不要伤害你身边的人。

1. 如果可能的话，找一个治疗师来帮助你，尤其是如果你曾被性虐待或身体虐待过。 如果你的性格陷阱很严重，那么我们不希望你单独面对。不信任和虐待是最强大的性格陷阱之一，会导致严重的症状和人际关系问题，它也是最难改变的性格陷阱之一。

仅仅通过自助书籍来改变可能并不足够。也许，如果你的问题很轻，通过阅读本章内容，就可以得到解决。但是，如果你童年时受到过很严重的虐待，你应该向治疗师寻求帮助。

另外，如果可能的话，参加成人虐待或乱伦幸存者自助小组。美国各地都有类似的小组。也有很多很好的书是专门为虐待幸存者而写的，其中有一本很著名，是艾伦·巴斯和劳拉·戴维斯两人合著的《治愈的勇气》（*Courage to Heal*）。

你需要一个安全的地方去回忆，而治疗师正好可以给你提供一个这样的空间。

2. 找一个你信任的朋友（或治疗师），做意象练习，尝试回想被虐待的记忆，详细地回忆每一次事件。 回忆是最痛苦的部分，你特别需要治疗师或其他你信任的人支持。身体、言语和性虐待的记忆是很可怕的，随之而来的情绪可能极其强烈。治疗师或朋友可以帮你控制情绪，把回忆变成治愈性的经历。

你有非常正当、充分的理由不愿去回想，其中一个就是：面对你的父母到底是怎样的人。

弗兰克：我很难接受，我爸爸是那么恶劣的一个父亲。我一直以为，他那样做是有原因的。他工作太累了，妈妈又总是唠叨，我总是惹麻烦。

治疗师：你想去相信你有一个好父亲，这种欲望很强烈。

弗兰克：是的。我的意思是，如果我认为他毫无理由地这样对我，我怎么还能跟他保持父子关系呢？

对弗兰克来说，承认自己有个不好的父亲让他很难过。认为父亲是好的这个念头，让他能够和父亲继续保持关系，也是当初帮他忍受虐待的一个原因。

另一个你不愿去回忆的原因是：那种感觉太痛苦了。你可能已经竭尽全力地去无视这段记忆，让自己变得麻木。不去回想是一种情感保护，保护自己不会发疯。要放弃这种保护是很可怕的。

弗兰克在治疗了几个月以后，才愿意通过意象法来探究他受到的虐待。但是，一旦他愿意了，记忆的影像很快就出现了。

治疗师：闭上眼睛，告诉我一个童年时的影像。

弗兰克：我看到了父亲和我。父亲看起来很高大。我大约七岁，正站在那儿颤抖。父亲在对我大喊大叫。（模仿父亲的声音）"我会教你的，你个小兔崽子。"他拿出了皮带，我太害怕了，就尿裤子了。

开始，弗兰克无法相信自己的记忆。"可能是我编的，"他会说，"或者那只是想象。"费了好大的劲儿，他才肯相信自己的记忆是真实的。

你会发现，一旦你觉得安全，记忆的影像就会出现。你会全部回忆起来，并重新经历那种痛苦。在经历痛苦的同时，你将开始复原。

3. 做意象练习的时候，发泄对施虐者的愤怒。在意象场景中，让自己停下无助的感受。回击施虐者。想象自己更强壮、年纪更大，或做好了准备，因此你可以自由表达自己的愤怒。你不再是那个无助的孩子。在意象场景中回击的同时，可以打枕头或厚厚的电话黄页簿。

> **治疗师**：在记忆的影像中你看到了什么？
>
> **弗兰克**：我们在厨房里。父亲正在打弟弟。他真的完全失控了。母亲就站在角落里尖叫。
>
> **治疗师**：我想让你在这个影像上停留一会儿。
>
> **弗兰克**：好的。
>
> **治疗师**：现在，面向父亲，告诉他，他所做的事是错的。
>
> **弗兰克**：我不能。太危险了。（似乎瘫在了椅子上。）
>
> **治疗师**：我理解。你不够强壮。让我们来帮你一下。我想让你在那个影像中长大，像现在一样大。
>
> **弗兰克**：好的。
>
> **治疗师**：现在告诉他。告诉他，他做的是错的。说的同时，你可以用拳头打沙发。
>
> **弗兰克**：好的。我站在他和弟弟中间，把他推回到墙边。我低头看着他的脸。他看起来有点儿紧张。（捶打沙发。）我告诉他，"嘿，大块头，打一个五岁的孩子啊。你内心一定非常卑鄙，才会这样踢人。肮脏卑劣的人，你很无耻。我恨你。（捶打沙发。）如果你再碰我弟弟，我就打到你半死"。
>
> **治疗师**：感觉如何？
>
> **弗兰克**：（微笑）很好。

这是一个强大自我的练习，可以将你从施虐者的控制中解放出来。在某种意义上，你在现实世界中的行为习惯仍和那个恐惧的孩子一模一样。

我们想让你意识到，你已经拥有成人的力量，不必继续屈从于施虐者。

4. 停止责怪自己，虐待不是你应得的。不要再给施虐者找借口。你没有错。你只是一个无助的孩子。你做到了当时的情况下你能做到的最好。把这件事情弄得明明白白十分重要：**没有任何一个孩子应当被虐待**。

> **玛德琳：** 我知道不应该立刻和男人发生关系。那让我觉得很脏。但是，不管怎样，我已经感觉很脏了，仿佛我是一个残次品。除了一夜情，谁会真的想要我呢？
>
> **治疗师：** 看到你这样责怪自己，我们很难过。脏的人是你继父，不是你。

无论当时你的感受如何，虐待之所以发生，并不是因为你不好。那只不过是个便捷的借口，加害者总是会贬低受害者。清醒一点，不要被自己的缺陷感所迷惑。找到你内心深处那个很好很好，却受到了伤害的孩子，给予他（她）同情。

> **治疗师：** 我想让你把成年的自己代入到当时的情境，去帮助那个孩子。
>
> **玛德琳：** （叹气）我把自己代入进去。儿时的玛德琳和他一起躺在沙发上。她的眼睛看起来像是死了。我抱起她，带她离开了房间。我把她带到外面，很远的地方。我抱着她坐下来，只是轻轻摇动。

你需要对没能保护你的父母愤怒起来。这也是心理治疗的一部分。把愤怒从自己的身上转移到别处。别再用自我伤害的方式去处理愤怒，比如吃东西、物质成瘾，或觉得抑郁空虚。用你的愤怒让自己变得更强大。

5. 当你在努力解决这个性格陷阱的时候，考虑减少或停止与施虐者的联系。我们发现，患者通常在与施虐者不联系的时候进步更大。有些患者选择暂时性切断联系，还有些会选择永久断绝。你还可以决定是否要告诉施虐者为什么不和他们联系。

但是，最好至少要有那么一段时间（一般是在刚刚开始治疗的阶段）是切断联系的。施虐者是你性格陷阱的重大强化剂。他（她）会给你传递很多错误信息，比如你是无助的、是受害者、是有缺陷的、是有错的。

> **弗兰克：** 当我父母与我和艾德丽安一起吃饭的时候，我立时觉得自己像个傻子。我们刚在餐桌边坐下，我就打翻了水杯，裤子都湿透了。我父亲开始说我笨，嘲笑我。我感觉自己像个可怜虫。
>
> **治疗师：** 当他那样说时，你做了什么？
>
> **弗兰克：** 什么也没做。我变得很沉默。接下来一整顿饭，我都很沉默。

在那种有毒的环境里，你很难去治愈。

6. 如果可能的话，在你准备好之后，当面和施虐者对质或给他写信。 这也是一个强大自我的练习。除非你能质问施虐者，不然的话，你的一部分自我仍然会是个无助的孩子，在充满着恶毒的成年人的世界里无法自我保护。你的部分自我仍会觉得害怕。但是，你现在已经不再是个无助的孩子了，你可以在施虐者面前保护自己。

> **弗兰克：** 周六那天，我做到了。我邀请父亲到我家来。我想在我的地盘会更好些。他一到，我就开始了。我告诉他，他曾经虐待了我和弟弟，他的行为表示他是个仗势欺人的懦夫。我告诉他，因为他所做的那些事，我恨他。除非我自己愿意，不然我就不会再和他说话，也可能永远都不会再和他说话。我告诉他，他是个自私、幼稚、懦弱的男人。我告诉他，那是个谎言，虐待不是我应得的。我把一切都告诉他了。
>
> **治疗师：** 感觉怎样？

弗兰克： 在我的一生中，从没感觉这么好过。

说出施虐者对你做了什么，公开它，你会觉得松了口气。站出来说，"你对我做了这个""我不会允许它再次发生"和"我对你很愤怒"。

玛德琳已经不再和继父联系了，但是她给他写了一封信。

爸爸：

我小的时候，你利用了我对爱和感情的正常需求。我是非常脆弱的，我的生父死了，妈妈吸毒，没有人保护我。

伤我最深的是，我真的很爱你。最开始你对我那么好。你给了我爱，我很渴望爱。

我很难相信那一切都是假的，但是，那确实都是假的。你在利用我。如果你在乎我，是永远也不可能做出那些事的。

现在，我恨你。你破坏了我爱的能力，剥夺了我对性的乐趣。这些都是我应有的权利，但是却被你拿走了。你让我恨我自己。

我永远也不想再和你联系。

玛德琳

写一封这样的信，无论你是否寄出，都是很好的练习，是一种清理的过程。一方面，它能陈述你眼中的事实，是对自己重要的肯定。另一方面，这也是为之后的当面对质的预演。在信中，告诉那个人，他们做的是错的。告诉他们，那让你有什么感受，你本来希望的是什么样的。

玛德琳与母亲当面对质了。她母亲仍然在服药。

玛德琳： 我告诉她，我认为她服药是自私的行为，并且深深伤害了我。那让我没有母亲的照顾。我告诉她，在我还太小不能照顾自己的时候，她抛弃了我。并且，因此我被她的一个丈夫性虐待了多年。

治疗师： 感觉怎么样？

玛德琳： 很痛苦，但也很好。我感觉好多了。当然啦，她只是又开始像往常一样找借口、否认。但是，我没有让她影响我。我转身离开了房间。我不知道我什么时候才会再次给她打电话。

当你这样做的时候，去寻求你信任的人的支持，这是最重要的，因为施虐者很可能会否认他们有责任。我们的经验是，多数情况下，当虐待比较严重时，父母都会否认。**你必须为这种可能性做好准备。**

重要的是，你在陈述事实。对质的成功与否，不取决于施虐者的回应，而是取决于它对你的影响，即它是如何让你感觉更强大、提升自我认知的。

7. 不再容忍当前关系中的虐待。 有虐待倾向的伴侣对你的吸引是致命的，我们必须向这种吸引力宣战。

玛德琳： 20 岁出头的那几年，我一直在和精神病、讨厌鬼、吸毒者、谎话精约会。

检视一下自己现在的人际关系。写下你是否仍在允许别人虐待自己，以及是通过什么样的方式，比如殴打、摆布、贬低、羞辱、强暴。这些都必须即刻停止。你无法在性格陷阱仍在被强化时治愈。从这一刻开始，我们不想让你再容忍任何人的虐待。

如果虐待你的是伴侣或朋友，并且他（她）仍有改变的一线可能，你可以再给他（她）一次机会。维护自己的权利，保护自己，别再抑制自己的愤怒，表达出来，与他对质。但是不要让自己变得有攻击性，保持自信而坚定和自我控制。

此外，不要陷入拒不接受事实的状态。如果施虐者不改变，你必须得离开。我们知道，这对你来说会很困难。我们再次强调，你应该接受治疗。在面对未来困难的决定时，你需要支持。

8. 尝试去信任和亲近值得你信任的人。 即使别人都是善良的人，你可能也很难去相信他们。这是你维持性格陷阱的一种重要形式。请客观地看待你的人际关系，集中分析亲密关系，如家庭、好朋友、情人、配偶、孩子。

对于生活中没有明显虐待倾向的人，写下他们各自值得被信任的所有证据。接下来，写出他们不可以被信任的所有证据。如果你真的没有什么证据证明他们对你不好，尝试更加信任他们。慢慢放下你的防备，试着走得更近，信任那些值得被信任的人。

如果患者发现自己只有很少的证据证明别人不值得被信任，通常会很惊讶。弗兰克就是这样的情况。

弗兰克： 我发现，自己仅有的唯一证据，就是几年前的前男友事件，所以，我决定试着相信艾德丽安。我不再检查她去哪里，也不再指责她对我不忠。（停顿）我就是太害怕如果我错了怎么办。这对我来说很可怕，但是我正在这样做。

治疗师： 这对你们的关系产生了什么影响？

弗兰克： 当然是更好了。首先，我不会觉得自己随时都会失控，不再发那么大脾气。艾德丽安也更开心、更放松了。我的意思是，我仍然会突然发怒。就像那天，她接到了同事比尔的电话。我能听到她打电话的时候在笑，那真的让我开始不安。我开始想用分机偷听。我开始变得激动，认为我会听到艾德丽安和他瞎搞的一些线索。但是我阻止了自己那样做。一旦我决定了不去那样做，就感觉好多了。要是在过去，这肯定会引起一次争吵。

除非你的周围全是有虐待倾向的人，不然，你的生活中肯定有**一些**可以信任的人。

与治疗师的关系可能是最好的开始。你可以在安全的空间里学会去信任。

9. 尝试选择一个尊重你的权利、不想去伤害你的伴侣。 仔细检查一下，你过去和现在的亲密伴侣，是否有虐待人的迹象。如果你正处在一段虐待性的关系里，那么请寻求帮助来停止虐待，或者就此终结这段关系。和有虐待倾向的伴侣在一起是最让人绝望的。

在选择未来伴侣时，尝试识别危险信号。了解危险信号可以让你更自信，相信自己能找到值得信任的伴侣。即便尊重你的权利、不想去伤害你的对象所带给你的爱情化学反应要弱一些，也应该选择和他们在一起。

玛德琳的最大障碍是：克服对恋爱关系的逃避。她深深地相信男人不值得被信任。

玛德琳： 与其再经历一段不好的关系，我更愿意单身。

治疗师： 所以，你不相信可以与男人建立良好的恋爱关系。

玛德琳： 不相信。男人都一样。在内心深处，他们都想利用你，然后把你踢开。他们只是为了得到自己想要的而假装关心你。

治疗师： 你听起来很生气。

玛德琳： 没错，我生气。我生气，我被困住了，我因为被困住而生气。

玛德琳相信，她所能期待的最好情况也不过是另外一段痛苦的恋情。按照这个逻辑，逃避人际关系是有道理的。这是一个逃避型应对方式的例子。

但是，真相是世界上有很多比你家人更善良的人。你如果认为全世界的人都像你的家人一样，那你就错了。你是在过度泛化自己的经验。

在最初期，仅仅是去约会，然后逐渐地开始建立关系。始终保持着掌控感。当你开始建立恋爱关系时，切记要维护自己的权利、保护自己、珍重自己。这样的做法会鼓励你的伴侣也如此待你。

10. 不要伤害你身边的人。不要把你童年时所经历的虐待施加到你的配偶、孩子、朋友或员工身上。不要给虐待找借口。

> **弗兰克**：我改变对待艾德丽安的方式的最大原因是，我意识到，即使我从不曾打她或怎样，我对她不断地指责和发怒，其实也是一种虐待。

如果你一直在虐待你爱的人，**立刻停止**。若你停不下来，立刻寻求帮助。相对于陷入内疚然后继续这个循环，立刻停下才是最好的。

我们想让你去补偿那些你伤害过的人。告诉他们，你意识到自己错了，请求他们的原谅，并勾勒出你具体将会如何改变。

回忆一下你内心深处的那个孩子，这是阻止自己变成施虐者的最佳方式。

写在最后

走出不信任和虐待陷阱的路，漫长而艰难。但是，正因如此，它也是最有满足感的路。这条路可以帮你找到你一直都想要的——爱人与被爱。不要把自己困在这个陷阱里终老一生。去寻求帮助脱离性格陷阱。这个陷阱源自童年虐待，你不该因为需要帮助而感到羞耻。就像玛德琳说的，夺回你在支持性的人际关系中理应获得的乐趣。

Reinventing
Your
Life

第8章

"我永远也不会得到我想要的爱"：
情感剥夺陷阱

──○ **杰德**：39岁，女人总是在情感上令他失望。

杰德第一次走进我们办公室的时候，我们就注意到了两件
事情。一是他看起来真帅，二是他看起来很冷漠。他的那种拒
人千里的特质在治疗中很难被突破。然而在第一次见面时，他
就坐下来告诉了我们他为什么要来治疗。

从青少年期开始，杰德已经谈过一大串的恋爱，但没有一
次超过六个月。他的恋爱总是一个模式。恋情刚开始时，他感
到兴奋、充满希望。他觉得总算找到了那个寻找已久的人。但
是无论最初的吸引力有多强，恋情最终都以失望而告终。杰德
表达了他的挫败感。

杰德：现在，我和伊莱恩又是这样。我当初很肯定这次会
和以往不同。刚开始时一切都那么美好。但是又像

过去每次一样，一段时间以后，我就开始感到无聊、不满意。她开始让我很烦。

治疗师： 伊莱恩做了什么让你生气了？

杰德： 她做的所有事情都让我生气。她回复我的电话不够快，她在聚会上和别人说太多的话，她花很多时间和朋友在一起，她花太多时间在工作上，她给我的生日礼物太便宜。但最主要的是，她就是不够让人兴奋。我知道她爱我，但是她就是不够，我需要更多。

在杰德恋爱关系的初期，他感到强烈的爱情化学反应，但是他会逐渐失去热情，直到只剩下一种失望感。这样，不久以后恋情就宣告结束了。

──○ **达斯汀：** 28 岁，他爱上得不到的女人。

达斯汀是这样描述自己困境的。

达斯汀： 总是发生同样的事。我疯狂地爱上某人，但却因为某些原因，我们不能在一起。就像这样（他开始扳手指头数），安已经结婚了，杰西卡和梅琳达都有男朋友，他们都不知道我的存在，丽莎住得太远，盖尔刚刚分手，还没准备好要开始一段认真的感情。

达斯汀的恋人通常都有一种特定的人格特征，他被冷漠疏离的女人吸引："当我遇到温暖而宽容的女人，我似乎很快会失去兴趣。"让达斯汀持续感兴趣的女人，更确切地说，是让他痴迷的女人，都是自恋的、自我为中心的，她们索取很多、回馈很少。虽然她们觉得和达斯汀在一起很满足，因为他很体贴，但是她们很少想要和他建立亲密关系，并且永远不会做出这样的承诺。

达斯汀的恋情总是像暴风雨般剧烈。他会经历疯狂的喜悦和磨人的痛苦。随着他变得越来越愤怒和烦躁，女友们开始逐渐不喜欢和他在一起。最终，恋情结束。达斯汀随后会陷入一段时期的忧郁，直到他再次开始下一场恋爱的循环。

⊸ 伊丽莎白： 40岁，乐于在情感上付出，但却嫁给了一个不会为她付出的丈夫。

伊丽莎白和乔希结婚五年了，家里有个年纪很小的儿子。伊丽莎白是个温暖而贤惠的母亲。事实上，她有点宠溺儿子。听见儿子的哭声会让她觉得很痛苦，哪怕他的需求再小，她也会急着去立刻满足他。

伊丽莎白： 孩子出生以前，我是做社工工作的。但是现在我辞职在家陪伴丹尼。我的生活就是围着孩子转。和他在一起的时间是极幸福的。但是我对乔希不满意。他太冷酷了。跟他在一起就好像是从石头里面取水一样。我们结婚的时候我就知道他就是这样，但是我希望他能改变。但事实上他变得更糟了。

乔希是一家大公司的高层管理人员。他工作时间长，要去全球各地出差。很多夜晚和周末，都是伊丽莎白独自在家带孩子："即使乔希在家，也好不到哪去。他总是专注于工作，似乎对和我在一起没兴趣。"伊丽莎白怀疑，在出差期间乔希对他不忠。她总是处于生气状态。难得他们有机会在一起的时候，伊丽莎白也要把大多数时间都用来抱怨责备乔希。讽刺的是，她的愤怒只是把乔希越推越远。

杰德、达斯汀和伊丽莎白都有情感剥夺性格陷阱。如果你也有这个性格陷阱，你会有一个根深蒂固的信念，就是你对爱的需求永远不会被满足。

情感剥夺性格陷阱问卷

这个问卷会为你测量情感剥夺性格陷阱的强度。请用以下等级选项来回答所有问题。

计分标准

1. 完全不符合我

2. 基本不符合我

3. 有点儿符合我

4. 部分符合我

5. 基本符合我

6. 完全符合我

如果你对任何问题给出的得分是 5 或 6 分，那么即使总分很低，你也许仍然符合这个性格陷阱。

表 8-1

得分	问题描述
	1. 相比已有的，我需要更多的爱
	2. 没人真正理解我
	3. 我总是被冷漠的、不能满足我需求的伴侣吸引
	4. 我感到与他人疏离脱节，哪怕是和我最亲近的人
	5. 没有任何一个我爱的人愿意和我分享他（她）自己，并且真正地关心我的事情
	6. 没人会给我温暖、守护和温情
	7. 没有人会真正地倾听并在意我的真实需求和感受
	8. 我很难允许别人给我以引导或保护，即使这是我内心想要的
	9. 允许别人爱我，这对我来说很难
	10. 我在大多数时候都感到孤独
	你的情感剥夺陷阱总分（把 1～10 题的所有得分相加）

情感剥夺得分解释

10～19 很低。这个性格陷阱大概对你**不**适用。

20～29 较低。这个性格陷阱可能只是**偶尔**适用。

30～39 一般。这个性格陷阱在你的生活中是个**问题**。

---

40 ～ 49 较高。这对你来说肯定是个**重要**的性格陷阱。

50 ～ 60 很高。这肯定是你的**核心**性格陷阱之一。

情感剥夺的体验

情感剥夺的体验比其他性格陷阱更难定义。一般来说，它并不是一个清晰的想法，因为最初的剥夺开始得太早了，早在你会用语言描述它之前。你对情感剥夺的体验更多是一种感觉，感觉你将会永远孤独下去，你有些需求永远不会被满足，你永远不会被倾听或理解。

情感剥夺会让你感觉好像缺少了些什么。这是一种空虚的感觉。最能体现它含义的画面，也许是一个被忽视的孩子的形象。被忽视的孩子感觉到的就是情感剥夺。这是一种孤独、没有人在的感觉，是一种你认识到自己注定孤独后的悲伤感和沉重感。

刚来治疗时，杰德无法真正告诉我们是什么在困扰他。最初他说了类似"我感到孤独""我感觉脱节"之类的话。后来他告诉我们，他经历着强烈的孤单和脱节的感受，以至于他考虑了自杀。

杰德： 我在感情上已经死了。不只是对异性缺乏亲密感，我其他所有的人际关系也是一样。我和任何人都不亲近，跟所有的家人和朋友都不亲近。

对杰德来说，世界是一片情感的荒漠。唯一能缓解孤独的，就是恋爱最初的那个阶段。而且正如我们所见，那也是很短暂的。

某些具有这个性格陷阱的人，会展现出一种对人际关系要求很高的倾向。这个性格陷阱有一种不知足的特质。无论别人给予你多少，感觉好像永远不够。问问自己："别人是否一直告诉我，我要求太高了，或者我总是要求太多？"

杰德是一个例子。伊莱恩花了很多精力和金钱为他安排了一个精致的生日聚会。然而，他在聚会上打开她送的礼物的时候，感到一阵强烈的失望："我送给她的礼物要贵很多。"情感剥夺性格陷阱的一个标志就是，明明眼前就有清楚的证据表明对方很关心你，但你仍然保持着一种无法摆脱的、情感上的剥夺感。

伊丽莎白的性格陷阱是通过另一种方式表现出来的：她会刻意选择满足他人需求的工作。她选择成为一名社会工作者。也许，你正在从事某种治疗或助人的职业。照顾他人可能是你弥补自己那些未被满足的情感需求的一种方式。同样地，你也许会尽最大的努力满足朋友们的需求。伊丽莎白说过下面这些话。

伊丽莎白： 我永远是倾听者。别人向我倾诉他们的问题，我尽自己最大的努力帮助他们，但我不会告诉任何人我的问题。我猜这就是为什么我来见你们的原因。我更加理解别人，他们却没有那么理解我，或想去理解我。

最后，长期持续地对他人的失望是情感剥夺性格陷阱的一个标志。人们让你失望。我们说的不是一次失望，而是一种长期的模式。如果你综合自己所有的人际关系得出的结论是，不能指望人们会在情感上支持你，那么这就是你具有这个性格陷阱的一个标志。

情感剥夺的起源

情感剥夺的源头一般是在作为孩子的母亲形象的那个人身上。这里说的母亲形象，指的是为孩子提供最多情感照顾的那个人。在一些家庭里，这个人可以是男性，只是在我们的文化中，情感看护者通常是女性。父亲形象也很重要，但在生命的头几年，通常是妈妈构成了孩子世界的中心。孩子和母亲之间的关系会成为之后关系的原型。在孩子未来的生活中，大多数的亲密关系，都会带有这个最初关系的影子。

在情感剥夺中，孩子得到的母亲的照料是少于平均值的。这里的照料有几个维度，在下面的表格中可以看到。我们的这个表格勾勒了情感剥夺陷阱的起源。请注意，这里说的母亲，指代的是母亲这个形象，并不一定是母亲本人。

情感剥夺的起源

1. 母亲冷漠无爱，没有充分拥抱或爱抚孩子。

2. 孩子没有被爱、被珍视的感觉，那种觉得自己是珍贵而特殊的感觉。

3. 妈妈没有给孩子足够的时间和关注。

4. 妈妈没有真的感应到孩子的需求。她在理解孩子的世界、与孩子共情方面有困难。她没有真正与孩子建立联结。

5. 妈妈没有充分地抚慰孩子，所以孩子也许没学会如何安抚自己或接受他人的安抚。

6. 父母没有给孩子足够的引导，没有能给孩子提供一种获得指引的感觉。孩子没有一个坚实的人可以依靠。

杰德的情感剥夺很严重，他几乎被完全忽视了。杰德的妈妈怀孕时才17岁。他爸爸的年纪要大很多，已婚，拒绝承认杰德是他的儿子。他妈妈曾希望杰德出生后，他爸爸会心软，回到她身边，但是那没有发生。

杰德： 我出生以后，爸爸不再像以前一样对妈妈感兴趣了。当妈妈意识到无法把我作为诱饵赢回爸爸时，她就立刻对我失去了所有兴趣。她希望自己的生活立刻回归常态，这样她就又可以开始与有钱的老男人约会。她真的从来不应该生下我。

我们经常听到有情感剥夺陷阱的来访者说这样的话，"我不知道她为

什么要生我"或"他们从不应该生下我"。杰德记得从很小的时候开始就
没有人照顾他。

> **杰德:** 多数时候她都不在。但即使她和我在一起,也没有什么不同。
> 每当我对她提什么要求的时候,她就会说,"安静,去睡觉,
> 你需要小睡一会儿",然后继续做她的事儿,仿佛我不存在。

发生在伊丽莎白身上的剥夺,是一种不那么明显的方式。她妈妈是个
负责的人、不会忽视孩子。但是,和杰德的妈妈一样,她自恋。她并未将
孩子视作有自己需求的、独立的人,而是视作她自己的延伸。她把伊丽莎
白看作一个物品,用来满足她自己的物品。

伊丽莎白的妈妈特别想要获得的,也是她自己生命中未能实现的,就
是有很多钱。所以她要让伊丽莎白嫁一个有钱人。

> **伊丽莎白:** 她教我要表现得美丽迷人,那是我获取她的爱的必要代
> 价。她教我要学会演,这样才能得到她的陪伴。她带我
> 去购物,把我打扮得像个洋娃娃,但购物结束后,陪伴
> 也就结束了。她不再理睬我,我变得无关紧要。

正如我们所知,伊丽莎白长大后成功地满足了她妈妈的愿望,嫁了个
有钱人。现在她是公司高管的妻子。他期待她美丽迷人地陪伴他。陪伴结
束以后,她就被忽视了。

总是爱上得不到的女人的达斯汀看似有个好妈妈。她做了所有正确的
事。她给达斯汀最好的玩具、最好的衣服、最好的学校、最好的假期,但
却总有一种冷漠的感觉。达斯汀的妈妈是一名成功的律师。她在律师行业
还少有女性从业者的时代成就了一番事业。她几乎把全部的精力都放在了
工作上,而在家里,她沉默寡言,沉浸在自己的世界里。

虽然她从未向自己承认过,但是在她心里,她把达斯汀当成一个麻
烦,一个让她从真正重要的事情上分神的、难伺候的小孩,并且她从来就

不是一个温暖的人。她不太表达喜爱这样的感情，即使是面对比达斯汀更让她欣赏的人，也是一样。背地里，她因自己对达斯汀没有那么强的感情而责怪他。达斯汀不招她喜欢，肯定不是她的错。

达斯汀在母爱缺失的不幸中成长。他塑造了一层名为"愤怒"的坚硬外壳来包裹自己的伤痛。这是我们在第4章中讨论过的反击型应对方式的表现。表面上看来，他很像一个被宠坏的、易怒的男孩。

现在，作为成年人，达斯汀在无数次注定无果的恋爱中重演着他的情感剥夺性格陷阱。他追逐着一段又一段必然失败的恋情。不可避免地，每个女人都会让他郁闷沮丧，而他也随之变得越来越难以满足。最后，每次都是以女人让他伤心而告终。

> **达斯汀：** 开始治疗之前，我真的不知道我被困在了这个过程中。每次，我都认为我恰巧爱上了一个得不到的女人。

虽然达斯汀的妈妈是情感剥夺的，但在另一个方面他是幸运的。他有个慈爱的父亲。如果不是和父亲的关系，达斯汀可能会永远把自己封闭起来，不与任何人建立亲密联系。父亲给他的爱部分治愈了母亲造成的伤害，所以他的性格陷阱以一种更为克制的方式产生。他能够在家庭以外建立健康的人际关系。

成年以后，达斯汀的性格陷阱只在一定范围内存在。他不认为所有人都是情感剥夺的，只有他爱上的女人们才是。达斯汀与许多人的关系都很令人满意。他有很多好朋友，有男有女，他向他们倾诉自己暴风雨般的爱情带来的痛苦。

达斯汀的例子说明了父亲在孩子早期生活中的重要作用。如果一个孩子有情感剥夺的母亲，但父亲并非如此，那么他可以成为孩子精神世界中的一个亮点，否则孩子的精神世界将是黑暗的。父爱可以起到部分修复孩子情感剥夺的作用。如果孩子幸运的话，父亲会感受到母亲的不足，并在照顾孩子上承担更多的责任。就像达斯汀说的："我父亲帮我维持了对世界的希望。"同样地，如果孩子有一个情感剥夺的父亲、非情感剥夺的母亲，在其成年后，可能会在某些特定但并非所有人际关系中表现出情感剥夺。例如，女孩如果有一个情感剥夺的父亲，可能会在与男人的恋爱中重现这个性格陷阱，但在其他类型的人际关系中就不会如此。

有些时候我们可能需要花一些时间才能意识到来访者有情感剥夺陷阱，因为它和其他性格陷阱的产生方式不尽相同。大多数性格陷阱的产生，是由于父母主动地做了某些伤害孩子的事情，而情感剥夺性格陷阱则是因为特定母性行为的缺失而导致的。对于前者来说，父母的行为是显而易见的，比如父母批判性的行为容易导致缺陷性格陷阱，父母对孩子的支配可能产生屈从性格陷阱。在这些情况下，父母确实做了某些孩子能够记得的事情，但情感剥夺并不总是如此。情感剥夺是某些东西的缺失，某些孩子自己从来都不知道的东西。

所以，情感剥夺是一种你很难识别的性格陷阱。除非你经历了严重的忽视，否则可能需要你做一些探索才能判断童年时是否有剥夺问题。你可能只有在询问自己特定问题后，才能识别出自己身上的性格陷阱："我感觉和妈妈亲近吗？我觉得她能够理解我吗？我感到被爱了吗？我爱她吗？她温暖有爱吗？我能告诉她我的感受吗？她可以给我所需要的吗？"

在治疗中，许多有情感剥夺性格陷阱的人起初会这样说："哦，我有正常的童年。我妈妈总是在的。"达斯汀开始治疗的时候说："我妈妈给了我一切。我得到了所有想要的东西。"但是，当有这个性格陷阱的人在描述他们过去和现在的人际关系时，就有点儿不对劲儿了。一种让人困扰的模式出现了。他们有一种情感失联的感觉。这个人也许对情感剥夺异常敏感，也许长期处于愤怒之中。只有当我们回溯往昔的时候才能发现它的起源。虽然情感剥夺是最常见的性格陷阱之一，但它往往也是最难发现的之一。

浪漫关系

在我们的文化中，浪漫关系通常是最亲密的。因此，有些受困于情感剥夺陷阱的人完全避免恋爱，或者只维持短暂的浪漫关系。这是典型的逃避式的应对方式。但是，如果你想要建立恋爱关系，而不总是孤身一人，那么你的性格陷阱很可能在这一段段恋爱关系中最为凸显。

你可能像杰德一样，长期以来，只要当别人开始真正走近，就随意的找些原因分手。或者像达斯汀一样，通过选择不可能的对象来与人保持距离，保护自己。或者像伊丽莎白一样，选择一个虽然在身边的人，但却冷漠、不愿付出。无论你走上哪条道路，最后的结果都是一样的。你最终还是会落入一段情感剥夺的关系，重现童年时的情感剥夺。

下表列出了恋爱早期应当避免的一些危险信号。这些信号预示着你即将再次重复自己的模式，与情感剥夺的人约会恋爱。

约会早期的危险信号

1. 他（她）不会倾听我说话。

2. 总是他（她）在说话。

3. 他（她）对抚摸或亲吻我这种亲密行为感到不适。

4. 我只有偶尔可以触碰到他（她）的内心。

5. 他（她）冷漠疏离。

6. 对于拉近关系，你比他（她）要感兴趣得多。

7. 当你感到脆弱的时候，这个人不在那儿守护你。

8. 他（她）越是不可及，你就越是执着、痴迷。

9. 他（她）不理解你的感受。

10. 你付出的比得到的要多很多。

当几个信号同时出现，尤其是你觉得爱情的化学吸引力特别强烈的时候，那么你最好**赶紧跑**。你的性格陷阱已经被全面触发了。

我们知道你很难采纳这个建议。你极度渴望保持这段关系。达斯汀就是这种情况。在治疗的过程中，达斯汀开始与克莉丝汀约会。克莉丝汀很漂亮，她是纽约市里一名成功的模特，达斯汀只是追求她的众多男人中的一个。所以，他知道这件事注定成不了，但就是没法让自己停下来。是他的性格陷阱在努力争取这段关系。我们看到了这件事从高潮到低谷的整个过程，从克莉丝汀与他在他的乡村小屋共度周末，到她最终拒绝见他，拒绝回他越来越绝望的电话。

即使你已经选择了一个在情感上愿意付出的合适伴侣，在恋情发展的过程中，仍有一些需要避免的隐患。

恋爱中的情感剥夺性格陷阱

1. 你不告诉伴侣你想要什么，然后因为需求未被满足而失望。

2. 你不告诉伴侣你的感受，然后因为不被理解而失望。

3. 你不允许自己脆弱，不让你的伴侣保护、引导你。

4. 你感到被剥夺了，但却什么也不说，心怀怨恨。

5. 你变得愤怒而挑剔。

6. 你总是指责伴侣不够关心你。

7. 你变得疏远、不可触及。

你可能通过蓄意破坏这段感情来强化你的剥夺。你可能对被忽视的信号过度敏感。你可能期望爱人有读心术，可以近乎奇迹般地满足你的各种需求。虽然，就像我们接下来会讨论的那样，部分具有这个性格陷阱的人，会在恋爱中需索过多，这体现了他们反击式的应对方式，但大多数人是不会去表达自己想要的东西的。你可能从没想过要明明白白地说出自己的需求。更加可能的是，你不说出自己想要什么，然后在情感需求得不到满足时感到很受伤、沉默寡言，或者愤怒。

关系中的苛求

一些具有情感剥夺陷阱的人会采用反击作为应对，他们通过变得充满敌意和过于苛求来弥补自己被剥夺的感受。这些人是自恋的。他们表现得似乎自己所有的需求都应该被满足。他们对恋人的要求颇高，通常也会获得很多。

杰德正是如此。无论从一个女人那里得到多少照顾，他都觉得自己的需求没有被满足。但是，对于所得不足，他并不会表现出受伤或被拒绝的情绪感受，而是变得愤怒。这与伊丽莎白非常不同，伊丽莎白也对情感冷漠高度敏感，但她对自己的需求保持沉默。杰德和伊丽莎白展现了两种应对情感剥夺的不同方式：杰德的愤怒和需索过多是反击型应对方式的经典表现，伊丽莎白的沉默则体现了屈从型应对方式的特征。

为什么有些人应对情感剥夺的方式是变得自恋呢？这是由于情感剥夺和权利错觉这两个性格陷阱的共同作用。虽然在童年时，他们的某些很核心的情感需求没有得到满足，自恋的人学会了通过在其他更肤浅的需求方面大幅度地提升标准，来克制被情感剥夺的感受。

例如，你可能对吃什么、如何穿衣打扮、和谁在一起、去哪里标准苛刻。你可能对物质要求很高，对所有东西都很挑剔，除了你真正渴求的情感照顾。不幸的是，这些物质需求最终不过是对爱与理解的一种差劲的替代，所以你并不满足。你继续渴望有形的物质追求，但深层的问题却从未被解决，因此一直无法得到真正的满足。

童年时，你不被允许提出情感需求，或者是你的母亲不回应你的情感需求。但假如她允许你提出其他方面的要求，那对你来说，这至少是得到一些东西的方式。这就是达斯汀的遭遇。虽然达斯汀的母亲很冷漠，但她在满足达斯汀其他的需求方面做得很好。她非常慷慨地给予达斯汀许多物质上的礼物，所以在物质方面，达斯汀觉得自己具有某种特权。与达斯汀不同，许多孩子在情感和物质两方面都被忽视了。这些孩子通常会放弃，并学会什么也不要期待（屈从的应对方式）。

在与自恋者相处的关系中，存在一种不真实的特质。他们的亲密关系，哪怕是与最亲近的人，也仅仅停留在表面。若你也是如此，那么在某种层面上，你对自己肤浅的人际关系会有种绝望感。这是因为你很少提出自己最为迫切、最为初始的情感需求，所以你与人的接触带有一种虚假的感觉。

以下总结了改变情感剥夺性格陷阱的步骤。

改变情感剥夺

1. 了解自己童年时期的剥夺，感受自己心里那个被情感剥夺了的孩子。

2. 在现今的关系中，监控自己被剥夺的感受。了解自己对照顾、共情和引导的需求。

3. 回顾过往的人际关系，厘清其中重复出现的模式。列出从现在开始需要避免的陷阱。

4. 避免让你产生强烈爱情化学反应，但其实冷漠疏离的伴侣。

5. 当你找到一个在情感上乐于付出的伴侣时，给这段感情一个机会。清晰地提出你的需求，与他（她）分享你的脆弱。

6. 停止责备你的伴侣，停止需索过度。

让我们来仔细探讨一下每一个步骤。

1. 了解自己童年时期的剥夺，感受自己心里那个被情感剥夺了的孩子。了解永远是第一步。你必须接纳自己童年际遇的真实情况。就像我们说过的那样，理解情感剥夺比认识其他的性格陷阱更难。你可能根本不知道自己被剥夺了。

杰德来治疗的时候知道自己曾被剥夺了。他的剥夺特别明显，因此容易识别。即便是在治疗早期，杰德也可以回忆起自己被忽略的影像。在无数场合，从接受幼童军奖章一直到高中和大学毕业典礼，他都是那个没有妈妈陪伴的小孩。他记得自己在成绩单上仿造妈妈的签名，因为妈妈嫌麻烦，不愿给他签。

杰德可以很容易地感知到自己对剥夺的愤怒，但却难以感受到由此带来的痛苦（典型的反击者）。而伊丽莎白与他相反，伊丽莎白一直能感受到被情感剥夺的痛苦和童年时的孤独（这在屈从者中很典型），但却很难意识到自己的愤怒。其实对于剥夺，你既有愤怒，也有痛苦。正如我们即将看到的那样，尝试去同时感受这两种情绪很重要。

对于达斯汀和伊丽莎白来说，理解自己的童年要更为困难。相比起杰德，他们是在揭开一种更微妙的剥夺过程。事实上，我们相信一共有三种截然不同的情感剥夺。我们在这里将它分解，也许可以帮你厘清你童年遭遇的到底是什么。你很可能在以下的一两个方面被剥夺了，但没有在其他的方面被剥夺。

三种情感剥夺

1. 照顾剥夺。
2. 共情剥夺。
3. 保护剥夺。

每种剥夺对应着爱的一个方面。照顾指的是温暖、关注和肢体情感表达。你的父母以前经常把你抱在怀里轻轻摇晃吗？他们曾安抚和安慰你吗？他们曾花时间陪你吗？你现在见到他们的时候，他们会拥抱和亲吻你吗？

共情是指有人能够理解你的世界，认同你的感受。父母以前理解你吗？他们的情绪感受与你的协调同步吗？当你遇到问题的时候可以在他们面前坦诚吗？他们有兴趣倾听你想说的话吗？如果你问他们，他们会和你谈论他们自己的感受吗？他们会和你沟通吗？

最后，保护是指提供力量、方向和引导。你在童年需要建议的时候，总是有这样一个可以为你提供指导的人吗？谁可以给你提供庇护和力量？有没有人照看你，让你觉得安全？

杰德在三个方面都经历了严重的剥夺。他被伤害得太严重了，以至于作为一个成年人，他既无法给予，也无法接受照顾、共情和保护这三者中的任何一项。伊丽莎白和达斯汀的情况则更复杂。

达斯汀小时候觉得母亲是保护自己的，而且当他需要理智的、非情感的建议时，母亲是个很好的人选。达斯汀那时有一个几乎不可思议的信念，即他家族姓氏和财富可以保护他不受任何不利因素的伤害。但与此同时，达斯汀的母亲却从未给他提供过照料和共情。还好，他有一个可以照顾他、与他共情的父亲，这部分治愈了母亲对他的伤害，削弱了他的性格陷阱。

伊丽莎作为一个孩子，看起来似乎得到了许多的关爱。她回忆起了不少母亲拥抱和亲吻她的画面。这是一段典型记忆："我坐在妈妈腿上。我们在参加聚会。我穿着一件漂亮的裙子。我觉得自己既漂亮、又特别。"就像这幅画面的肤浅所暗示的那样，她母亲的爱和陪伴是假的，只有在人前才会发生。在更深的层面上，伊丽莎白在照顾方面是被剥夺的。然而和达斯汀一样，童年时她确实是感到受保护的。事实上，她也许从母亲那里得到了过多的建议和指导。但是，伊丽莎白明显遭遇了共情的剥夺。例如，在治疗中，她想起了这个画面：

治疗师：发生了什么？

伊丽莎白（闭着眼睛）：我和妈妈参加一个生日聚会。我妈妈让我走过去亲那个小女孩。我告诉妈妈，我不喜欢那个女孩。但是妈妈想让我喜欢她，她对我说，"胡说，你当然喜欢她了"。

治疗师：你有什么感受？

伊丽莎白：被忽视。

母亲没有对伊丽莎白的感受做出回应。她既不知道，似乎也不想去关心她的感受。

意象的重现是理解童年期情感剥夺的第一步。你可以找一个安静私密的空间，让童年的影像浮现在脑海里。然后，充分体验这些记忆，充分体验那个时候的所有情绪。在这之后，你可以进一步分析这些记忆，为父亲和母亲两人分别生成各自的影像。正如同达斯汀的情况，父母中一方的关爱可以抵消另一方造成的伤害。最后，请囊括其他亲密的家庭成员，以得到更全景的认知。

2. 在现今的关系中，监控自己被剥夺的感受。了解自己对照顾、共情和引导的需求。 第二步是更明晰地知晓自己在现今生活中的情感剥夺。你要学会留意性格陷阱的触发。性格陷阱被触发时，可能是你感到被忽视、孤独、空虚、不被任何人理解的时候。你也许会悲伤，因为伴侣遥不可及、冷漠、不愿付出；你也许会气愤，因为你永远必须得是那个坚强的人，永远是你在照顾对方，而对方却从不会照顾你。任何强烈的被剥夺感都可以作为一条线索，标志着性格陷阱的触发，你应该需要去关注眼下的情况。

允许自己去感受与性格陷阱一同被触发的所有情绪，这一点很重要。不要阻断任何情绪体验，尽可能全面的探索所有情绪。

你可以用意象的方法，进一步连接自己的情绪。具体的做法是，当现今生活中的某件事激起你强烈的被剥夺感时，通过回忆的影像再一次体验这段经历。不要压抑自己的感情，让它们都浮现出来，感受自己被照顾、被理解（共情）和被保护的需求。然后再把这个影像与童年时感受到相同情绪时的那些影像联系起来。通过在现今与过去之间反复的转换，你就能更深刻的意识到，自己是如何在现在的关系中，不停地重现童年时的情感剥夺。

达斯汀在一次治疗中和我们一起做了这个意象练习。他描述的是和克莉丝汀有关的一件让他很沮丧的事。那时他们已经分手了，在一次聚会上偶然相遇。我们让达斯汀回想一下克莉丝汀的影像。

治疗师： 你看到了什么？

达斯汀： 我看到克莉丝汀。她在这影像的正中间，穿着白衣服，和她在那个杂志广告上穿的一样。她看起来冰冷而完美。她被玻璃包围着。

治疗师： 你在哪里？

达斯汀： 我在玻璃外面。我试图告诉她些什么，但是她听不到。我无法让她看到我。我在挥手大喊，但是她听不到。

治疗师： 告诉我你的感受。

达斯汀： 我是孤独的。

之后，我们让达斯汀给我们描述一个他童年有相同感受时的影像。他想起来的是关于妈妈的记忆："我看到她坐在沙发上看书，我在房间另一头非常安静地走路，因为我知道如果在她读书的时候打扰她，她会很烦。"

3. 回顾过往的人际关系，厘清重复的模式。列出从现在开始需要避免的陷阱。列出你生命中最重要的人际关系。对你来说，这可能是恋爱关系，也可能是家庭或亲密朋友关系。想想每段关系里是什么出了差错。是对方不能或不愿满足你的需求吗？你是否用自己永无止境的需求（即使被满足了也依然故我）生生地把他们推开了？你是否觉得善待你的那些人会显得越来越无趣？你从那些人际关系中得到的，是否比你当时意识到的更多？

正是在列这样一个清单的时候，达斯汀发现了自己明显的模式。他清楚地看到，在每一个吸引他的女性身上，从最开始就有线索表明她们在情感方面是无法给予自己很多的。当然，每一次达斯汀都忽略了这些早期预警信号。在治疗中他才意识到，自己最强烈的恋爱关系，是从最开始就注定要失败的，这让他很痛苦。

伊丽莎白通过列清单发现的模式是：对每个人，她总是给予的很多，得到的很少。杰德的模式是：他对每一个女人都不满意，不论对方给予他什么。他用他特有的指责的口吻说："那就是一张由一个又一个令人失望的女人组成的清单。"你的清单的统一特征是什么？你要避免的陷阱是什么？

4. 避免让你产生强烈爱情化学反应，但其实冷漠疏离的伴侣。 这是一个很难遵循的简单规则。不要与剥夺性的伴侣建立关系。这个规则很难遵循是因为，正是这些人恰恰最为吸引你。我们通常会给来访者传授这条经验法则：如果你遇到一个对你产生很强吸引力的人，按照 0～10 的等级，给这种吸引力评分。如果你对某人的评分是 9 或 10，那么与此人建立关系就要三思。偶尔在经过很多的糟糕和混乱的事之后，这样的关系也能成功。但是更经常的是，你感受到强烈的化学吸引，只是因为性格陷阱被他们引发了，而不是因为他们具有维持优质亲密关系的正面品质。

我们并不是说，你只能将就着与 0～5 级化学反应的伴侣共度余生。我们觉得，要让一段亲密关系成功必须得有一些化学吸引。但是，如果仅仅只有浪漫的化学吸引，长远来看几乎不可能会成功。毕竟还有很多可以引起 6 级、7 级或 8 级化学吸引的人在那儿。他们中的某个人也许可以给你带来一段亲密而充满爱的感情，你可能会因此在人生中第一次体验到深刻的满足感。

5. 当你找到在情感上乐于付出的伴侣时，给这段感情一个机会。清晰地提出你的需求。与他（她）分享你的脆弱。 当你遇到一段健康的感情，请给它一次机会。很多时候，拥有情感剥夺陷阱的人，在健康的恋爱关系中会感到无聊和不满足，并想要离开。但是，即便这段感情看上去不是那么令人激动，也不要那么快就离开。可能你只是需要习惯情感需求被满足的奇怪感受。

经过克莉丝汀的惨败之后，达斯汀与温暖而又关心他人的米歇尔恋爱了。刚开始达斯汀深受她的吸引，但之后就变了。随着他们关系的深入，达斯汀感受到的来自米歇尔的吸引力变弱了。来治疗的时候，他开始说，他厌倦了米歇尔，不再被米歇尔吸引，这段感情可能是个巨大的错误。但是我们仍然对此抱有希望。他们两人之间仍旧有很多美好的事情在发生，达斯汀也允许米歇尔关心他。虽然达斯汀的感觉告诉他想分手，但我们认为这段感情仍有可能会成功。

达斯汀与米歇尔的关系里有很多积极的因素让我们保有希望。首先，达斯汀曾经被米歇尔吸引。如果从来都没有过任何化学吸引的话，我们不相信这东西可以被凭空制造出来。但是，如果在开始的时候至少有中等强度的化学吸引，那么即便这种吸引开始消退，也仍然值得去努力寻回。在这种时候，确实是值得你花费精力修正自己在亲密关系中的问题，再次把最初的吸引力找回来。你要做的就是，允许自己与对方再次联结、允许自己脆弱、允许自己明确地提出需求。

在我们的治疗谈话中，达斯汀意识到事实上多数时候他对米歇尔并不是厌倦，而是恼怒。他因为米歇尔没有能提供他所需要的东西而恼怒。当然了，其实达斯汀根本没有告诉米歇尔自己需要些什么。这是情感剥夺的常见模式。你对自己的需求秘而不宣，然后因为得不到而愤怒。对自己的需求秘而不宣是向性格陷阱屈服的一种表现。你的做法确保了即便对方是一个很温暖的人，你的需求仍旧不会得到满足。所以假如你遇到了一位充满爱的伴侣，请告诉他你需要什么，允许他（她）照顾你、保护你、理解你。

我们知道这可能是件让你觉得害怕的事情，这意味着在伴侣面前让自己脆弱。你一直在非常投入地做着截然相反的事儿，即保持自身无懈可击，以避免再次堕入失望之中。童年时，你非常有理由这样做。自童年起，你可能一直都有一个强力的理由促使你在众多人际关系中筑起一堵高墙。但是请问问自己："这一次，是否会不同？我能否相信这个人？"如果答案是肯定的，那么你也许应该去冒一次险。

6. 停止责备你的伴侣，停止需索过度。就像达斯汀说的："我的怒气不断积累，直到我完全被愤恨充斥，我整天都在训斥米歇尔。"不要让自己默默积累愤恨，你可以明确地向伴侣表达自己的需求。当你在生气的时候，把自己的感受告诉伴侣。冷静发告诉对方，不要用指责的方式。在你愤怒的表象下，埋藏的其实是受伤和脆弱。把这些也与你的伴侣分享。如果你仅仅只展现自己表面的愤怒和苛刻，会把伴侣推开，使他（她）更加难以满足你的需求。愤怒和对他人苛刻的标准是自我伤害性的，极少奏效。你几乎永远不会感觉更好，事情只会越来越糟。

我们这里谈的很多事情归结起来根源都在沟通上。如果想让一段感情成功，就必须得愿意和伴侣沟通你的想法和感受。你需要去分享自己，建立联结。

对改变的展望

改变并不容易。就像我们之前说的，它掌握在你自己手上。很大程度上，能做出多大的改变取决于你努力和坚持的程度。情感剥夺性格陷阱不会突然消失，它只会一点点地被逐步瓦解，通过我们在性格陷阱被触发后的每一次反击而瓦解。你必须用你的全部去反抗这个性格陷阱，包括你的思想、情绪和行为。

遗憾的是，童年时被伤害得越严重，你需要付出的努力就越多。这对你来说是一连串的不公平中的一个。如果你在童年时被严重伤害了，那么你可能需要专业帮助。本书的最后一章会告诉你该如何寻求帮助。

杰德花了很长时间才开始在治疗中改变。让他把自己的脆弱暴露给生活中的人、暴露给我们，是十分困难的。他一直以来的态度是，与其冒这个险，他宁愿失去一切。童年时为他提供最有效保护的武器，在成年后成了他的敌人，隔绝了他建立联结和亲密关系的一切可能。

杰德可以很容易地感知到自己对童年的愤怒，但是要让他感受到童年经历所带来的痛苦却很难。他感知到的是愤怒而非痛苦，他表达出来的也是愤怒。杰德从来不认为自己有责任去构建人际关系，他关注的焦点永远是别人如何让他失望、如何辜负他。

最初，这就是我们心理治疗的主题。我们一起探讨，作为治疗师的我们是如何辜负了他、没能帮助到他，而在其他地方肯定还有更好的治疗。但是某种原因促使他留在了这里。在某个层面上，他知道，如果离开治疗，他会再次陷入下一段空虚早夭的恋爱关系。他开始表达由孤独带来的痛苦。

杰德： 我在路边的咖啡馆喝咖啡，看到一对情侣路过。男人用胳膊搂着女人，并看着她。那感觉很难描述，但是突然，我想起来有一次，我妈妈抱起我，拥抱了我，我感觉想哭。

杰德开始与他人分享自己的脆弱和痛苦。最近，他第一次有了一段超过 6 个月的恋爱关系。他和一个叫妮可的女人订婚了。

伊丽莎白在治疗过程中离开了丈夫乔希。虽然我们从未试图影响她的决定，但是我们在这个过程中给她提供了支持。我们认为，人们应当离开无望的、令人不满意的亲密关系。伊丽莎白为改进与乔希的关系做了长时间的努力，但没有收到任何效果。如果她继续这段关系，可能会在余生中持续地感到沮丧和不满。乔希对伊丽莎白的爱不足以让他改变自己。

离婚之后，伊丽莎白立马两次重复了相同的模式，她找到了两个冷漠、不愿付出的男人。"感觉似乎是我必须通过再次重复这样的模式，才能彻底认清它。"她说。她发现自己仍然被自恋的男人吸引，但是现在她会抗拒他们。最近伊丽莎白和马克恋爱了。这是第一次在一段关系里，她不仅付出爱而且还能够得到爱的回馈。就像她说的："我允许马克照顾我。我猜这也许看起来很可笑，但我必须得学会如何接受，这正是我现在的情况。我在学着如何接受。"

达斯汀仍然和米歇尔在一起。他们结婚了，并有了一个孩子。在我们最后一次的心理治疗会谈中，他描述了自己的生活。

达斯汀： 有的时候我仍会不满足，似乎觉得那还不够，但更多时候我体会到了联结感。仿佛我一抬头，米歇尔和孩子就会在那里，我突然记起来，我不再是孤单一人。

Reinventing
Your
Life

第 9 章

"我与周围格格不入"：社交孤立陷阱

——○ **黛布拉**：25 岁，在社交场合焦虑、自卑。

我们第一次见面的时候，黛布拉说她对自己的社交生活不满意。大学毕业以后，她一直交不到新朋友。

黛布拉：我已经七个月没有过约会了。我一直没有遇到想和我约会的人。

治疗师：你一般通过什么方式认识新朋友？

黛布拉：这就是我的问题啊。我讨厌到处去认识新朋友。我很内向，不会和人聊天，我觉得别人不会喜欢我。

黛布拉会这样说让我们深感意外，因为我们觉得她很漂亮、性格也好。这再次提醒了我们，患者在治疗中的表现不一定与在日常社交中的一致。在治疗中是一对一，但是在一群人面前，患者很可能会觉得非常害羞、尴尬。

深入了解以后，我们发现黛布拉几乎避免参加任何社交活动："那太让我焦虑了。"当她觉得焦虑的时候，就会"想不出来说什么"，然后就说些"蠢话"。她觉得自己没有什么吸引力，也不指望男人们会爱上她。（这也让我们很意外，因为黛布拉其实很漂亮。）

黛布拉含泪告诉我们，有些时候她觉得自己是"成人社交世界中的失败者"。

———○亚当：35 岁，他的问题在于孤独。

从一开始，我们就觉得亚当有些疏离。他好像有点儿畏缩不前、保持着一种距离感。和黛布拉不一样，他说不出自己的问题到底在哪里。但是，事实上，他的问题同样也是孤独。

亚当觉得自己和别人不一样。"我感觉自己到哪儿都格格不入，"他说。他有几个好朋友，偶尔见面，但是近年来见面的次数越来越少了。

> 亚当：我好害怕自己最后会孑然一身、孤立无援。在公司，我和同事合不来；在生活中，我也越来越孤独。我就是觉得自己不属于任何地方，没有归属感，总是个局外人，就眼睁睁地看着。

亚当有能力建立亲密关系。他谈过恋爱，也有过很亲密的朋友。但是，他不再去认识新朋友了。除了工作单位，他不属于任何其他组织。和黛布拉一样，他也回避大部分社交场合和群体活动。

社交孤立问卷

这个问卷可以测量社交孤立陷阱。请使用下列计分标准回答以下问题。

计分标准

1 分：完全不符合我

2分：基本不符合我

3分：有点儿符合我

4分：部分符合我

5分：基本符合我

6分：完全符合我

即使总分不高，但是如果你在某些问题的评分达到了5分或6分，那么，这个性格陷阱可能仍然适用于你。

表 9-1

得分	问题描述
	1. 在社交场合，我觉得很不自然
	2. 我觉得各种聚会都很沉闷无聊，不知道该说什么
	3. 我只想与在某些层次高于我的人交朋友（比如外表、受欢迎度、财富、地位、教育水平、职业）
	4. 对多数社交活动，我都不想参加，只想逃避
	5. 我觉得自己没有吸引力，比如太胖、太瘦、太高、太矮、太丑等
	6. 我觉得自己在本质上和别人不同
	7. 我没有归属感，不属于任何地方，是个孤独的人
	8. 我觉得自己总是徘徊在群体之外
	9. 我的家庭也和身边的其他家庭不同
	10. 我觉得自己总的来说和社会脱节
	你的社交孤立陷阱总分（把1～10题的所有得分相加）

社交孤立问卷得分解释

10～19 很低。这个性格陷阱大概对你**不**适用。

20～29 较低。这个性格陷阱可能只是**偶尔**适用。

30～39 一般。这个性格陷阱在你的生活中是个**问题**。

40～49 较高。这对你来说肯定是个**重要**的性格陷阱。

50～60 很高。这肯定是你的**核心**性格陷阱之一。

社交孤立的体验

社交孤立的主导情感是孤独。由于认为自己**不受人欢迎**或者**有别于他**

人，而感觉被整个世界所抛弃。社交孤立因此可以相应地分为两类：不受人欢迎和异于他人。当然，这两种往往混合出现，你很可能两者兼而有之。

黛布拉属于第一种。她在社交场合觉得低人一等，所以非常焦虑。

黛布拉： 上周六晚上，我被邀请去参加一个聚会，结果整整一周我都在担心这件事。我是怎么了呢？别人都期待聚会，但是我却一直在担心，放松不下来，总感觉快要哭出来了。

治疗师： 你觉得会发生什么事？

黛布拉： 哦，我觉得，到了以后，我会特别紧张，然后不知道说什么。我会像个傻瓜一样。别人看起来都比我强，比我更漂亮、更聪明，或者更成功，而我没有什么能拿得出手。你知道吗，我说的这些真的都发生了。那天的聚会对我来说简直是场噩梦。我迫不及待地想离开，到家以后，我一直哭。

黛布拉是因为一些外在特质的原因而觉得自己被孤立，她觉得自己的某些表现不够好。但是，她并没有缺陷陷阱。一旦她能有所突破，认识新的人并且开始熟起来的时候，她就没有问题了。黛布拉在亲密关系方面感觉不错，虽然没有男朋友，但是有不少好朋友。因为有朋友的关系，黛布拉的自卑和孤独感有所减轻。社交孤立陷阱中的不足感是关于外在表现的，而缺陷陷阱中的是关于内在特质的。

也有可能，你同时拥有社交孤立陷阱和缺陷陷阱，其中缺陷陷阱更为核心。如果是这样的话，对你来说就会更难。你也许与世隔绝，完全、彻底地孤独。单是社交孤立陷阱就已经很难，再加上缺陷陷阱就更难了。

黛布拉觉得自卑的一个重要原因就是她的焦虑，这是一个恶性循环。

黛布拉： 我去的时候就知道自己会很焦虑，我觉得很尴尬。我的不安让别人也觉得不安。我一到那儿就觉得自己会把事情搞砸，会说错话或做错事。我只想找个地洞钻进去。

　　黛布拉总是拿自己和别人比：这个人比我好看，那个人比我聪明、有趣。她焦虑的一个重要原因就是觉得自己不会聊天。她想找出适当的应对方式，自由地说话、微笑、大笑、提问题。但是，她太拘谨了，以至于完全做不到。

黛布拉： 太郁闷了，因为我一旦和人熟悉了，就完全可以正常聊天。
　　　　　但是，碰到陌生人的时候，我就是做不到，我会僵在那儿。
治疗师： 这就好像是上台表演前的怯场一样。

　　你在生活中经常会有这种"表现焦虑"的体验。你害怕被审查、评估或批判，极端在意别人对你的看法。你害怕别人看出你的不足，尤其是在一些敏感领域，比如外表、职业、地位、智商或谈话能力。

　　焦虑让黛布拉在社交场合显得很笨拙。虽然在她感觉自在的时候，她的社交技能挺不错，但是在大多数社交场合，她都因为紧张而发挥不出来。她会失去镇静，变得羞涩腼腆、沉默寡言。这并不是因为她觉得自己如何异于他人，而是因为她觉得自己社交无能。

　　相反地，亚当的问题与社交能力无关。事实上，他可以有很好的社交技能。他的问题在于，他觉得自己从根本上和别人非常不一样，有一种分离脱节的感觉。他看起来并不焦虑，而是给人一种疏离、"遥不可及"的感觉。

亚当： 就好像，即使是在人群之中，我也仍然孤独。事实上，越是置身人群之中，我就越觉得孤独。
治疗师： 你的孤独感更明显了。

　　亚当认为自己一生都行走在一群陌生人中间，没有任何一个地方让他有归属感。

　　大多数人都会觉得这种有别于他人的感觉是痛苦的。虽然有些人认为这说明自己比别人都强，或者很享受这种不同，但是大多数人仍然觉得这是一种不幸，因为大家都希望能够融入社会，若是做不到，就会觉得痛苦、孤单。

亚当与黛布拉不同，在社交场合，黛布拉有一种自己被排斥的感觉，而亚当体会到的是一种空洞、脱节的感觉。社交场合往往反而会引发亚当的隔绝感。

治疗师： 聚会的时候，如果你没有真的和人交谈，那你干什么了？

亚当： 我就沉浸在自己的世界里。

亚当并不会因为觉得全世界都抛弃了他而愤怒。他只是觉得自己像个局外人、迥异于他人、格格不入。

社交孤立有多种不同的表现形式。其一，你可能是众人嘲笑和欺负的对象。其二，你可能总是扮演局外人、独行侠、放逐者的角色，自己不属于任何组织或群体，只是站在一边观望。其三，你的性格陷阱也可能非常不明显，很难被发现，你在表面上可以完成社会互动，但内心孤独。

无论你是哪种类型，可能都极易患上各种心身问题[⊖]。孤独通常与心脏、胃、睡眠、头痛和抑郁等方面的问题密切相关。

导致你童年时觉得自己不受欢迎或有别他人的一些原因可能如下所示。

社交孤立陷阱的起源

1. 由于有明显的缺陷（例如外表、身高、结巴），你觉得自己不如其他孩子，并因此被人嘲笑、排斥或羞辱。

2. 你的家庭与邻居和身边其他人有明显差异。

3. 你觉得自己和其他孩子不同，即使是在家里，也觉得自己和

⊖ 由心理问题引起的躯体症状。——译者注

兄弟姐妹不同。

4. 你在童年时是被动的，你做了所有该做的事，却从未真正找到自己的兴趣爱好所在。现在在聊天时，你觉得没啥好说的。

生长在一个与众不同的家庭是社交孤立陷阱的起源之一。你的家庭可能在很多方面异于他人，比如种族、种族文化背景、宗教、社会地位、教育水平、物质条件等；也可能是在日常生活习惯和行为习惯上与人不同。也许你的家庭与周围环境之间有语言障碍，家中有人患有精神疾病（例如酗酒、精神分裂）。也可能你们总是搬家，就像随军家属一样，在所有地方居住的时间都很短，没法真正扎根。

社交孤立陷阱的另外一种起源可能是：你自身在某些方面有别他人，让你觉得自己甚至和亲兄弟姐妹也不一样。天才儿童有时会这样。他们的兴趣爱好与同龄人不同，比起和其他孩子一起玩儿，他们更喜欢阅读或听音乐。另外一种可能性是，你的兴趣爱好与性别特征不符。比如，尽管你是男孩，却喜欢玩娃娃，或者明明是女孩，却喜欢粗暴的男孩游戏。也可能是你的性取向孤立了你，同性恋者往往有社交孤立陷阱。或者是你的性格特征和别人不同，比如羞涩、情绪化、内省、聪明、压抑。也可能是你的身心发展与别人不同步，比如在身体发育、性征发育、独立性、智商、社交技能等方面。

因为自身的某些特征，你觉得自己不如别人。你可能曾被他人嘲笑或羞辱过。从患者们的口中，我们听到过许多他们被人身攻击的原因。

童年和青少年期不受欢迎的原因

身体原因：

胖、瘦、矮、高、虚弱、丑、粉刺、残疾、胸小、胸大、晚熟、运动能力不佳、协调性差、不性感。

> **心智原因：**
>
> 学习不好、学习障碍、书虫、口吃、情绪问题。
>
> **社会原因：**
>
> 笨拙、社交举动不恰当、不成熟、不会聊天、怪异、迟钝、不酷。

因为你看起来有别于他人或不受欢迎，所以其他孩子孤立你，不和你一起玩儿，甚至嘲笑、羞辱你。于是，为了避免被嘲笑，你静静地退到众人视线以外。一旦进入社交场合，你就觉得难为情。为了避免被拒绝，你不再尝试交朋友。你可能结交了其他一些不同寻常的孩子，但是仍然很渴望能够加入主流社交圈。你变得越来越孤独，所以你找到了一些可以单独完成的兴趣爱好，比如读书或电脑游戏。为了弥补自卑感，你也可能在非社交领域有一些特长。

以上提到的这些情况，你可能或多或少都经历过一些。黛布拉就经历过不少。

黛布拉： 我小时候很胖、令人厌恶。在操场上，别的孩子嘲笑我，追着我跑，想让我摔倒。再大一点儿的时候，没有男孩想和我约会。直到上大学以前，我瘦下来了，才第一次约会。

黛布拉的社交孤立与羞愧感密切相关。她因为自己的体重而感到羞愧，这让她不想走近其他孩子。黛布拉认为，一旦他们看到她有多胖，就会孤立她。

为了弥补在社交领域的缺陷，黛布拉的学习成绩非常好。事实上，在学习方面，她发展出了苛刻标准的性格陷阱。觉得自己在社交上不受欢迎的孩子，经常会有苛刻标准的问题，这是对社交缺陷的一种补偿。黛布拉的部分问题恰恰就是，她对自己在社交领域的表现要求过高，要泰然自若、要聪明机智、要很有魅力。她觉得若非如此，别人就不会接受她。她认为自己一定会被批判。这也是她很焦虑的一个原因。

如前所述，可能你的核心性格陷阱是缺陷陷阱，社交孤立只是一个并发症状。因为在家里你一直觉得自己不讨人喜爱，所以这种感觉被自然而然地带到了社交领域。因此，你在亲密关系和社交关系这两个领域都觉得不舒服、不自然。于是，现在每当你与人接触时，就会觉得自己的不被接纳会是一个障碍，所以你要么焦虑，要么逃避。你不认为自己会被爱或被珍视。你的性格陷阱来自一种根源上的缺陷感。

亚当的父母都酗酒。他是家里的老大，肩负起了照顾家庭的责任。12岁时，他就已经学会给他的四个弟弟妹妹既当爹又当妈了。

> **亚当：** 我的家庭情况使我在学校里的生活有种不真实感。别的孩子都在考虑要穿什么衣服参加聚会、组建小团体、邀请谁去参加舞会，而我一直在担心有没有钱付每个月的账单，保证一家人不至于流落街头。

虽然亚当在学校表现得很正常，但是他内心却觉得非常不正常："我感觉自己完全像是另外一个物种。"他从来不觉得自己可以带朋友到家里玩儿，如果哪个朋友与他的父母有所接触，他会非常紧张。他努力维持着家庭和学校生活之间的分隔。家庭情况是他的秘密，不能让其他孩子知道。

童年期间，亚当家的经济状况越来越差。对亚当来说，情况越来越糟。他们不仅总是要搬家，还不得不住进他们无法融入的社区里去。

> **亚当：** 我爸妈总是觉得我们比身边的所有人都优越。他们表现得似乎我们真的与众不同，似乎我们还住在高档社区的大房子里。事实上，他们搞得好像和这些邻居在一起很不好似的，好像这些邻居会给我们带来不好的影响。所以，他们鼓励我表现得不同并且远离其他孩子。

亚当的父母让他觉得自己不该与身边的人交往。

有时，过于挑剔的父母也会导致社交孤立。我们曾经有一位病人，他的父母总是批评他在社交上的不足、他的外表、他的言谈举止。父母让他觉得自己社交能力不足。于是，在社交场合，他开始压抑自己。他害怕被批评，所以尽量避免与人交往。

社交孤立的另一个起源与依赖陷阱和屈从陷阱有关。学习社交的一个重要方面是培养出积极自主的自我认知：父母鼓励我们发展自己独特的自我身份认知、寻找自己的兴趣和偏好。我们拥有自己独特的个性，这种个性会给我们提供与他人交流的能量和想法。

有些孩子天生被动，有些孩子的父母阻碍了他们的个性发展。当个性被压制，你就会去做别人想让你做的事，接受别人的领导，成为传统的追随者，而没有自己的想法、兴趣和偏好。聊天的时候，你会觉得无话可说。被动感让你觉得自己没有什么可以分享给别人。聊天成为一种负担。你很习惯倾听，但是不会开启话题。你无法为谈话贡献自己的想法。你对做什么、去哪里也没有意见。很快，你可能就会决定，与其和别人在一起无话可谈，不如完全回避社交。与我们之前讨论过的社交孤立的其他起源一样，这种模式也会让你在社交领域觉得焦虑和孤立。

几乎所有人都有一定程度的社交孤立陷阱。我们心中总有一部分会觉得没有安全感、不确定是否会被接纳。谁没有过被拒绝、被排斥的经历呢？问题是有多严重，有没有造成创伤。同样地，社交孤立开始得越早，性格陷阱就越严重。

很多人的社交孤立陷阱都是从青少年期开始的。青少年期是同辈压力达到最高峰的时期。无法融入同龄人的小团体是很常见的。许多青少年都觉得自己迥异于他人、孤立、不合群。事实上，这太普遍了，普遍到几乎可以说它是正常的。但是，在进入大学以后，多数人都可以从这种状态中走出来，会开始一段感情，找到一群相似的朋友，或者变得不那么在乎自己是不是最受欢迎的那群人之一。

但是，对于有些人来说，社交孤立的感受会伴随一生。这些人的社交孤立陷阱通常开始于更早的时候，比如童年。在他们的记忆里，一直有一种被同龄人孤立的感觉。

工作和感情中的性格陷阱

以下是你维持社交孤立陷阱的方式。

社交孤立陷阱

1. 你觉得自己与身边的人不同，或者觉得自己不如他们。你夸大差异，缩小共同之处。即使是在和别人一起的时候，你也觉得孤单。

2. 在工作中，你被边缘化，独往独来。由于无法融入，你得不到升职加薪，也无法参与到重大项目中。

3. 在群体中，你觉得紧张、难为情。你放松不下来，没法做自己。你怕说错话、做错事，会盘算下句话该说什么。与陌生人说话让你觉得别扭，你觉得自己没有什么特别的可说。

4. 在社交领域，你避免参加各种团体或组织。你只和家人或一两个好友在一起。

5. 如果别人认识、了解你的家人，你会觉得很尴尬。你不想让别人知道自己的家庭情况。

6. 为了融入群体，你会假装和别人一样，但是你不让人看到自己非常规的一面。你有一些不为人知的生活方式和感受，你相信，如果人们知道了这些，就会羞辱或拒绝你。

7. 你非常努力地克服原生家庭的缺陷：取得社会地位、拥有更多财富、表现得似乎受过很高的教育、模糊种族差别，等等。

8. 你一直无法接受自己的某些特征，你觉得别人会因此而瞧不起你（比如，你很腼腆、聪明、情绪化、太女性化、柔弱、依赖）。

---

9. 你对自己的外表不满，觉得自己不如别人认为的那么有魅力。你可能付出不同寻常的努力让自己的外表更迷人，对自己的生理缺陷特别敏感（比如体重、体形、形象、身高、肤色、容貌）。

10. 你避免可能让自己显得笨拙、缓慢或尴尬的情况（比如上大学、演说）。

11. 你经常拿自己和别人比较，比较那些别人有而你没有的、彰显着受欢迎程度的标杆式特质（比如外表、金钱、运动天赋、成功、衣着）。

12. 你过度补偿自己在社交领域的不足：努力证明自己受欢迎、证明自己有社交技巧、收揽人心、加入恰当的社交圈、事业成功，或把孩子培养得很受欢迎。

你可能会和不同类型的人产生浪漫化学反应。首先，你可能会喜欢与自己完全相反的人，即在你自身缺乏归属感的领域中有明显优势的人。根据你社交孤立的具体问题不同，你可能会选择在相应方面更强的伴侣，比如外表好看的、社会地位高的、受欢迎或属于主流社交圈的、社交场合如鱼得水的、传统、正常的等。这样，会让你觉得自己仿佛在这方面也有了归属感。

选择善于交际的伴侣有利有弊。一方面，这可以成为让你持续社交的动力。最终，你因此学会了如何自如地与人联结。但是，另一方面，它也有潜在的风险，你可能会越来越依赖你的伴侣，期待他（她）在社交活动中为你铺平道路、扫清障碍。你甚至可能会比以前还要羞涩，完全依赖于你的伴侣去与人聊天、进行社会接触。如果是这样的话，选择善于交际的伴侣会强化你认为自己社交无能的这个观点。

你同样也可能被其他不合群的人吸引。你可能对其他社交孤立的人有一种特殊的感情，惺惺相惜。你们都感觉自己有别于他人，因此可以互相扶持。

亚当： 我女朋友苏珊也是个异类。她是艺术型的，总是穿黑色衣服，
画奇怪的画。我们在一起的时候，会嘲笑所有人。我们觉得
他们都是可怜虫，那么可悲、无聊、平庸。

这样的伴侣可以给你带来安慰，让你觉得不同于他人也无所谓，更珍
视自己的独特之处。你不再孤单而特立独行，而是特立独行又有所归属，
你觉得你们俩比普通人更好。

认为自己特立独行的人往往会形成小圈子：艺术型的、书呆子型的、
庞克、小阿飞。团结就是力量。一群异类在一起常常可以提高他们的地
位，让他们自我感觉更优越和特别。邪教组织就是这样。成员们都认为他
们有一个秘密，只有他们才知道，这让他们凌驾于其他人之上。他们现在
才是圈内人，别人都被排除在外。

但是，有些社交孤立的人甚至不觉得自己属于任何一个亚文化团体。
你可能感觉自己被隔绝在所有团体之外。

亚当： 我在任何地方都无法融入。我擅长运动，却不是球迷。但是，
我也不是知识分子，不是个放荡不羁的文化人，也不是雅皮
士。我在所有这些世界之间被撕扯，我不认为自己属于其中
任何一个。

即使在成年之后战胜了社交孤立，你仍然会不时地感到自己不受欢迎
或有别于他人，这种固有的感觉挥之不去。你会放大自己与别人的区别，
导致难以与他人交往。这些区别会成为你社交之路上的障碍。一旦开始与
人亲近，你就会对差异变得高度敏感。

社交孤立陷阱会给你的职业选择造成深远的影响。你可能更加偏向不
需要太多真正意义上的人际互动的事情。事实上，社交孤立陷阱附带的一
个好处是，你会很擅长某种可以单独完成的活动，之后也可以将其转化为
自己的职业，比如艺术家、科学家、自由撰稿人、记者。你可能会选择一

份需要经常出差或可以在家办公的工作。计算机是有社交孤立陷阱的人常选的一个工作领域。你甚至可能会自己开一家公司，这样你就可以按照自己的喜好来选择人际关系了，不用担心别人是否会接纳你。但是，你最不可能选的就是要靠搞人际关系来升职的工作。你不是那种善于玩弄权术、一步步向上爬、强调利益的人。

如果你在公司或机构工作，你可能会觉得低人一等、格格不入。虽然你的工作做得很好，但是社交孤立却在拖你后腿。

黛布拉： 我的工作要求应酬客户，和他们一起吃饭喝酒，但是我却一直回避。这对我很不利，导致我留不住客户。

你甚至可能会表现得很古怪、怪异或冷漠。

逃避是你应对社交孤立陷阱最主要的手段。但同时，逃避也是社交孤立陷阱得以存在的基石。你对社交的逃避导致你的情况不会有丝毫改观。你的社交技能无法获得提升，错误信念也不会被否定。虽然你觉得更舒服，但是却被困在了社交孤立陷阱之中。要想改变，必须得转变态度，不再逃避，而是面对和掌控。只有完成了这个转变，才能克服社交孤立陷阱。

以下是克服社交孤立陷阱的步骤。

改变社交孤立

1. 理解自己童年期的社交孤立，感受内心深处那个孤独、自卑的儿时的自己。
2. 列出日常生活中那些让你觉得焦虑或不安的社交活动。
3. 列出你**逃避**的社交活动。
4. 列举出你是如何反击或过度补偿自己与众不同或低人一等的情绪感受的。

---

5. 根据以上四步，列出自己的哪些特质让你觉得孤立、脆弱或低人一等。

6. 如果你确信自己真的有某种缺点，写出克服它的步骤，然后按照计划逐步完成改变。

7. 重新评估那些你无法改变的缺点的重要性。

8. 针对每个缺点，写一张卡片。

9. 列举出你逃避的社交和工作上的群体，分别评定难度等级，做出自己的逃避金字塔，塔尖上是难度最高的，然后由下向上逐级地解决问题。

10. 在群体中时，努力主动与他人交谈。

11. 在群体中，坚持做自己。

12. 别再如此辛苦地过度补偿你自认为不受欢迎的地方。

1. 理解自己童年期的社交孤立，感受内心深处那个孤独、自卑的儿时的自己。你要做的第一件事是回忆，回忆自己小时候被其他孩子孤立或觉得自己有别于人的感受。当你有时间独处的时候，调暗房间的光线，选择一个舒服的地方坐好。记住，不要强迫影像出现。闭上眼睛，让影像慢慢浮现就好。回忆你感受到自卑或与众不同这两种情绪时的场景。你的着手点可以是眼下生活中的一幅会引发社交孤立感的画面。

通常，首先浮现的是被嘲笑、羞辱、戏弄、欺负，或孤独、离群独处、格格不入的记忆。下面的例子是黛布拉的一次意象练习。在一次治疗面谈中，她给我们讲述了她参加聚会的又一段悲惨经历。我们让她闭上眼睛，回想当时的情境。

> **黛布拉：** 有一个男孩在跟我聊天，我就站在他旁边。有人和我说话让我觉得如释重负，我不用一个人孤单地站着了。但是，我实在太紧张了，没办法和他说话。我的语速变得特别快，我知道我看起来很焦虑。我感觉压力很大。他也开始觉得

不对劲儿了，于是结束了和我的谈话，走了。之后，我马上就离开了。此后就再也没参加过聚会了。

治疗师：停留在这个画面，让你童年时期感受到这种情绪时的那些影像浮现出来。

黛布拉：好的。我在朋友吉娜家，还有很多小孩都在。我们正准备进行踢球比赛，在选队员，没有人选我。我被留到了最后，选到我的那个队，所有队员都在抱怨。

亚当记忆中的影像更多的是关于自己游离于所有群体之外。在一次治疗中，他描述了小时候参加某次露营旅行的经历。他们正在瀑布边游泳。

亚当：我们大约五个人在离瀑布很近的地方游泳。某一刻，我潜到瀑布底下站着，让瀑布落在我身上。我只看到其他孩子模糊的身影，在瀑布的轰鸣声中，他们的声音也变得含混不清。突然，我觉得非常孤单。我想也许一直以来都是如此，仿佛所有人都在离我很远的地方，我只是透过窗，静静看着。其他人都在那儿一起玩，彼此正常相处，而我，一直只是在外面窥视。

社交孤立的记忆是痛苦的。我们想让你安慰那个被孤立的孩子。想象成年的自己正在安慰儿时的自己。社交孤立的感觉是冰冷而孤独的，不要让儿时的自己一直处在这种感觉之中。在你离开当年的情境之前，带入成年的自己，帮助一下你内心深处儿时的自己。

亚当：我带入了成年的自己，我潜到瀑布之下，儿时的我正站在那里，我告诉他，他再也不是孤单一人了，我在这儿，我会帮他和别人建立关系。

2. 列出日常生活中那些让你觉得焦虑或不安的社交活动。写下所有让你觉得不安，但不会去逃避的情境。可能的例子包括聚会、会议、在公共场所吃东西、在一群人面前讲话、约会、和位高权重的人说话、坚定地自我表达或聊天。以下是黛布拉写的。

会引起焦虑但我并不逃避的社交情境

1. 和门卫打招呼。

2. 给潜在客户打电话。

3. 在公司餐厅吃午饭。

4. 教堂的咖啡时间。

5. 和同事开会。

6. 和不太熟的人聊天。

7. 认识同一幢楼的邻居。

现在，给这个表格再增加两列。在第二列中，针对第一列中的每个社交活动，写下自己究竟是如何不受欢迎、异于他人或低人一等的。例如，关于聚会，黛布拉写的是："不好看、不会聊天、焦虑。"关于公司会议，她写的是："被问到的时候，会说蠢话，放松不下来，无法在会议前后和人聊天，没有别人的专业形象。"

在最后一列中，写下你觉得可能发生的最坏情况是什么。想象得尽量逼真生动一些。你最害怕发生的情况是什么？人们会嘲笑、拒绝你吗？你会暴露自己不如人的本质吗？你会再次显得格格不入吗？

3. 列出你逃避的社交活动。在这一步里，列举你逃避的社交活动，那些你想要逃避，事实上也经常逃避的活动。以下是黛布拉的。

我逃避的社交活动

1. 大部分的聚会。

2. 和客户吃饭。

3. 约会。

---

4. 请老板帮忙。

5. 邀请不是很熟的人一起聚一下。

6. 下班后和同事一起出去玩。

7. 在工作中做口头演讲汇报。

列好你的清单以后，像在第 2 步中一样，给这个表格再增加两列，在第二列里，为第一列里的所有社交活动写下你觉得自己是如何不同于他人或低人一等的。最后一列里，写下你能想到的最坏结果。

4. 列举出你是如何反击或过度补偿自己与众不同或低人一等的情绪感受的。这里指的是，列举出你用来证明与性格陷阱截然相反的那一面才是真实的方法。这是一种反击。你采取一切可能的手段去证明你并非有别于人或不受欢迎，以此来战胜社交孤立陷阱。以下是亚当列的清单。

我过度补偿自己异于他人的情绪感受的方法

1. 为了能融入周围环境，不论和谁在一起我都假装自己是和他（她）一样的。我把自己的想法藏在心里，不说出来。

2. 我不让别人看到我古怪的地方（喜欢外国电影、写短篇小说、我的家庭）。

3. 有女朋友的时候，我不让家人或朋友和她待在一起。我努力把不同的交际圈分隔开。

4. 我穿得比自己希望的更保守。

5. 我努力给人们留下我很受欢迎的印象。

6. 我努力和受欢迎的人交朋友。

同样地，你可能也会过度补偿低人一等的感觉，变得超乎寻常地关注以下事物：自己的外观、事业上的成功、赶时髦，或隐藏缺点。

这样的过度补偿是脆弱的，很容易土崩瓦解。我们想让你建立更坚实的基础，用开放的态度去重新体验社交。你将发现，你的感受与你儿时的噩梦般的经历相去甚远。比起儿童和青少年，成人通常更容易接受差异，他们羞辱或拒绝你的可能性也更小。

5. **根据以上四步，列出自己的哪些特质让你觉得孤立、脆弱或低人一等**。每个特质用一张纸，给每张纸都起一个标题（例如"胖孩子""愚蠢的小孩"），然后在每张纸上完成以下任务：

（1）具体明确地定义这个特质（比如，胖＝体重超过 200 磅[⊖]）。

（2）列出所有成年生活中的，可以支持你这的确是一个缺点的证据。

（3）列出所有驳斥这种感受的证据。

（4）就自己的每个特质，询问朋友和家人的意见。

（5）写一段话，总结所有的客观证据。你的自我批判合理吗？

玛格丽特列出的特质包括"不好看""在聚会上，无法谈笑风生""不够成功""社交焦虑""轻率、说蠢话"以及"给人的第一印象很差"。以下是她取名为"我给人的第一印象很差"的表单。

我给人的第一印象很差

1. 定义

人们第一次见到我的时候，不会喜欢我。

2. 在我的成年生活中，可以支持这的确是个缺点的证据

我从来没有通过聚会认识过男性。在聚会上，不认识我的人会很快对我失去兴趣。我在工作面试时，通常表现不好。人们曾拿对我的第一印象开玩笑（例如艾伦、比尔）。认识新朋友对我来说很困难。同一幢楼的邻居看起来似乎不喜欢我，他们对别人更友好。

3. 在我的成年生活中，可以驳斥这的确是个缺点的证据

我成年以后，交到过新朋友。事实上，我有很多好朋友。上大

⊖ 1 磅 ≈ 0.45 千克。

学的时候，我几个男朋友的妈妈似乎都喜欢我。

4. 询问朋友和家人

我问了我妹妹、妈妈和两个朋友。除了妈妈以外，别人觉得确实如此。妹妹说，初次见面的时候，我看起来会很紧张。我的朋友们也表达了类似的意思。

5. 总结客观证据

虽然，有一些证据表明我有时会给人留下好的第一印象，但是多数证据证明这确实是我的一个缺点。

这样分析过她的其他特质以后，玛格丽特承认了自己很可能挺好看的，也足够成功，但是其他的缺点是真实存在的。

亚当列出的他的特质如下。

我与多数人不同的地方

1. 我聊的话题和别人不一样。

2. 我很古怪。

3. 人们不想去认识、了解我。

4. 我太严肃了，放松不下来。

5. 我穿得和别人不一样。

6. 我的兴趣很奇特，和别人不一样。

7. 我表现得过于冷淡，以至于让人反感。

分析过以后，他认定"我聊的话题和别人不一样""我太严肃了，放松不下来"和"我表现得过于冷淡，以至于让人反感"确实是他的缺点。

在我们评估亚当的缺点到底是真实的还是想象出来的过程中，有一件事变得很明显，那就是，亚当会夸大自己与别人的不同之处。这正是他强化性格陷阱的一种重要方式。他总是夸大差异、轻视相同之处。

治疗师: 在工作中,为什么你觉得自己不能和新经理说话?

亚当: 我就是觉得我们没有任何相同之处。

治疗师: 但是你们在同一个领域工作。这已经是一个相同之处了。

亚当: 但是在许多其他重要方面,我们很不同。

治疗师: 比如说?

亚当: 哦,他的穿衣打扮和我不一样,他开着一辆很贵的车。

治疗师: 但是你不是听说他也是外国电影爱好者?

亚当: 是的。但是他的车真的让我不想靠近。我就是觉得他是个非常物质的人,而我不是。

亚当看待世界的方式是只看到差异而非相似之处,这强化了他的性格陷阱。

6. 如果你确信自己真的有某种缺点,写出克服它的步骤,然后按照计划逐步完成改变。 你写下的计划可能包括:努力提高社交技能、对人更温暖友好、减肥、增肥、上公众演讲课、重新回到学校学习、学会展现自己最好的样子,或其他的自我提升计划。慢慢地开始做这些事。有时,我们有缺点的时候,会畏缩不前,不去改变,甚至一想到自己有这个缺点,就开始觉得羞愧难当。不要让自己掉入这个陷阱。学会面对并战胜自己的缺点。

黛布拉制订了一个克服自己"给人第一印象很差"的计划。首先,她要努力找出自己的行为到底哪里有问题。为此,她在与人初次见面时观察自己;她去问了朋友和家人;她也在治疗过程中模拟初次见面,进行角色扮演练习。

治疗师: 所以,我们能得出什么结论?

黛布拉: 我觉得,在给人第一印象方面,我主要有两个问题。第一个是,因为太焦虑了,我说话不过脑,本来是想开玩笑的,但是对方看不出来那是个玩笑。第二个问题是,我不知道该怎么回答关于我本人的问题。

黛布拉认识到自己有说话草率的倾向之后，改变就比较容易了。至少在更了解对方之前，她不允许自己随便开玩笑。至于第二个问题（不知道该怎么回答关于自己的问题），在治疗中，我们和她一起进行了练习。我们帮她预习该如何聊自己的不同方面，如她的工作、家庭、兴趣爱好。好多社交技巧都可以通过事先做功课来学习。提前计划好如何处理各种不同的情境会降低焦虑感。

在准备的过程中，意象法也很重要。与其在事前费心神去想象自己悲惨的境地，让自己更加害怕，不如想象你会做得很好。想象自己完全可以表现得和预想的一模一样。去预演成功的体验，而不是失败的经历。

> **黛布拉：** 在去参加公司的圣诞派对之前，我躺下来让自己放松，想象着聚会进行得很顺利。我看到自己微笑着走进去，环顾四周，然后选定了一个人，走过去，和他聊天。我想象着自己走过去说"好啊"，并且说这句话的时候我觉得很镇定。我想象自己开始说话，还有说的内容。

7. 重新评估那些你无法改变的缺点的重要性。 匿名戒酒会有一句话叫："上帝赐予我平静去接受我不能改变的，赐予我勇气去改变我能改变的，也赐予我智慧去分辨两者的不同。"关于自己，有些事是可以改变的，也有些事是无法改变的。除了自我提升以外，还有自我接纳。

你有些缺点可能永远也无法改变，或无法彻底改变。你可能永远会太高、太矮、太胖；可能永远也不够成功，或者永远也学不会在派对上把故事讲好。但是，有社交孤立陷阱的人几乎总是夸大自身缺点的重要程度。想一想：与你的优点相比，你的缺点到底有多重要？

列举出你的缺点和优点。也列一列你认识的其他人的优缺点。总体而言，你真的那么不如别人或者和别人不同吗？试着正确看待自己的不足。黛布拉在社交场合可能是有些笨拙，但是她也是一个聪慧、敏锐、亲切的人。亚当也是一样。他是个有趣的人，他的与众不同让他更有魅力。我们见过的有社交孤立陷阱的患者绝大多数都是如此，如果把个人作为一个整体来看，他们的缺点是瑕不掩瑜。

你可能会觉得，其他人看待你缺点的方式，和童年时嘲笑你的那群孩子是一样的。但是，你错了。成年人通常比孩子更加包容，也更尊重差异。只有孩子，或不成熟的大人，才会感到要与别人一模一样的压力。

> **黛布拉：** 参加派对的时候，感觉就像是回到了学校的操场一样。我感觉仿佛又回到了课间活动时间，所有人都在嘲笑我。我觉得人们会合起来欺负我，唱歌谣嘲笑我很胖。

最后，有些缺点可能是你不想改变的。有些所谓的缺点可能是你作为一个人值得珍惜的一部分。亚当最终觉得自己的穿衣打扮方式就是如此。他很享受买衣服和搭配，不打算放弃。他的穿衣风格虽然独特，但并不离谱。黛布拉对化妆的态度也是如此。虽然化妆可能会提高她交到男朋友的概率，但是她仍然不想化妆。

你想在多大程度上改变自己，最终还是要由你自己决定。但是，你必须明白自己行为的结果。如果你的目标是融入，那么，炫耀自己的独一无二是无法帮你达成目标的。生活中最难的事情之一就是，在追求融入和表达个性之间找到一种平衡。如果我们过分从众，就会失去自我；如果过度追求自我表达和个性，就无法融入社会。

8. 针对每个缺点，写一张卡片。 写好后，随身携带。每次性格陷阱被触发时，就读一读。这样，你就可以一点点地除掉性格陷阱了。

写卡片的时候，强调自己是如何夸大缺点，也记录下自己的优点，并列出改进的方法。

我们会举几个例子。以下是黛布拉针对"我在社交场合会焦虑"这个缺点写的卡片。

社交孤立卡片 #1

我知道，我此刻感觉很焦虑，仿佛所有人都在看着我。我觉

得自己无法和任何人交谈。但是，这只是我的性格陷阱被触发了。如果我朝四周看看，就会发现人们其实没有在看我。即使有些人真的是在看我，那也可能是友好地看。如果我开始和人聊天，很快我的焦虑就会减轻。人们根本看不出来我到底焦虑不焦虑。况且别人也会焦虑，每个人在社交场合都会有点儿焦虑。我可以放松身体、四下看看，然后找到一个人聊天。

以下是亚当针对"我表现得过于冷淡以至于让人反感"这个缺点写的卡片。

社交孤立卡片 #2

我开始感受到自己与周围人不同的情绪了。我觉得自己是个局外人，在人群中很孤独。我正在畏缩不前，变得冷漠疏离。这正是我的性格陷阱开始起作用的表现。事实上，我正在夸大自己和别人的差别。如果我可以再友好一点儿，就会发现我们有共同话题。我只是要给自己一个机会去建立联结。

一张闪卡可以帮我们打破性格陷阱的魔咒，让我们回到正轨。

9. 列举出你逃避的社交和工作上的群体，分别评定难度等级，做出自己的逃避金字塔，塔尖上是难度最高的，然后由下向上逐级地解决问题。这是最重要的一步。不要再逃避了！在所有维持你性格陷阱的因素中，逃避是最重要的一个。只要你仍然在逃避，性格陷阱就不可能改变。

在我们成年以后，被别人排斥的概率比童年时小了很多。随着年龄增长，多数人都会变得更包容、更愿意接纳，但是你没有看到这些。你仍然冻结在童年时代，不知道自己所处的世界已经变了。你认为周围人的心态仍然是和小孩子一样的。所以，你逃避社交场合，然而很有可能恰恰是在这些场合里，你才能得到自己所需的正向反馈。于是你从未能发现，实际上你很可能会被他人接纳。

我们知道这一步对你来说会很难，所以会把它尽量变得简单。你逃避的原因是在社交场合非常焦虑。为了逃避这种焦虑，你几乎愿意做任何事。更何况，避免生活中绝大多数社交场合是完全能做到的。虽然生活中会因此缺少一种重要的快乐，但是日子仍然过得去。

找出第 3 步中提到的，你会主动逃避的团体活动的清单。用以下标准衡量一下，若要你完成其中的每一项，难度会有多大。（可以选用 0 到 8 之间的任何数字。）

难度标准

> 0. 非常容易
>
> 2. 有点儿困难
>
> 4. 一般困难
>
> 6. 非常困难
>
> 8. 感觉几乎不可能

举例说明，黛布拉是如此评估她的清单上的各项的。

表 9-2

我逃避的社交活动	难度评估
1. 大部分聚会	8
2. 和客户吃饭	5
3. 约会	6
4. 请老板帮忙	4
5. 邀请不是很熟的人一起聚一下	7
6. 下班后和同事一起出去玩	3
7. 在工作中做口头演讲汇报	8

从最容易的一条开始练习。（记得要囊括相对较容易的条目，也就是得分为 1、2 或 3 的。）不断重复练习这一条，直到你觉得自己可以应付这种难度为止。对黛布拉来说，最容易的是"下班后和同事一起出去玩"。连续五个月，她每个月都和同事一起出去玩好几次，然后才开始下一项更难的。

黛布拉也补充了一些其他难度为 3 的条目，并且也照着做了。她开始与路过的熟人聊天，比如门卫、店员。她还开始与她认为有吸引力的异性聊天。当她感到自己已经准备充分了，才会把难度提升到4。我们想让你也这样做。在每个难度上，补充一些其他项目，照着做。仔细规划你将如何完成每项任务。提前把所有的事情都想清楚，并为各种可能发生的结果准备好应对方案。用积极意象法来预演自己成功的过程。

逐渐提升难度。你每一步的成功会支撑你走下去。最困难的地方在于如何让自己开始。冒险一试，再次开始社交上的自我成长。你甚至可能发现自己其实也挺享受这个过程的。

10. 在群体中时，努力主动与他人交谈。当你计划要参加社交活动的时候，在一开始，就给自己定一个目标，比如主动找人攀谈多少次，然后努力完成这个目标。把自己的注意力转向外部世界。对于有社交孤立陷阱的人来说，太多的社交时间花费在思考自己脑子里的那些事儿，而不是用在与他人的交往上。尽管置身于社交环境当中，但是他们其实仍然在逃避真正地与人接触。也就是说，他们是人在、心不在。所以，你必须也要能克制这种更为隐蔽的社交逃避的方式。

黛布拉和亚当在练习金字塔上的条目的时候，同意去和一定数量的人聊天。参加聚会前，他们会说类似这样的话，"我会和至少两个我不认识的人聊天"。我们想让你也这样做。你会很惊讶地发现，设定一个明确目标通常会**降低，而不是增加焦虑感**。一旦预期性焦虑[○]过去以后，你可能会发现走近别人身边并开始对话后，焦虑感就会大幅度降低。逃避通常就是这样，你脑海中预测出的焦虑值会远远高于实际的焦虑值。

黛布拉： 其实，完全没有那么可怕。中间休息的时候，我和两个人聊了天，情况没有我想的那么糟。我下次去的时候，会更好的，因为已经有一些可以和我聊天的人了。

在群体活动中，先尝试和其中一人交朋友，然后再逐步扩展到其他

○ 由于想到未来某件令人焦虑的事件而产生的焦虑感。——译者注

人。我们发现这个技巧比较有效。从整个群体入手会让人吃不消，你会觉得所有人都在盯着你看。把一个群体划分为处理得来的一个个小组，每次只面对一两个人。

11. 在群体中，坚持做自己。还有另外一种不易察觉的逃避方式是，隐藏起自己的一部分。你会和人聊天，但是在某些话题上，会保密或很小心地回避，这样你的缺陷或不同之处就不会被暴露出来了，比如同性恋、不成功、家庭背景的某些特征、某个生理特点、社会地位（教育、收入水平）。

为了保守这些秘密，你付出了太多的代价。与人见面的时候，也充满了紧张和孤独感。曾经有一位患者说："秘密使人孤独。"尽你最大的努力，试着不再隐藏自己的缺点和你自认为有别于他人的地方。我们的意思不是让你变得骇人般地不同，我们只是想说，请做你自己。让别人知道你是同性恋，或有某种特定家庭背景，别再隐藏。随着你越来越了解对方，逐渐地与他们分享自己的弱点和不安。只有这样，你才能意识到，自己仍然是能够被接纳的。

12. 别再如此辛苦地过度补偿你自认为不受欢迎的地方。允许自己认识到大部分人能够接受你就是你。你不必用自己的成就或财富来打动人。放下这种压力，你会觉得如释重负。

> **亚当：**　时刻要证明我是个受欢迎的人是一种负担。我一直在隐藏自己是谁。我真的不想再那样做了。

在缺乏成就这点上，黛布拉也有同样的问题。由于她为自己的工作而感到羞愧，她总是试图向别人证明自己有多聪明。只要提到工作这个话题，她的谈话就变得紧张和做作了。

> **黛布拉：**　真的，我几乎是夸耀自己。无论正在聊什么，我都会设法提及我在大学时得过的一个奖啊什么的，或者开始谈论某个

很复杂的理论，或者突然显得高人一等。听起来真的很虚
伪。我是说，别人其实也会知道我的真实感受的。

这种反击不仅是一种负担，而且你的行为也很明显。别人很容易看穿
你，他们知道你心里其实是羞愧的。这种炫耀是装出来的。你知道，别人
也知道。不要再假装成其他人，展现真实的自己。人们会更喜欢你，你也
会更喜欢自己。

我们并不是说让你开始自我贬低，而是冷静下来，不要再拼命地去给
人留下特定的印象。

写在最后

摆脱社交孤立的过程，是一段从孤独走向与人联结的旅程。试着用这
种积极的眼光去看待它。如果你愿意去实施这些改变的方法，会受益颇
多。现在黛布拉已经在约会，并享受聚会的乐趣。她每周都有几个晚上会
和朋友出去玩。她来心理治疗的时候也很开心。亚当交到了一些新的要好
的朋友，可以和他们分享真实的自我。你最终收获的将是令人满足的社交
生活。你会觉得自己属于某个群体或社区。这是生命中很重要的一部分，
是你现在所缺乏的。为什么要错过它呢？

Reinventing
  Your
    Life

第 10 章

"我自己做不到"：依赖陷阱

——○ **玛格丽特**：28 岁，丈夫是虐待狂，她感到被自己的
婚姻所困。

玛格丽特第一次走进我们办公室的时候，眼睛里充满惧
怕，让我们本能地想保护她，于是，我们开始照顾她。当我们
告诉她，她看起来很恐惧时，她说，她不愿意聊自己的问题，
甚至连想也不愿意想。

玛格丽特感到自己为婚姻所困，她很害怕、不敢离开。
她害怕孤单。丈夫安东尼有言语虐待倾向。他已经失业两
年了，还把这事怪在玛格丽特头上。事实上，安东尼认为自
己的所有问题都怪玛格丽特。玛格丽特有公共场所恐惧症
（agoraphobic）：她会惊恐发作（panic attack），并且因为害怕惊
恐发作而逃避许多情境，比如火车、餐厅、超市、商场、影院
等人群聚集处。有时，她特别焦虑，以至于不敢走出家门。她
之所以决定来治疗是因为需要同时应对自己的婚姻问题和恐惧

症，让她觉得越来越招架不住。

你可能想象得出，公共场所恐惧症不仅给玛格丽特的日常生活造成了困扰，也大幅度地削减了她闲暇时的乐趣。别人觉得快乐的活动，在她看来，却是繁重的任务。

> **玛格丽特：**安东尼生我的气了。他想让我明天晚上和他在餐厅碰面。他不想先回家一趟来接我。但是我就是做不到，我无法独自一个人乘车。
>
> **治疗师：**你在害怕什么？
>
> **玛格丽特：**如果我出了什么事怎么办？没有人能在旁边照应我。
>
> **治疗师：**你会出什么事呢？
>
> **玛格丽特：**我会发生什么事？我的惊恐障碍可能会发作得非常厉害，以至于我会摔倒在街头。

玛格丽特在家的时候，如果安东尼因为某些原因需要离开，她也会迅速地逃离家门。不然的话，她就开始给别人打电话："电话机就是我的生命线。"虽然安东尼气愤地抱怨说自己为了照顾玛格丽特而付出了很大代价。但是，每次玛格丽特想要尝试独立时，他又都会阻止。尽管很古怪，但是玛格丽特觉得安东尼其实想要被她依赖。

——○**威廉：**34 岁，仍然依赖父母的照顾。

威廉同样也是带着一副惧怕的神情步入了我们的办公室。他看起来像是个腼腆安静的人，给人一种胆怯的感觉。他也让我们觉得想要照顾他，想要让他感觉舒适。我们发现自己对他很温柔。

威廉仍然和父母住在一起。迄今为止，他只有一次长时间离家的经历，那是在上大学的时候，并且只维持了一年。之后他就转学到了一所规模较小，但是离家很近，可以允许他住家、通勤上学的大学。威廉子承父业，也成了一名会计师，他在父亲的会计事务所上班。工作让他感到极度焦虑。他和一个叫卡洛尔的女孩恋爱了很久，但是不知为何，他很难下定决心。他不知道卡洛尔是不是那个对的人。

> **威廉：** 我一直在想，"如果我错了怎么办？如果她不是合适的对象呢？如果有更好的人呢？我怎么知道她是不是那个对的人？或者，我是不是在退而求其次？"我们相处得不错，但是不来电。如果我养不起她怎么办？她想生很多孩子。我怎么知道自己能不能养得起妻儿？我只能勉强养活自己。有时候我想，我应该趁现在就分手，把一切都了结了。

关于他和卡洛尔的关系，威廉在过去两年内一直犹豫不决。他来接受治疗，是因为卡洛尔给他下了最后通牒——要么结婚，要么分手。威廉觉得很无力。

── **克莉丝汀：** 24 岁，过于独立，以至于在非常必要的时候，也无法接受帮助。

走进我们办公室的时候，克莉丝汀没有任何惧怕的神情。相反地，她看起来非常能够自我照顾。她的态度和举止显得笃定、能干。

克莉丝汀为自己的独立而骄傲。她可以自食其力，她告诉我们："我不需要任何人。"从上大学开始，她就开始独自生活，也可以养活自己。在过去的一年里，她在戒毒所里从事社会工作者的工作。她独自穿过市里最危险的街区，毫无畏惧。

在她开始治疗的 8 个月以前，克莉丝汀在一次滑雪事故中跌断了腿。她现在走路仍然需要拄拐杖。事故发生后，她不得不暂时回父母家住。父母和两个妹妹需要给她端茶、送饭，帮她洗漱、穿衣。他们必须照顾她。需要别人，尤其是家人的照料，让她觉得压力很大，所以她来接受治疗了。

克莉丝汀： 我就不是那种喜欢被照顾的人。我就是不喜欢。如果别人照顾我，我会变得很抑郁和痛苦。我想我意识到了因为这个而如此痛苦是不应该的。现在我搬回自己的公寓了，我很难让朋友在必要的事情上辅助我。有趣的是，我知道如果朋友们有需要，我会毫不犹豫地立刻帮助他们。为什么我无法接受别人的帮助呢？

依赖问卷

请使用下列计分标准回答以下问题。

计分标准

1. 完全不符合我
2. 大部分不符合我
3. 有点儿符合我
4. 基本符合我
5. 大部分符合我
6. 完全符合我

即使总分不高，但是如果你给某些问题的评分是 5 分或 6 分，那么这个性格陷阱仍然可能适用于你。

表 10-1

得分	问题描述
	1. 在处理日常生活中的杂务时，我感觉自己更像个孩子，不像大人
	2. 我没有能力去独立生活
	3. 我无法独自处理好任何事情
	4. 比起自己照顾自己，别人会把我照顾得更好
	5. 对我来说，如果没人指导，处理新的事务会很难
	6. 我什么事也做不好
	7. 我无能
	8. 我缺乏常识
	9. 我无法信任自己的判断
	10. 我发现生活中的日常事务让我不堪重负
	你的依赖陷阱总分（把 1～10 题的所有得分相加）

依赖问卷得分解释

10～19 很低。这个性格陷阱大概对你**不**适用。

20～29 较低。这个性格陷阱可能只是**偶尔**适用。

30～39 一般。这个性格陷阱在你的生活中是个**问题**。

40～49 较高。这对你来说肯定是个**重要**的性格陷阱。

50～60 很高。这肯定是你的**核心**性格陷阱之一。

依赖的体验

如果你有依赖陷阱，生活本身会令你不知所措。你觉得自己无法应对。你相信，在这世上，你无法照顾自己，所以你需要别人相助。只有得到了别人的帮助，你才有可能活得下去。依赖的核心体验是，一种艰难地挣扎着完成成年生活中的正常责任的感觉。你就是没有这种能力。那是一种缺乏某种东西的感觉，一种不足的感觉。可以形容依赖的精髓的画面是：一个小孩，突然觉得世界太大了，开始哭着喊妈妈。那是一种在成人世界里仍觉得自己像个孩子的感觉。如果得不到成人的照顾，会觉得很迷茫。

你的典型思维方式反映了你的无能感，"对我来说太难了""我处理不了""我要崩溃了""我没有能力承担这些责任"。其他的一些典型想法反映了你对被抛弃的恐惧——你害怕自己会失去你最依赖的人，"要是没有这个人，我该怎么办""我自己怎么活下去"。这些想法通常会伴有绝望和恐慌感。就像玛格丽特说的那样："有那么多我自己做不到的事儿，我需要有人来帮我。"你沉浸在这种必要性中，耗损了大量的精力。你周密地计划着，确保有人照顾你。若是留下你一人独处，你会觉得所有事情都很难，完全不知所措。

你经常背叛自己，表现得完全不信任自己的判断。你不觉得自己有能力做出好的判断。无法相信自己的判断，是依赖的一个核心特征。你优柔寡断。

> **威廉：** 关于卡洛尔，我希望自己能做出决定。我不知道自己为什么如此来回摇摆。就好像我确信自己不可能做出正确的选择一样。

当你要做决定的时候，会征求别人的意见。实际上，你问了一个又一个人的意见，无数次地改变主意。整个过程让你觉得困惑而疲惫。即使你最终设法做出了一个决定，也仍然要不断地去寻求他人的肯定，肯定你的决定是正确的。

依赖的另一种表现方式是，你可能会征求你最信任的人的意见，然后完全听他的。这个人常常会是你的治疗师。在治疗刚开始的时候，依赖型的患者总是试图让我们替他们做决定。想要忍住不替他们做决定，并不总是那么容易。因为看着患者无止境的犹豫，让我们很痛苦，很想要跳进去帮他们做决定。我们得很努力地抵制这种冲动，因为那并不是真正在帮助患者，只会让他们更加依赖我们，而心理治疗的目标是真正的独立。

依赖的人不喜欢改变，他们喜欢所有的事情都一成不变。

> **玛格丽特：** 一开始在学校遇到安东尼时，我常常跟他说，我希望我们可以永远待在学校，永远不离开。他迫不及待地想离开，想毕业，但是我想能一直上学。
>
> **治疗师：** 如果离开学校，你会失去什么？
>
> **玛格丽特：** 我在学校里觉得很安全，我知道该怎么做。

因为不相信自己的判断，所以你害怕改变。因为要依赖自己的判断，所以在新的情境里你会不大自信。在熟悉的情境中，你已经接受过别人的判断了，也已经大约知道了最好的应对方式。但是在面对新情境时，除非有人可以指导你，否则你要依赖自己的见解，然而你并不相信自己的见解。

我们很想说，你的无能感只是想象中的，不是真的，但是不幸的是，事实往往并非如此。依赖的人往往真的缺乏某些能力，因为他们成功地逃避了一个成年人该做的事情，一直把这些事情丢给其他人来做。这种逃避导致他们真的缺乏某些能力和判断力。但是，大多数依赖型的患者会夸大他们的无能。他们对自己的怀疑超越了应有的现实。

当你一直让别人替你做事情的时候，其实是在屈从于自己的性格陷阱。让别人代劳会强化你的这种看法，认为自己永远都不可能独立做事，也让自己无法培养自己的胜任感。但是几乎可以肯定，如果你真的去独立生活，最终必然能学会那些日常生活所需的能力。你的依赖感其实是一个巨大的未经事实验证的假想。你从未能发现，你事实上可以独立生存。

逃避是强化性格陷阱的另一种方式。你逃避所有你觉得很难的任务。依赖的人通常会逃避一些特定的任务，包括开车、处理财务问题、做决定、承担新任务和学习新东西。你避免离开父母或伴侣，极少独自生活，或独自旅行。你极少自己去看电影，或自己出去吃饭。通过不断逃避，你更加确信自己无法独自去做这些事。玛格丽特说："钱的事儿都是安东尼管，我永远都管不好账。"威廉说："我永远也不可能在别的地方找到工作。如果我是一个可悲的失败者怎么办？别的老板不会像我爸爸那样宽容。"

依赖和愤怒

虽然你惧怕并抗拒改变，但是又会经常觉得身陷困境，哪怕是在觉得自己安稳的时候。这就是依赖陷阱消极的一面。这就是你所付出的代价。为了维持依赖，依赖的人常常会容忍别人虐待、压抑自己或剥夺自己的权利。为了保证对方不离开自己，他们几乎愿意做任何事。

在与家人、爱人和朋友相处时，你很可能扮演了从属者的角色。这无疑会让你觉得愤怒（虽然你可能并没有意识到）。你喜欢这些关系所带给你的安全感，但同时也对他们感到生气。你通常不敢公开表达自己的愤怒，因为那样也许会让他们离开你，你实在太需要他们了。依赖陷阱的阴暗面在于，你被迫身陷于依赖者的角色之中。

> **治疗师：** 请闭上眼睛，描述一幅你婚姻中的场景。
>
> **玛格丽特：** 我在一个黑暗的地方，走不出来，那里没有空气，我无法呼吸。那里压抑得仿佛会引发幽闭恐惧症。安东尼因为什么事儿在对我大喊大叫。我听到他没完没了地喊，我非常恨他，我觉得自己要爆炸了。
>
> **治疗师：** 你做了些什么？
>
> **玛格丽特：** 我向他道歉，保证以后再也不那样做了。

玛格丽特的许多次惊恐发作，都发生在她生安东尼的气、同时试图把愤怒掩藏在心里不说的时候。依赖使你在自由和自我表达方面付出高昂的代价。

有些依赖的人会更公开地表达自己的愤怒。这些人有我们所说的"依赖权利感"。有些人觉得自己有权利让自己"依赖的需求"得到满足。在一次治疗中，卡洛尔描述了威廉的这个倾向（在威廉的要求下，卡洛尔参加了他的治疗）。

> **卡洛尔：** 昨天，威廉真的很讨厌、很挑剔。他又是那种态度。我在做晚饭，他在我周围转来转去，纠正我这个，纠正我那个，好像我什么都不会一样。
>
> **治疗师**（对威廉说）：你是怎么了？
>
> **威廉：** 其实是在我看完医生回家以后开始的。我很生气，她不想陪我去看医生、打脱敏针，非让我自己一个人去。
>
> **卡洛尔：** 我有一门经济学考试！
>
> **威廉：** 你可以之后多努力找补回来。

有可能你既有依赖陷阱，又有权利错觉陷阱。所以，当别人不满足你的需求时，你会生气。你通过生闷气、表现得暴躁易怒或明显的气愤的方式来**惩罚**他们。

依赖和焦虑

惊恐发作和公共场所恐惧症是比较常见的。从很多方面上来说，公共场所恐惧症是依赖制造的闹剧。独立自主的核心特征是：有能力独立生存，独立闯世界。公共场所恐惧症恰恰相反。玛格丽特觉得无助。面对外面的世界，她没有自信，觉得自己无法胜任。她情愿彻底逃避外面的世界。她想待在家里，在那里，她觉得安全。

在这世界上，玛格丽特觉得自己像个孩子——她似乎像孩子一样无法独立生存。她唯一的希望就是紧紧抓住可以照顾她的人。她最终害怕的是死亡、精神错乱、贫困、无家可归等无助的极端情况。每次惊恐发作，她都无比确信，自己是心脏病发作，或者是失去了理智。和多数有公共场所恐惧症的人一样，她也有脆弱陷阱，即独立性领域的另外一个性格陷阱。

即便没有惊恐发作，你无疑也是极度焦虑的。所有生活中的自然变化，哪怕是积极的改变，都会让你不知所措。升职加薪、孩子的降生、毕业、结婚——任何新的责任都会引发焦虑。多数人认为是值得庆祝的事儿，都会把你抛入苦痛的深渊。

在焦虑的同时，你可能也会长期觉得抑郁。在内心深处，你可能因为依赖而鄙视自己。就像威廉说的，"我觉得自己是个无能的人"。低自尊是依赖陷阱不可缺少的、痛苦的一部分。

反向依赖

腿骨折了的社会工作者克莉丝汀就是反向依赖的例子。她处理依赖陷阱的方式是：把全部精力投入取得较高的成就和实现完全绝对的独立上。她不断抗击自己的核心无能感，这是一种过度补偿。她必须持续不断地向别人和自己证明，她能够自力更生。这种隐形隐性的依赖让她很痛苦。

克莉丝汀确实很能干，这是她最明显的个人特征之一。但是，在心底，她极其焦虑。她总是害怕不能充分展现自己的能力。她经常升职，但是每次升职她都害怕自己无法胜任新的工作。朋友们经常推举她当领导者，虽然每次她都能够胜任，但每次她都是战战兢兢的。克莉丝汀的恐惧迫使她要求自己完美掌控每个任务，同时她的能力也得到了不断的提升。但是，她从不肯定自己的成绩，觉得是自己蒙蔽了别人。她总是低估自己的成就，夸大自己的错误和缺陷。

克莉丝汀表现得似乎自己不需要任何人的帮助，这是她过度弥补依赖感的方式。克莉丝汀太独立了。无论多焦虑，她都强迫自己独自面对。这种走向另一个极端的倾向——表现得仿佛不需要任何人的任何帮助——就叫作**反向依赖**。反向依赖是判断依赖陷阱是否存在的一个重要特征。哪怕是理应求助的时候，反向依赖的人也拒绝向别人寻求帮助。他们拒绝寻求建议、援助或指导。他们不允许自己得到正常的帮助，因为这会让他们觉得脆弱。

> **克莉丝汀：** 就仿佛哪怕我向别人寻求一丁点儿帮助，也可能会让我完全依赖别人。发生事故以后我住在家里，不得不再次依赖父母，这真的让我好害怕。

如果你是一个反向依赖的人，那么即便你不去承认自己的依赖感，你内心深处的感受和其他依赖的人也仍是相同的。虽然你看起来可能过得很好，但为此，你常常处在高焦虑状态。出卖你的，是你内心深处最真实的感受。

依赖陷阱的起源

依赖陷阱的起源可能是父母给予了我们过多或过少的保护。

过度保护的父母使孩子依赖。他们强化孩子依赖性的行为，阻碍独立的行为，溺爱孩子，不给孩子学习自力更生的空间和支持。

对孩子保护不足的父母无法照顾好孩子。从很小开始，孩子就得独立，要做很多超越自己年龄的事儿来维持自己的正常生活。这样的孩子给人一种很独立的错觉，但事实上，他们有很强的依赖的需求。

我们生而完全依赖父母。父母满足我们的生理需求（父母喂养我们，给我们穿衣，帮我们保持温暖），给我们建立一个安全的港湾。然后我们可以从这个港湾出发去探索世界。这种发育过程分为两个阶段。

独立性发展的两个阶段

1. 建立一个安全的港湾。
2. 逐渐离开港湾，开始独立。

缺少任一阶段，都会导致依赖陷阱。

如果你从未有过安全的港湾，如果你从未被允许安心地停留在依赖的状态中，那么对你来说，实现独立很难。你会总是渴望那种依赖的状态。像克莉丝汀说的一样，"我感觉自己其实是个孩子，只是表现得像个大人"。你觉得自己的能力和独立并不真实，你在等待它的地基崩塌。

除了提供安全的港湾以外，父母必须逐步允许我们离开他们，学着独立。父母必须给予我们刚刚好的帮助。这是一个很微妙的平衡，不能太多，也不能太少。幸运的是，大多数父母都能够实现平衡，大多数孩子都能形成正常的独立能力。但是，父母走两个极端，通常会导致孩子产生依赖陷阱。

在最最理想的情况下，父母给我们足够的自由去探索世界，告诉我们当我们需要时，他们总会在那儿守候，当我们真正需要的时候，他们会为我们提供帮助，并且告诉我们他们相信我们有能力独自获取成功。他们给予我们安全感和保护，让我们觉得安全，也给我们自由和鼓励去独立探索。

依赖陷阱形成得很早。不能满足孩子依赖需求的家长，或妨碍孩子独立性形成的家长，通常在孩子生命的早期阶段就开始这样做了，通常是从孩子学走路的时候就开始了。到了孩子上学的年纪，依赖陷阱就已经形成，而且很可能已经比较顽固了。我们在之后见到的，比如青少年期，其实是早已形成的问题的延续了。

依赖陷阱的起源之一：过度保护

依赖陷阱最常见的起源是父母的过度保护。玛格丽特和威廉的起源都是这个。

依赖陷阱的过度保护起源

1. 父母过度保护你，总把你当成一个比你实际年龄更小的小孩。

2. 父母替你做决定。

3. 所有的生活琐事，父母都处处替你代劳，所以你从未学过如何照顾自己。

4. 父母替你做学校的功课。

5. 你很少或根本不需要承担任何责任。

6. 你极少离开父母，很少觉得自己是个独立个体。

7. 父母经常挑剔你关于日常事务的意见和能力。

8. 当你承担新任务的时候，父母总插手，给你过多的意见和指导。

9. 父母给你营造了一个过于安全的环境，在离开家之前，你从未受到过严重的拒绝，也从未经历过严重的失败。

10. 父母害怕很多事，他们总是警告你有危险。

过度保护通常包含两个方面。第一方面是干涉。父母会替孩子做事，导致孩子没有机会先去独自尝试。家长的出发点可能是好的，为了让孩子活得更轻松，避免承受犯错的痛苦。但是，如果父母把所有的事都做了，

孩子就没有机会学习独立了。如果孩子可以去尝试、失败、再尝试，就可以掌握自己生活中所需要的能力。这是一个学习的过程。若没有亲身体验，就学不到什么东西。否则，我们所能学到的就只有一条：我们一定不能离开父母。

威廉的童年经历就是一个很好的例子。他父亲就过度干涉了他。

威廉： 对我的父亲而言，学习成绩好非常重要。每当我遇到什么问题，或在做作业时遇到困难，他就替我做。他替我写文章，替我做科学课的项目。你知道吗，没有任何一个作业是完全由我独立完成的。一次又一次，我的大多数作业都是他替我完成的。

尽管父亲花费了大量精力，升入初中后，威廉仍然只是个中等生。论文、项目等在家完成的功课，他都做得很好，但是他的考试成绩不佳，有很严重的考试焦虑症。考试是唯一一项他必须要独自面对的事。尽管在考试前的晚上，父亲会花上几个小时的时间教他，尽管他很聪明，但是他的考试成绩仍然很差。考试能力差很可能是由于他太焦虑了。随着时间的推移，他的成绩越来越差。威廉开始认为自己是个差生，只是因为有了父亲的帮助，才能做到当时的程度。

威廉： 我偷偷地认为自己非常懒惰。否则，还有什么理由要让爸爸替我做那么多作业呢？

父亲对威廉的干涉很多，远远不止家庭作业。他干涉威廉的社交、运动、休闲娱乐和日常活动。他的干预渗透到了威廉生活的方方面面。他替威廉做决定，给威廉提供引导和指示。几乎在生活的每个方面，威廉的独立能力都遭到了破坏。

过度保护的第二个方面，表现为父母对孩子的独立性的破坏。父母挑剔批评孩子自己的判断,蔑视孩子的决定。

> **玛格丽特:** 我妈妈最常说的话就是,"让你不听我的"。她真的很喜欢说"我早就告诉过你了吧"。直到今天,我仍然觉得,如果我不听从她的建议,就一定会失败。

威廉记得,有一次,他跟父亲说想自己写历史作业。父亲突然把他的椅子从桌边推开,说:"好啊,想不出来写什么的时候,别来找我哭"。

威廉的父亲非常明显地破坏了他独立的尝试。这让威廉很痛苦,甚至直到现在,他对批评都表现得很敏感,尤其是来自权威人士的批评。但是,大多数过度保护的家长都会采取更隐秘的破坏方式。玛格丽特的妈妈极少批评她,反而很爱她,很支持她。但是她妈妈自己经常很害怕,每次玛格丽特离开她的身边,她都很焦虑。玛格丽特感觉到妈妈的焦虑后,自己也开始焦虑。和妈妈一样,她也开始变得害怕这个世界。

我们的很多依赖型的患者,都会因为父亲或母亲过度担心危险而觉得世界并不安全。在导致依赖的同时,妈妈也把自己的脆弱陷阱传递给了玛格丽特。她会说,"不要去""不要出去,太冷了,你会生病的""不要出去,太危险了""不要出去,太黑了"。

就像玛格丽特的妈妈一样,导致孩子依赖的父母,通常不是情感剥夺型的。他们的问题不是付出的爱和感情太少。恰恰相反,过度保护的家长通常非常有爱,温柔亲切。但是,他们往往也是恐惧的、紧张的、焦虑的,或有公共场所恐惧症。他们可能出于自己对遗弃的恐惧而让孩子一直待在他们身边,但是这样做会破坏孩子的独立性。通常,他们自己太缺乏安全感了,所以也不能给孩子安全感。他们很爱孩子,但是无法给孩子提供独立所必需的支持和自由。

我们发现,与其他性格陷阱相比,源自过度保护的依赖陷阱,有着十分有趣的不同之处。一般来说,被过度保护的患者没有痛苦的回忆。通常,他们的回忆里都是非常安全的家庭环境。许多依赖的人在童年时都过得很好，直到要离开安全的家庭环境，面对真实世界的苦难、拒绝和孤单时，才会出现问题。

有时，这些患者的早期记忆是关于被限制的，尤其是当依赖和脆弱陷阱同时存在时。

> **玛格丽特：** 我记得有一次去大洋城的沙滩上玩，我想待在外面游泳。我正在海里游泳，水没过了我的头顶，我妈妈突然出现了，她看起来真的好害怕，她说，"回来，水太深了"。我记得我跟她说，"不要，我很开心，就让我游吧"，但是她坚持说，"你会溺水的，太深了"，直到最后我也开始害怕了，就游回来了。之后，我记得我很难过。

这段记忆传达了玛格丽特童年时的感受。她觉得自己被限制了，妈妈总是要保护她："有好多次，我想自己做，但妈妈不让，所以我就放弃了，但之后觉得很郁闷。"

童年时被过度保护的患者，在治疗中回忆起的童年影像，经常是类似于自己是一个很小很小的孩子，生活在一个巨大的、满是成年人的世界里。玛格丽特看到的影像是"我很小，被许多高大的人包围着，许多成年人"。威廉回忆起童年时自己的影像是"坐在一个很小的椅子上，爸爸正在踱步，步子巨大"。

这些影像经常传递出一种被动的感受。在自己坐在椅子上的影像中，威廉记录着父亲正在说的话。这些影像的另外一个重要主题是：尝试新事物的焦虑。这样的影像会传递出更多的痛苦，因为，每次尝试新事物，他（她）都会觉得自己依赖、无能。

依赖和屈从陷阱经常一起出现。屈从是保持依赖的有效方式。威廉的爸爸让他屈从于自己。过度保护的父母通常也是过度控制的。

> **威廉：** 有时，我觉得自己不该成为一名会计师，那是我爸很想要的，而不是我想要的。我爸想让我和他一样。

威廉的父亲把自己的愿望强加给了威廉，强迫威廉去实现它，而不管威廉自己的偏好是什么。威廉想要什么并不重要，他逐步失去了自我意识。他曾经自述说心里有一个空洞。如果你没有自我意识，就会完全依赖别人。心里有一种空虚感，唯一的填补方式就是依赖别人，依赖一个具有自我意识的人。

过度保护通常伴随着卷入（enmeshment）。"卷入"和"融合"是指你和另外一个人融为一体，你们彼此的自我边界很难区分开来。在原生家庭中，威廉和玛格丽特都过分卷入了。威廉的情况更严重，因为他相信自己无法独自生存，他无法离开家，哪怕是很短的时间。他不能长大离家，他的自我是处于融合状态的。

有很多依赖的人，大多数都是二十几岁，处于应该要离开原生家庭的人生阶段，但是仍然过分依赖父母、过分卷入，以至于无法离家独立。他们的朋友们都已经离开家，开始独立生活，但他们仍然住在家里。他们的情况通常更难处理，因为父母会继续鼓励他们依赖，仍然对每件事提出建议，修正他们的决定，破坏他们的判断。有人也许会认为，有依赖问题的女性多于男性。因为我们的文化里，女孩小时候被保护得更多。但是，根据我们的治疗经验，并非如此。我们见到的依赖的男性与女性一样多。

依赖陷阱的起源之二：保护不足

保护不足是依赖陷阱的另一个起源，这也是反向依赖的起源。因为这些家长太软弱而没有能力，被自身的问题困扰，或者在孩子的成长中缺席、忽略孩子，所以他们没能给孩子提供足够的指导或者保护，导致孩子既有依赖陷阱，也有情感剥夺陷阱。从很小开始，孩子就觉得不安全、缺乏保护，他们从未停止过对依赖的渴望。

依赖陷阱的保护不足起源

1. 你没能从父母那里得到充足的、具有实际价值的指引或方向。

---

2. 你不得不独自做超出你年龄范围的决定。

3. 虽然在心里，你仍然觉得自己是个孩子，但是在家里，你必须表现得像大人一样。

4. 你被要求去理解和承担超出你能力范围的事。

这是克莉丝汀依赖陷阱的起源。

克莉丝汀： 我母亲对酒精和处方镇静剂成瘾。她都无法照顾自己，更别提照顾我了。我父亲总是不在家，他总是和哥们儿在一起，在酒吧里。

没有人给过克莉丝汀她所需要的指导和保护。母亲不够强大，不能照顾她，父亲又不够在乎。

克莉丝汀的母亲焦虑、缺乏自信，她自己就是个依赖性强的人。她让孩子反过来扮演她的父母。克莉丝汀是"被父母化了的孩子"。她必须自力更生，照顾自己，也照顾妈母亲，所以她变得有能力、独立。但是，在内心深处，她并不觉得安全，仍然希望自己可以孩子一样去正常地依赖父母。

在成长的过程中，克莉丝汀一直要做许多超越自己能力范围的决定，她并不具有必要的判断力和经验来支持她做这些决定。

克莉丝汀： 我觉得自己一直在做我能力所不能及的事，我总觉得自己做的决定不好，希望有个人可以让我问问意见。

像这样的孩子，渴望有一个人可以让他们依赖，让他们放下身上的重担。他们怀疑自己的决定，对自己的能力感到焦虑，但又别无选择，只有继续。

通常，他们完全意识不到这种渴望，只知道自己长期焦虑、压力大、疲惫——这通常发生在责任过多，或在面对困难的新任务而觉得心虚的时候。

依赖和亲密关系

你依赖的人可能包括父母、兄弟姐妹、朋友、恋人、配偶、导师、老板、治疗师等。你依赖的人甚至可能是一个儿童。你自己可能是个依赖性强的家长，以至于你让自己的孩子扮演你的父母的角色。玛格丽特就是如此。她的女儿吉尔今年五岁。

> **玛格丽特：** 我知道这听起来很诡异，但是女儿是让我觉得有安全感的人之一。很多我没办法自己一个人去做的事，有吉尔陪着的时候就能做了，比如去超市买东西。如果真发生什么事，我不觉得吉尔能做什么，但是有她在的时候我还是会觉得更安全些。

玛格丽特开始治疗的原因之一是，吉尔开始上幼儿园了，留她一个人在家，无依无靠。

约会早期的危险信号

你的依赖陷阱在恋爱关系中必然会出现。你被能够容忍你的依赖性的恋人所吸引。这确保你可以继续重现童年时的情景。以下是一些危险信号，标志着你的恋人正在触发你的依赖陷阱。

潜在恋人的危险信号

1. 你的恋人像父亲（母亲）一样，看起来很强大、有保护欲。

---

2. 他（她）似乎喜欢照顾你，把你当小孩看待。

3. 你更相信他（她）的判断，而不是你自己的判断。大多数决定都由他（她）来做出。

4. 在他（她）身边时，你会失去自我，他（她）不在的时候，你的生活会暂时停摆。

5. 几乎一切花销都由他（她）来支付，多数财务事务都由他（她）来处理。

6. 他（她）苛责、挑剔你在日常事务上的意见、品位和能力。

7. 当你接手新任务时，几乎总是要问他（她）的建议，即使那并不是他（她）擅长的领域。

8. 他（她）替你做几乎所有的事——你几乎没有任何责任要承担。

9. 他（她）似乎从来不因为自己而害怕、不安或脆弱。

如果以上内容完全符合你的恋爱情况，那么，你仍和童年时一样，处在依赖的生活状态中。你可能已经发现，恋人的这些上述特征，也是你父母的特征。对你来说，什么也没变。你已经设法将依赖延续到了成年生活中。你几乎没有什么责任、担忧、挑战。这看起来似乎是令人满意的安排，但是，是时候考虑一下，为了维持依赖，你付出了什么样的代价。你付出的代价是你的意愿、自由和骄傲，还有自我。

屈从于依赖陷阱

即使你找到了愿意支持你独立的恋人，也有一些潜在的危险要避免。你可能会把一个健康的伴侣扭转成能够适应你的依赖陷阱的人。

事实上，你常常会扭转自己的所有人际关系，让其适应你的性格陷阱。在较小程度上，你不是也在依赖朋友吗？当身边只有陌生人时，你是不是也会让自己依赖陌生人？

治疗师： 跟我说说，你到超市以后发生了些什么。

玛格丽特： 嗯，我做的第一件事就是，找到一个在我需要时可以帮助我的人。有一个女人，在我前头一点买东西，我觉得她看起来挺好的，如果情况变得很糟时，她也许会照顾我。

治疗师： 找人来照顾你，是你通常会做的第一件事儿吗？

玛格丽特： 是的，我得确保有人会帮助我。

治疗师： 你用到过这样的人的帮助吗？

玛格丽特： 没有，从没有，我暂时还没有用到过。但是未来谁知道呢。

依赖陷阱也会影响你对工作问题的处理方式。它会导致你避免承担责任，避免积极主动，而这些正是你获得成功所必需的。

以下是你在工作和恋爱中维持依赖陷阱的方式。

依赖陷阱

1. 你总是向更聪明、更强大的人寻求建议和指导。

2. 你轻视自己的成功，放大自己的缺点。

3. 你避免独自面对挑战。

4. 你不替自己做决定。

5. 你不处理自己的财务记录，也不做财务方面的决定。

6. 你依赖于父母或伴侣而生活。

7. 比起同龄人，你对父母的依赖更多。

8. 你避免独处或独自旅行。

9. 你有一些自己不愿面对的害怕和恐惧。

10. 对于许多日常生活的实用技能，你是比较无知的。

11. 你从没有长时间独自生活过。

如果你像克莉丝汀一样有反向依赖，那么你强化依赖陷阱的方式则会

有所不同。你会影响事情的发展，以至于你总是在面对自己能力范围之外的事。

反向依赖的标志

1. 你似乎永远无法向任何人寻求指导或建议。每件事你都必须自己做。

2. 你一直都在接受新的挑战，直面自己的恐惧，但是这样做的同时，一直觉得压力很大。

3. 你的伴侣非常依赖你，最终你得做所有的事和决定。

你忽视自己对**健康的依赖**的渴望，即只是想停下来休息一会儿的愿望。克莉丝汀的意象场景就表达了这种对正常依赖的渴望。

治疗师： 你看到了什么样的意象场景？

克莉丝汀： 我看到自己还是个孩子，母亲坐在沙发上，我只想穿过房间走过去，坐下来，把头枕在她腿上。

改变依赖陷阱

这是改变依赖陷阱的步骤：

改变依赖

1. 理解童年时的依赖。感受自己内心深处那个无能为力、需要依赖的孩子。

2. 列举你在日常生活中依赖别人的情况、任务、责任和决策。

3. 列举你因为害怕而回避的挑战、改变、恐惧。

---

4. 系统性地强制自己不寻求帮助，独立处理日常任务、做决定。面对一直回避的挑战，做出一直回避的改变。先从简单的开始。

5. 当你独自成功完成一个任务时，引以为荣，不要轻视它。失败的时候，也不要放弃。继续尝试，直到你掌握为止。

6. 回顾过去的人际关系，厘清重复出现的依赖模式。列举要避免的性格陷阱。

7. 避开这样的恋人：让你产生强烈的爱情的化学反应，但是是强大、过度保护性的。

8. 当你找到可以平等对待你的恋人，给这段感情一次机会。承担属于你的责任，做出自主的决策。

9. 当你的恋人或老板拒绝给你提供足够的帮助，不要抱怨。不要总是向他（她）寻求建议和安慰。

10. 在工作中接受新的挑战和责任，但是要慢慢来。

11. 如果你是反向依赖型的，承认自己需要指引的需求。向别人寻求帮助。不要接受太多挑战，导致自己完成不了。把你的焦虑水平作为标尺，来衡量你可以接受多少挑战。

1. 理解你童年时的依赖。感受自己内心深处那个无能为力、需要依赖的孩子。你必须首先知道自己是怎么变成这样的。童年时，是谁导致你形成了依赖？是害怕让你独自尝试的妈妈吗？是挑剔你没和他一起做的事情的爸爸吗？或者，也许你是家里最小的孩子，所有人都宠着你。你的情况是什么样的？

探索你童年记忆的影像。记住，从产生依赖感受的那个场景开始是个不错的选择。任何你在当前生活中感受到依赖陷阱的时候，都是开始意象练习的好机会。找个安静的地方，把那种感觉召唤回来。

玛格丽特：我和安东尼一起去商场练习控制我的惊恐发作，然后，他丢下了我。我们坐在长椅上，我想练习独自在商场里逛，就告诉他在长椅那儿等我。我走到药店，然后回来，他不见了。我立刻开始惊恐，到处跑着找他。我找到他的时候，他正站在一个柱子后面，笑话我。他其实一直都在看着我，嘲笑我。他觉得很好笑，就是个笑话。我真想杀了他。

治疗师： 闭上眼睛，回到那一刻的影像里。

玛格丽特： 好的（闭上了眼睛）。好的，我看到他了，他在柱子后面，看着我。

治疗师： 你的感受是什么样的？

玛格丽特： 像平常一样，我恨他，但同时，看到他在那里，我如释重负。

治疗师： 现在，给我另外一个影像，你小的时候，有同样的感受时的影像。

玛格丽特： （停顿）好的。我记得我站在家门口，爸爸妈妈晚上正准备出门，把我留给保姆丽莎。我哭着看着他们离开，求他们不要走。丽莎正努力把我往屋子里拉，爸妈走出了大门，走下了楼梯。妈妈回头看着我，她看起来很担心。

这个影像展示了依赖陷阱和遗弃陷阱是如何共同起作用的。

其他的一些事情也可以作为影像的来源。威廉给我们讲了他的一个梦，这个梦描述了他童年时的依赖。他正跟我们聊起，想到要和卡洛尔分手，他是多么害怕，然后他想起了这个梦。

威廉： 我和爸爸妈妈一起上楼梯。我走在中间，他们在我两边拉着我的手。我还是一个小男孩。但是之后，他们放开了我的手，走了，楼梯变得越来越陡，我自己爬不上去。

当你想到一个影像之后，试着回忆那时作为一个孩子的感受。那个孩子仍然活在你心里。他（她）很害怕。试着安慰他（她），鼓励他（她），支持他（她）独立处理事情的努力。你内心深处那个依赖的孩子，需要某种你**可以**给予的帮助。学会支持自己朝着独立迈进所付出的努力。

2. **列举你在日常生活中依赖别人的情况、任务、责任和决策。**明确你依赖的程度，这会让你有更客观的认识。比如这是威廉列的清单，关于他对父母的依赖。

我依赖父母的方式

1. 给我提供住的地方。

2. 给我提供工作。

3. 帮我修车。

4. 做饭。

5. 洗衣服。

6. 帮我投资。

7. 制订休假计划。

8. 制订节日计划。

你的清单也是你需要掌握的技能的蓝图。这些都是日常的生活任务，几乎每个人都可以做到。

3. **列举你因为害怕而回避的挑战、改变或恐惧。**列举你逃避的挑战，有些会相对简单，有些会很难。这是玛格丽特和我们一起列的清单。

我逃避的事情

1. 在安东尼面前，更加坚定自信。

2. 坐地铁。

3. 独自购物。

4. 独自在家。

---

5. 开车上高速。

6. 和安东尼一起去看电影。

7. 和安东尼一起出去跳舞。

8. 和女性朋友一起出去吃午饭。

9. 去见律师，讨论离婚的选择。

10. 和安东尼讨论参加婚姻咨询。

试着囊括生活各个方面的情况。刚开始参加治疗的时候，玛格丽特没有工作，这是她到很后面才开始处理的事情。但是，你的清单应该包括工作上的情况。比如，在治疗中，我们帮助威廉解决的其中一个问题就是：做事情时每次遇到极小的问题或疑虑，威廉都会跑到爸爸那里寻求帮助。（你可能还记得，爸爸也是他供职的会计师事务所的老板。）威廉必须学会容忍焦虑，独自解决问题。开始的时候，他犯过一些错误。但是，他进步了，可以逐步承担更多的责任了。差不多一年以后，他离开了爸爸的公司，在其他地方找到了工作。为此，他经历了相当多的挣扎和努力，才慢慢地建立起了自信。

4. **系统性地强制自己不寻求帮助，独立处理日常任务、做决定。面对一直回避的挑战，做出一直回避的改变。先从简单的开始。**用你刚刚列的两张清单，给自己制订一个计划。坐下来用以下标准来评估一下，完成每个任务对你来说有多难。

难度标准

0 非常容易

2 有点儿困难

4 一般困难

6 非常困难

8 感觉几乎不可能

比如，玛格丽特是如此评估她的清单上的项目的。

表 10-2

我逃避的任务	难度评估	我逃避的任务	难度评估
在安东尼面前，更坚定自信	6	和安东尼一起去看电影	5
坐地铁	5	和安东尼一起出去跳舞	7
独自购物	3	和女性朋友一起出去吃午饭	3
独自在家	6	去见律师，讨论离婚的选择	7
开车上高速	4	和安东尼讨论参加婚姻咨询	8

从那些简单的条目入手。确保你已经囊括了那些对自己来说相对容易完成的任务。另外，在你真正开始尝试某个项目之前，要做大量的准备工作，哪怕这是个很简单的条目。我们想让你真正准备好了以后再尝试。

玛格丽特选择的第一项任务是独自购物。她决定去超市。我们花了很长时间讨论该如何处理各种不同的情况。如果她开始惊恐，可以做深呼吸练习，以控制躯体症状。如果她开始有灾难性的想法，可以挑战并纠正这些想法。如果她想跑出去，她会告诉自己，不用逃跑，她可以处理这种情况，她应该留下来。考虑到每种可能性，计划好如果这种可能性发生了你要怎么办。

在挑战难度更高的项目之前，你可能会想要先完成几项同等难度的任务。如果需要的话，在你的清单上再增添一些条目。玛格丽特在挑战难度为4的任务之前，在她的清单上增加了好几项难度为3的项目，比如独自去人不多的百货商店、运动、结算支票簿。我们想让你觉得自己已经有一定程度的掌控感之后，再去挑战难度更高的项目。我们想让你觉得自己正在系统地建立掌控感和胜任力。我们想让你有控制感。

5. 当你独自成功完成一个任务时，引以为荣，不要轻视它。失败的时候，也不要放弃。继续尝试，直到你掌握为止。当你付出努力，取得某种成就的时候，承认它，这很重要。你可能常常觉得自己不应该获得表扬，因为你应该早就会做这些事。当玛格丽特成功地完成了她的第一项任务（独自去超市）时，她表达了这样的感受。

玛格丽特： 我真的并没有感觉很好，毕竟每个人都可以去超市，这又有什么大不了的？

治疗师：但是，对于一个有惊恐障碍的人来说，去超市是很了不起的。

客观地评估你完成每项任务的真实情况。有些事你做得很好，也有些事你做得不好。试着认识到自己的成功，也从错误中学习。

如果父亲或母亲是个挑剔的人，你可能会有自我批判的倾向。如果你开始妄自菲薄，暂停，代之以自我支持。这是你必须学会的自我培养的一部分。这让你得以继续前进，即使并不完美，也可以继续自我加强，培养自己的能力。

6. 回顾过去的人际关系，厘清重复出现的依赖模式。列举要避免的性格陷阱。把你生命中最重要的人列一张清单，包括你的家人、朋友、恋人、老师、老板和同事。依次检视每段人际关系，检视自己的依赖。这个人的什么特质，还有你的什么行为促进了你的依赖？你要避免哪些生活陷阱？

这是玛格丽特列的清单。

依赖陷阱

1. 表现得像个孩子一样，而不像大人。
2. 无论别人怎样待我，我都会留在他们身边。
3. 表现得很缠人。
4. 选择喜欢接管我的人生和照顾我的人。
5. 为了和某人在一起，放弃自己原来的生活。过着他们的人生，而不是自己的。
6. 自己的事情自己不做决定。
7. 不赚钱养活自己。
8. 没有鞭策自己，看看自己能取得什么成就。

这是一张关于你的人际关系存在哪些问题的清单。只有意识到自己的

性格陷阱，你才可以开始改变它。

玛格丽特在与我们的关系中如此行事。通过我们的支持，她在和我们的关系中变得更强大，可以坚定而自信地表达自己。这再一次向我们展示了一段关系可以帮助治愈一个人。通过和我们在一起时练习坚定而自信的表达，使得玛格丽特可以在安东尼面前也坚定而自信的表达。一旦她知道了，在一段关系中保持自主性是什么感觉，她就不想再像以前一样。你也会不想再像以前一样。放弃依赖性所带来的绝望，得到随着独立而来的冷静和强大感，会让人感到轻松而快乐。就像玛格丽特说的那样，"不必急切地需要他，这感觉真好"。

7. 避开这样的恋人：让你产生强烈的爱情的化学反应，但是是强大、过度保护性的。这是一个比较棘手的原则：避免那些最吸引你的恋人。记住，让你产生最强烈的爱的化学反应的人，通常是触发你性格陷阱的人。你无疑会更容易爱上会主宰和保护你的恋人。最吸引你的恋人，很可能就是鼓励你陷入依赖角色的人。

玛格丽特和安东尼之间就有很强烈的爱的化学反应。在触发性格陷阱方面，他们是完美的一对儿。通过治疗，在他们的相处中，玛格丽特变得敢于坚定表达。她独立的能力变强了，所以不再极度害怕失去安东尼。

玛格丽特： 除非安东尼改变，否则我无法再和他在一起。我不能再允许他对我那么不好。与其继续被他虐待，我情愿单身。

当安东尼发现他可能真的要失去玛格丽特了，就同意了来参加心理治疗。像多数典型的自恋者一样，被遗弃的威胁让他有了改变的动力。写这本书的时候，他们俩正在参加治疗，重新改造他们的关系，好让双方都满意。无论他们是否能够成功，玛格丽特都已经决定放弃依赖陷阱的束缚了。

8. 当你找到可以平等对待你的恋人，给这段感情一次机会。承担属于你的责任，做出自主的决策。你可能会发现，自己对鼓励独立自主的恋人不会产生太多爱情的化学反应，或者化学反应会随着时间而慢慢淡化。我们相信，威廉对卡洛尔没有什么激情的原因是，卡洛尔对他的依赖提出了质疑。你也许会发现，给这样的感情一次机会也是很值得的。如果你对这个恋人曾经有过爱情的化学反应，如果曾经有过那么一段时间，可能是刚开始的时候，你曾被她吸引，随着你变得更自信，这种爱情的化学反应可能会再次出现。

当你找到想让你独立的恋人，努力经营这段感情，抵制想要破坏这段关系的想法。威廉刚开始和卡洛尔约会的时候，曾被她所吸引。不久后，很明显地，卡洛尔开始抗拒威廉想在这段关系中把自己变成孩子、把她变成家长的努力。她想让威廉强大起来。她想要的是一个同伴、一个伙伴，她不想掌管威廉的生活。威廉对她的迷恋随着时间慢慢淡化。威廉开始跟我们说，卡洛尔就是不适合他，他不再爱卡洛尔了，他对别的女人更感兴趣。

在我们的鼓励下，威廉继续和卡洛尔在一起。他逐步承担起了更多的生活责任，他搬进了自己的公寓，在另外一家公司找到了新工作，开始自己管钱，自己买饭，自己规划时间。随着他更加适应这些新角色，卡洛尔对他的吸引力又回来了。他又重新找回了失去的那些爱情的化学反应。

9. 当你的恋人或老板拒绝给你提供足够的帮助，不要抱怨。不要总是向他（她）寻求建议和安慰。这条建议是给那些有权利错觉的依赖者的。你必须意识到，别人并不欠你的，并不是必须要照顾你。人们有权期待你自己照顾自己。你现在在工作中遇到困难的第一反应是立刻寻求帮助。你可能甚至不会试着自己解决。我们希望你的反应是：首先试着自己解决。如果你已经很努力了，如果你真的尽了自己最大的努力仍然解决不了，那时再寻求帮助。

威廉： 当我在学习处理我们账户的电脑系统时，每次遇到问题，我都去找爸爸。他会很生气，但是会告诉我答案。我甚至从没试着看过说明书。但是，一旦当我开始试着去学，试着去理解说明书，我发现我自己做得到，我很少再去问他问题了，并且即使我去问他的时候，他经常自己也不知道答案。

当你刚刚开始尝试独立的时候，会有一种去寻求肯定的冲动，请别人肯定你的做法是对的。这对你来说就像是一种药，它会降低你独立做事的焦虑。你需要停止使用这种药，去忍耐独立做事的焦虑。这种焦虑会过去的。要坚信，终究有一天，你将可以独立做事，而且只感到很少的焦虑。

10. 在工作中接受新的挑战和责任，但是要慢慢来。不要让自己注定失败，不要一下子承担太多。掌控自己成长的过程。

你可以使用我们之前讲述过的方法，类似于玛格丽特克服恐惧的方法。列一张清单，写下你在工作中逃避的所有任务，既要包括需要独自完成的任务，也要包括需要团队合作的任务，既要包括简单的，也要包括困难的。评估每项任务的难度，0 表示一点儿也不难，8 表示你能想到的最困难的程度。从你认为最简单的任务开始，不断地重复去做，直到你可以很坦然地处理这个难度级别的任务为止。达到某种掌控感以后，再开始做列表上难度级别更高的任务。

如果你发现，你甚至无法完成自认难度最低的任务，那说明，难度得分最低的那个任务还是太难。想一想，找出更简单的任务。我们发现，即使是依赖程度最高的人，也能够想到一些自我感觉很容易完成的任务。

11. 如果你是反向依赖型的，承认自己需要引导的需求。向别人寻求帮助。不要接受太多挑战，导致自己完成不了。把你的焦虑水平作为标尺，来衡量你可以接受多少挑战。在心理治疗领域，有一种说法："有治愈作用的其实是关系。"克莉丝汀的情况似乎就是如此。我们和她的关系治愈了她。她第一次允许自己接受的帮助就是我们的帮助。她允许自己在我们面前表现出脆弱。她分享了自己软弱、不确定、受伤和负担过重的那一面。一开始，这让她很焦虑。但是，在确定可以信任我们以后，她冒险让自己依赖我们了。我们照顾、支持了她健康的依赖，通过意象练习，她也学会了那样照顾自己。

治疗师：你看到了什么样的影像？

克莉丝汀：我看到了小时候的自己，大约八岁。我在客厅里。母亲躺在沙发上看电视剧，快睡着了。我在熨去学校要穿的衣服，因为有个小孩嘲笑了我，说我的衣服皱。

治疗师：我想让你把成年时的自己带入到这个画面里，去帮助那个孩子。

克莉丝汀：这对我来说很难。我不知道该说什么。我猜我可以说，"来，我教你怎么熨，不是很难。我很抱歉，你得自己做所有的事，我知道这对你来说很难，但是，当事情变得棘手时，我会在这儿陪着你。如果你需要帮助的话，可以来找我"。

克莉丝汀渐渐地允许自己向别人寻求帮助了。如果你想这样去相信生活中的某个人，确保这个人是值得你信任的。谨慎地选择你的伴侣。不要选择那些你不敢确定是否会在你需要的时候给你提供帮助的人。克莉丝汀必须得改变自己所追寻的男人的类型。她以前总是喜欢软弱无能的男人，他们通常都是物质滥用者。改变依赖陷阱，很可能要求你在择偶方面做出巨大的改变。

改变性格陷阱的另一方面是：控制好自己在生活中承担的责任的多寡。我们想让你调控自己在家里、工作上、社区里和在对待朋友方面所承担的责任。用你的焦虑水平作为衡量标准。当焦虑水平超出舒适区时，说明你承担的太多了，必须放弃一些。例如，在面对某个朋友或同事感到过度焦虑时，克莉丝汀就把它视作一个信号，表明她在给对方提供帮助或建议时过于投入了。她就退后一步，关注自己的生活。

克莉丝汀这样描述治疗的收获。

克莉丝汀：我觉得，这给我的生活带来某种平衡，让我可以照顾别人，也让别人照顾我。我以前从来没有试过这样。我现在感觉更平静，不像以前一样，总在自己的能力范围之外挣扎。

写在最后

摆脱依赖陷阱的过程是一段从儿童期进入成人期的旅程。它需要放弃恐惧和逃避，代之以一种掌控感，这是一种可以独自在世上生存的感觉。放弃必须找到照顾者的痛苦挣扎，学会自己照顾自己，通过掌握各种生活能力，学会信任自己的应对能力。

Reinventing
Your
Life

第 11 章

"灾难即将降临"：脆弱陷阱

——◦**罗伯特**：31 岁，患有惊恐发作。

罗伯特走进我们办公室的时候，明显很难过。他几乎坐不住，没法告诉我们哪里出了问题。

罗伯特： 我真的不知道自己是不是该来这里，但是他们让我来。我已经见了很多医生，没人能告诉我我到底是怎么了。他们一直跟我说是焦虑，我需要看心理医生。

治疗师： 你自己怎么想？

罗伯特： 我觉得是我的身体真的出了什么问题，只是他们还没查出来。

罗伯特经常会有惊恐发作。

罗伯特： 通常是这样的，突然间，毫无征兆地，这种感

觉就来了。这像是一种大难临头的感觉。我觉得天旋地转、
头晕、无法呼吸。心脏开始怦怦地剧烈跳动，觉得一切都
不真实了。

治疗师： 你觉得这是怎么回事？你认为发生了什么？

罗伯特： 感觉就像我精神崩溃了，仿佛是我当场就要疯了。

还有些时候，罗伯特确信自己得了脑瘤或心脏病。

罗伯特： 在很长一段时间里，每次发作的时候我都会跑去急诊室。我
以为我是心脏病突发、得了脑动脉瘤或者怎样怎样了。那
些是发作得最厉害的情况。我真的认为自己要死了。

治疗师： 所以你现在不再这样想了？

罗伯特： 嗯，我有时仍然这样想。有时我觉得脑子里有一种奇怪的压
力，我害怕是动脉瘤。但是，我基本上已经知道，我不会
有事的，不会死。我是说，都已经发生过那么多次了。现
在只有真的特别严重的发作才会让我相信我要死了。多数
情况下，我现在担心的就是自己会失去理智。

治疗师： 你所说的"失去理智"是什么意思？

罗伯特： 突然开始大喊大叫、胡说八道或者幻听，并且永远也停不
下来。

当我们问他说，这些事情发生过吗，他说"没有"。他只是担心这些
会发生。

———○**海瑟：** 42 岁，她的恐惧导致了婚姻问题。

海瑟在丈夫沃尔特的陪同下来参加治疗。我问他们有什么问题时，他
们说海瑟有恐惧症。

沃尔特： 她什么也不敢做。我们不能去度假，因为她不敢上飞机，不敢下水，甚至不敢坐电梯。我们周末晚上也不能到城里去，因为她说那儿太危险了。另外，我们也不能花钱，因为我们得把每分每厘都攒起来。跟她在一起生活好像蹲监狱一样。快把我弄疯了！

海瑟也同意，她的恐惧症很是限制了他们的活动，但是她讨厌被强迫做事。

海瑟： 我更喜欢在家里待着。他想做的那些事儿，我觉得一点儿意思也没有。如果在整个旅行过程中，我都在担心回程要坐的飞机或电梯，那这假期还有什么意思？或者，如果在市中心，我整晚都在担心被抢劫，又有什么意思？我宁愿不去。

这些年来，海瑟的恐惧越来越严重，由此导致的婚姻冲突也越来越多。

脆弱问卷

这个问卷会测量脆弱陷阱的强度。请用以下等级选项来回答所有问题。

计分标准

1. 完全不符合我
2. 基本不符合我
3. 有点儿符合我
4. 部分符合我
5. 基本符合我
6. 完全符合我

如果你对任何问题给出的分数是 5 或 6 分, 即使总分很低, 这个性格陷阱也许对你仍然适用。

表 11-1

得分	问题描述
	1. 我无法摆脱坏事即将来临的感觉
	2. 我感觉灾难随时可能降临
	3. 我担心无家可归或成为无业游民
	4. 我很担心被罪犯、强盗、小偷等袭击
	5. 虽然医生没有查出任何问题, 但我还是担心自己会得很严重的病
	6. 我太焦虑了, 没法自己坐飞机、火车等
	7. 我会有焦虑发作
	8. 我对自己身体的感觉非常敏感, 我担心这些感觉意味着什么问题
	9. 我担心自己会在公共场合失控或发疯
	10. 我非常担心自己会失去的全部钱财或者会破产
	你的脆弱陷阱总分(把 1 ~ 10 题的所有得分相加)

脆弱得分解释

10 ～ 19 很低。这个性格陷阱大概对你**不**适用。

20 ～ 29 较低。这个性格陷阱可能只是**偶尔**适用。

30 ～ 39 一般。这个性格陷阱在你的生活中是个**问题**。

40 ～ 49 较高。这对你来说肯定是个**重要**的性格陷阱。

50 ～ 60 很高。这肯定是你的**核心**性格陷阱之一。

脆弱的体验

伴随脆弱陷阱的主要情绪是焦虑。灾难即将降临, 而你没有能力应对。脆弱陷阱包含两个方面: 你既夸大的危险, 又轻视自己的应对能力。

根据脆弱陷阱的种类不同, 你害怕的内容也有所不同。脆弱有四种, 你可能有不止一种。

脆弱的种类

1. 健康和疾病

2. 危险

3. 贫困

4. 失控

健康和疾病

如果你的脆弱陷阱属于健康和疾病型，你可能患有疑病症。你过分担心自己的健康状况。虽然医生一直跟你说没有什么大问题，但是你仍然确信自己生病了，担心自己可能患有艾滋病、癌症、多发性硬化症或其他什么可怕的重大疾病。

大多数惊恐发作的患者都属于这一类型。你不断检查自己的身体，寻找哪里出了毛病的迹象。你对自己的身体十分敏感。任何奇怪的感觉，哪怕是自然而然产生的，都会引起惊恐发作。天热、天冷、运动、愤怒、兴奋、咖啡因、酒精、药物、性爱、登高、移动等，全部都会引起某种生理感受，进而引起惊恐发作。

> **罗伯特：** 我昨天有一次很严重的惊恐发作，发生得很突然。我在地铁上，坐着看杂志。
>
> **治疗师：** 你在看什么内容？
>
> **罗伯特：** 就是一篇文章，我不记得了。
>
> **治疗师：** 惊恐发作开始以前，你正在想什么？
>
> **罗伯特：** 事实上，我在想帕金森病。我发现，我拿着杂志的手在抖，我在想，"我要是得了帕金森病怎么办？"

这是惊恐发作患者常说的话："要是……怎么办？"

你对身边任何可能致病的东西都过度警觉。你可能会阅读一切能够找到的相关资料，也可能会完全避免谈及任何与疾病相关的话题。同样地，你可能会不停地跑去看医生，也可能彻底不看医生，因为你害怕检查出问题。但是不管怎样，你总是不断思考与疾病相关的问题。

你可能会回避引起惊恐发作的活动。刚开始治疗的时候，罗伯特就避免一切体育运动，甚至包括性爱。那种感觉让他过于焦虑，和惊恐发作的感觉太像了。虽然他很爱打网球，但是也放弃了。他对脆弱陷阱的逃避，严重影响了自己的生活方式。

你有脆弱陷阱的原因也可能是因为你事实上真的体弱多病。也许你小的时候经常生病，所以现在对疾病过于恐惧；或者也可能是你的父亲或母亲生病了。但是，要符合脆弱陷阱的标准，你**当下的**恐惧必须是过度且不切实际的。

危险

如果你属于这种类型，你会过度担心自己的人身安全和所爱之人的安全。你觉得世界处处充满危险。

沃尔特： 她晚上坐在家里读报纸上的犯罪新闻。她晚上甚至不敢出门走到自家的车道上。

海瑟： 咱们家的车道真的很暗。我不喜欢晚上出门。

沃尔特： 我们家装了非常昂贵的防盗报警系统，她非逼着我买的，可是她仍然担心会有人强行闯入。

海瑟： 真正擅长闯空门的人是知道如何绕过报警系统的。我一直让他给楼下的所有窗户装上护栏，但是他不听我的。

沃尔特： 太荒唐了！我们住的社区很安全。我们不需要窗户护栏！

当你穿行于这个世界，总感觉不安全，这种不安全感与真实的危险并不相符。你对任何看起来可疑或危险的人都很警觉。你时刻觉得可能会有人袭击自己。

你也害怕交通事故和飞机失事等灾祸。这些事情都不由你控制，可能突然发生。所以，像海瑟一样，你可能避免出行。你害怕洪水和地震等自然灾害。虽然理论上概率很小，但是你确信这些事会发生在自己身上。

> **沃尔特：** 海湾战争的时候，她甚至白天都不敢到市里去，因为她害怕会有恐怖袭击。
>
> **海瑟：** 他们说纽约是主要目标！
>
> **沃尔特：** 对。所以，在那么多地点之中，在那么多时间里，他们就单单会袭击我们。

脆弱陷阱让人精疲力竭。你总是很紧张、警惕。你相信自己一旦放松警惕，坏事就会发生。

贫困

这就是所谓的"大萧条心态"，本来描述的是童年期正赶上20世纪30年代大萧条时期的人。你总是担心钱，盲目害怕自己会破产，流落街头。

> **海瑟：** 我知道我经常担心钱。只是，我预见到我们日渐老去，逐渐失去一切。有时，我担心自己最终将变成用购物袋装着行李露宿街头的女人。

无论你的财务有多安全，在你看来，从自己现在的财务状况到彻底完蛋只差了一小步。

你总是想着准备足够的安全缓冲。你觉得，为了保证安全，你必须存一定数量的钱。这能让你确保自己的情况不会低于某条标准线。你很可能会保有一定数量的存款，如果存款数量一旦不足，你会变得异常焦虑。

你发现花钱很难，会为了省几块钱而费很大的事。

海瑟： 我也要嘲笑自己的。那天，我跑了那么远，到长岛去买裤子，因为我有一张十美金的抵用券。当然啦，我到了以后，发现没有适合我的尺码。同时，为了过去，我又得坐公车，又得打车，单程花费四美金。

你毫无必要地担心没钱过日子（即使你的钱绰绰有余）。你焦虑地在新闻中搜寻经济衰退的迹象（甚至在经济环境良好的时候）。这些迹象能够作为证据，证明你的感觉是对的。你担心家人失业（即使没有合理的原因）。可能你会过多地购买伤残或其他保险。

控制花销对你来说很重要。你相信，只要一松懈，你就会失控，把所有的钱都花掉。你的财务活动很保守，不喜欢用信用卡买东西。你不愿意在钱上冒任何险，因为你怕失去。

你需要钱来以防万一。某些灾难可能会抹去你所拥有的一切，让你一无所有。你得做好准备。

失控

这种类型地人害怕的是心理意义上的灾难，即精神崩溃。你害怕发疯或失控，这也包括很多惊恐发作。

罗伯特： 有那种不真实的感觉的时候，我害怕自己会越飘越远，再也回不来，然后变得和那些自言自语或幻听的人一样。这让我很害怕。我觉得完全失控了。我可能会做出任何事。我可能会开始在街上奔跑、大喊大叫，或者别的什么。

你可能害怕在某种程度上对自己的身体失去控制，比如晕倒或者生病。无论你害怕的是什么，其背后的原理和所有的惊恐发作都是基本一致的。你抓住某种内在的感觉，赋予它一种灾难式的诠释。

灾难式思维是所有类型的脆弱陷阱的核心。你会立刻想到可能发生的最坏情况，感觉自己像个脆弱无助的孩子一样无力应对。

对于患有惊恐障碍的你来说，灾难式思维是惊恐发作的内驱力。惊恐发作自身应该只持续一到两分钟，灾难式思维将它延长了不少。"如果我要死了、要疯了或者要失控了，该怎么办？"任何一个认为这些事情会发生的人都会有惊恐发作的。

在强化脆弱陷阱方面，逃避起着非常重要的作用。几乎每一个有脆弱陷阱的人都会逃避很多情境。很有可能，逃避剥夺了你许多参与生活中最有趣的活动的机会。

以下是脆弱陷阱可能的起源。

脆弱陷阱的起源

1. 通过和同样有脆弱陷阱的父母生活在一起，观察他们，你学会了脆弱的感觉。你的父母在某些特定的领域恐惧或害怕（例如失控、生病，破产等）。

2. 父母过度保护了你，特别是在危险或疾病方面。父母不断警告你特定的危险，使你觉得自己很脆弱，或者没有能力处理这些日常事务。（这通常会和依赖陷阱一同出现。）

3. 父母没有给你足够的保护。在人身安全上、情感上或财务上，你的童年环境似乎不安全。（这通常与情感剥夺陷阱或不信任和虐待陷阱一同出现。）

4. 童年时曾患病，或经历过重大创伤（比如车祸），导致你觉得脆弱。

5. 你的父亲或母亲经历了重大创伤事件，可能因此而亡故了。你逐渐开始认为世界是危险的。

最常见的起源是父母有脆弱陷阱。你是通过模仿而习得。

罗伯特: 我妈妈自己就是个疑病症患者。她总是因为这个或者那个问题跑去看医生。我想她也有惊恐发作。有过很多次,她会突然想要离开某地,也有很多次,她就是不肯去某些地方。我知道她不喜欢人多的场合。她总是在警告我各种事,"外面很冷,穿上毛衣,不要出去,你会得重感冒的"。她也总是检查我,给我量体温,看我的喉咙,并且总是拖着我们去看医生。

治疗师: 那"发疯"之类的事呢?你也是跟她学的吗?

罗伯特: 从某种意义上来说,我猜是的,她很迷信,常常说起恶魔之眼⊖之类的事儿。我记得青少年时期,我打算去天文馆,你知道的,去看激光秀。她告诉我别去,因为她听说,一个女孩儿,因为去了激光秀而陷入了催眠性迷睡,一直也没能醒来。我记得最后我没去。她把我吓坏了。

这是脆弱陷阱的一种直接传递。因为父母觉得脆弱,你从他们身上学着也觉得脆弱。

家长的过度保护也是相关的起源。有脆弱陷阱的父母过度保护的可能性更大。在他们眼里,处处都是危险。他们向孩子传递的信息是:世界是个危险的地方。

罗伯特: 我妈妈认为世界充满细菌。她总是在清洁和消毒。她会给我可怕的警告,让我不要和朋友们分享食物。有一次,她发现我和朋友米奇要结拜成兄弟。她真的气疯了!看她那个样子,你可能会以为米奇有黑死病。

这里面包含的信息是:罗伯特不具备处理危险的能力。他太脆弱了,需要妈妈的保护。没有妈妈的引导,他确信必然会有坏事发生。他会患上

⊖ 具有目视他人而使之遭殃的能力。——译者注

某种可怕的疾病，或者偶然进入一种迷睡状态，永远也无法醒来。

导致海瑟产生脆弱陷阱的原因更加不同寻常一些。她的父母都是大屠杀幸存者。在他们的青少年时期，他们曾一起被关在一个集中营里。

> **海瑟：** 在我长大的世界里，大屠杀仍然可能发生，你知道我是什么意思吗？它总是可能会再次发生的。我过去常常醒着躺在床上，担心纳粹会闯到我家里来。我父母所有的家人基本都被杀了。他们有一本相册，相册里的每个人几乎都已去世。我过去常常看这些照片。其中有些照片里的孩子和我的年纪差不多。

正如你想象的那样，海瑟的父母十分注意保护她。他们教会了她害怕人类，尤其是非犹太裔的人。

> **海瑟：** 他们总是告诉我，不要相信非犹太人，甚至包括朋友和邻居。我记得上六年级时，我最好的朋友不是犹太人。妈妈常常跟我说，不要相信她，不要走得太近。她告诉我，她还是小女孩时，在德国，她亲眼看到邻居出卖了她的家人，突然变成了敌人。

海瑟无法感到安全。世界太危险了，人类也太危险了。行走在世间，她总是过度警惕着危险。

脆弱陷阱可能与许多其他性格陷阱相关。如果父母对你进行了虐待或情感剥夺，或者抛弃了你，你当然会觉得脆弱。这些都是对你基本安全感的侵犯。在内心深处，你总是担心坏事会再次发生。

恋爱关系中的危险信号

最吸引你的人，是可以照顾你的人。通过选择可以保护你的恋人，你

屈从于脆弱陷阱，进而强化它。以下是你的择偶方式受到性格陷阱所驱动
的信号。

恋爱关系中的危险信号

1. 你倾向于选择这样的恋人：他们愿意并渴望保护你，不让你陷
   入危险和病痛。你的恋人很强大，而你却脆弱、黏人。
2. 你最在意的是：你的恋人无所畏惧、身体强壮、财务状况良
   好，是个医生，或者在其他方面特别强大，可以保护你，让
   你不再害怕。
3. 你在寻找愿意倾听你的恐惧并给你安慰的人。

你想找一个强大又十分关心你的毛病的人，一个会娇惯并过度保护你
的人，一个让你感觉安全的人。

脆弱陷阱

1. 因为过度恐惧，在日常生活中，你总是觉得焦虑。你可能有
   广泛性焦虑症。
2. 你过度担心自己的健康状况和生病的可能性，以至于：（1）做
   不必要的医疗检查；（2）因为总是需要安慰，而成为家人的负
   担；（3）无法享受生活的各个方面。
3. 因为过度关注生理上的知觉和生病的可能性，结果导致惊恐
   发作。
4. 你对破产有着不切实际的担忧。这导致你在金钱上不必要的
   节俭，并且不愿意在财务和工作方面做出任何改变。在进行
   新的投资或项目时，你过度关注保本。你不能冒一丁点儿险。
5. 你不惜一切代价避免让自己成为犯罪分子的目标。比如，你
   避免在夜晚外出、到大城市去旅游、坐公共交通工具。所以，

你的生活非常受限。

6. 你避免所有可能牵扯到哪怕一丁点儿危险的日常情境。比如，你避免乘坐电梯、地铁，或者避免住在有可能地震的城市。

7. 你让恋人保护你免受恐惧。你需要很多安慰。恋人帮助你避免害怕的情境。你变得过分依赖你的恋人。你甚至可能痛恨这种依赖。

8. 事实上，你的长期焦虑可能让你更易患上某些身心疾病（比如湿疹、哮喘、结肠炎、溃疡、流感）。

9. 因为恐惧，很多别人可以做的事你都做不到，所以，你限制自己的社交生活。

10. 你也限制了伴侣和家人的生活，因为他们不得不去适应你的恐惧。

11. 你很有可能会把恐惧传递给自己的孩子。

12. 你可能会采用许多应对方式来规避危险，甚至到了一个非常夸张的程度。你可能会有强迫症症状或者迷信的想法。

13. 为了减轻自己的长期焦虑，你可能会过度依赖药物、酒精、食物等。

逃避脆弱才是最大的危险。你要逃避的活动有那么多，严重影响了你自己的生活质量，还有你的恋人和家人的生活质量。脆弱陷阱限制和约束了你。

海瑟： 有时，我觉得自己住在一朵黑色的云彩里，外面的世界阳光明媚，而我全都错过了。

你太焦虑了，以至于很难再感受到其他的东西。

海瑟： 我去参加儿子罗比的校园音乐会，有那么一刻，我和沃尔特坐在一起，看着罗比表演，我觉得非常快乐。这让我突然意识到，我很少这样快乐。就在那一刻，快乐突现，焦虑幸运地消失了。

你可以一直处在被保护的状态之中，以至于不再体验到生活本身。

罗伯特觉得自己被一份不喜欢的工作困住了，因为他害怕冒险。他是一名电脑程序员。

罗伯特： 我的工作真的特别沉闷乏味，我胜任有余。我真的可以去做个分析师。上班让我觉得很抑郁。我整天坐在那儿做同样的重复工作。

治疗师： 为什么不找一份其他的工作呢？

罗伯特： 我知道。我自己也想过。只是，这份工作的薪酬还不错，也很稳定。我是说，他们没有准备要解雇我。

当你在评估冒险的代价和收益时，你考虑的最重要因素是安全和稳定，这比任何可能的收益都更重要。生活对你而言，并非是寻求满足和快乐的过程，而是努力控制危险的过程。

脆弱陷阱也会破坏你的社交生活。你总是需要安慰，这让你爱的人心力交瘁。努力安慰你是非常累人的。（我们能够体会到这一点。在我们自己学会更好的方法之前，我们也曾经这样对待过许多有脆弱陷阱的患者。）你永远都不会得到足够的安慰，这就是个无底洞。

脆弱陷阱也耗尽了你的精力和时间，那些精力和时间本可以投入到社交活动当中。你没有去社交，反而去看医生或装防盗警报系统了。你饱受各种症状的困扰，例如惊恐发作和身心疾病，这更分散和削弱了你的精力。当然，还有很多地方，你就是去不了，你认为可能会被袭击或花太多钱。并且，你也会要求所爱之人限制他们的生活。

依赖陷阱常常和脆弱陷阱同时出现。如果你处理脆弱陷阱的方式是选择一个强大的恋人，并时时寻求安慰，那么你永远也学不会自己面对。独自一人时，你会觉得自己完全被暴露在脆弱的感受之中。你需要恋人陪伴。很显然，这会导致你们双方都很愤怒。

> **沃尔特：** 如果我不能跟她一起去，她就生气，生我的气。这让我很困惑，好像她去哪里，我都得在后面跟着一样。

你更容易产生迷信想法，可能会选用特别的仪式来避免你自认为的危险。

> **海瑟：** 睡觉之前，我得在房子转一圈，检查每样东西五次。我检查熨斗、炉灶、微波炉、烤箱、吹风机、儿童房、汽车和车库。
>
> **治疗师：** 那听起来冗长而乏味。为什么是五次呢？
>
> **海瑟：** 我必须得那样做，才能放松入睡。
>
> **治疗师：** 如果你不检查，会怎样呢？
>
> **海瑟：** 我躺在床上担心。如果不检查五次，我就睡不着。

数数字、检查、洗刷、清洁——这些都是强迫型仪式的例子，你很可能以此来确保自己是安全的。这些仪式其实是在进一步榨干你的精力。

这些行为模式更加强化了你原本就已经很夸张的对世界的不安全感。你永远也学不会，如果有合理的预防措施，世界可以是安全的。

以下是改变脆弱陷阱的步骤。

改变脆弱陷阱

1. 试着理解脆弱陷阱的起源。

2. 把你惧怕的具体事物列成一个清单。

3. 把你惧怕的事物按照其程度排序。

4. 与所爱之人沟通（配偶、恋人、家人、朋友），争取他们的支

持，请他们帮助你面对自己的恐惧。

5. 检视你害怕的事情发生的可能性。

6. 针对每一种恐惧，写一张卡片。

7. 和你内心的孩子对话，成为他（她）强大、勇敢的家长。

8. 练习放松技巧。

9. 开始通过意象练习来挑战每种恐惧。

10. 在真实世界中，挑战每种恐惧。

11. 每迈出一步，奖励自己。

1. **试着理解脆弱陷阱的起源**。你的父母有恐惧症吗？过度保护吗？给你的保护不足吗？在哪些领域你学会了脆弱？是疾病？旅行？金钱？周围的危险？失控？

脆弱陷阱的起源通常都很明显。你可能早已知道。对起源的理解很重要。但是，和其他性格陷阱不同，理解脆弱陷阱起源对改变它的效果不大。自我觉知会是一个很好的开端，但它并不会带来太大的改变。

2. **把你惧怕的具体事物列成一个清单**。我们想让你客观地检视自己的恐惧，看看自己是如何屈从于脆弱陷阱（通过过度保护自己）和如何逃避（通过逃避特定情境）的。

使用下面这个表格。列举你害怕的情境，比如地铁、深夜的街道、花钱、有细菌的地方等。然后，用 0 到 100 的分数，在不同的维度上评估每种恐惧，0 表示"一点儿也没有"，100 表示"你能想到的最高程度"。恐惧有多强烈？你在多大程度上逃避或避免这种情景？最后，你本人和你的家人是如何过度保护你的？

下面这个表格是罗伯特填的，主题是"夜晚独自在家"。罗伯特之所以害怕是因为"可能会发生坏事，我独自一人没有东西来分散注意力，就会开始胡思乱想"。从根本上说，罗伯特害怕的是惊恐发作和失去理智。

表　11-2

害怕的情境	恐惧水平	逃避程度	我如何过度保护自己	我让家人如何过度保护我
夜晚独自在家	75%	80%	邀请朋友到家里来，给朋友打电话，晚上总是出门，工作到很晚，让女朋友留宿	一直和我讲电话

这样评估所有让你害怕的情景，逐渐认识到脆弱陷阱是如何体现在你生活中的。

3. 把你惧怕的事物按照其程度排序。我们想让你在表格上把每一个你害怕的情境都按照恐惧的程度排序。把每个恐惧都分解成可以克服的小的步骤。然后，评估每一步的焦虑值。最后，按焦虑值把步骤排序，把最简单的步骤列在最前面，从最简单的开始，逐步提升难度，一直到最难的步骤。例如，以下是海瑟的列表。

表　11-3

害怕的情境	焦虑值
1. 游泳	
（1）在浅水区游泳	20
（2）在水深超过我身高的地方游泳	65
2. 电梯	
（1）**和他人一起**乘坐少于或等于五层楼的电梯	25
（2）**独自**乘坐少于或等于五层楼的电梯	40
（3）**和他人一起**乘坐高于五层楼的电梯	60
（4）**独自**乘坐高于五层楼的电梯	80
3. 去市区	
（1）**和他人一起**去市区参加一个白天的活动	30
（2）**独自**去市区参加一个白天的活动	50
（3）**和他人一起**去市区参加一个晚上的活动	75
（4）**独自**去市区参加一个晚上的活动	100
4. 独自在家	
（1）白天时，独自在家，保持**与他人电话通话**状态	30
（2）白天时，**不和任何人通电话**，独自在家	45
（3）晚上独自走到私人车道上去	50
（4）傍晚独自在家	55
（5）夜间，独自在家，保持**与他人电话通话**状态	80
（6）夜间，**不和任何人通电话**，独自在家	95

（续）

害怕的情境	焦虑值
5. 花钱	
（1）在娱乐活动上花费一些存款	35
（2）找一个更大的房子	55
（3）卖掉一些保险	75
（4）花钱带全家好好去度假	85
6. 独自去某处	
（1）在没有沃尔特或孩子们陪伴的情况下，去超市	40
（2）独自开车去看朋友	60
（3）自己去商场	85
7. 旅行	
（1）做旅行计划	30
（2）和家人一起一日游	50
（3）独自坐火车去一日游	85
（4）和家人一起外出过夜	95
（5）乘飞机	100

针对每个情景，你喜欢列多少步骤就列多少步骤。最重要的是，这个列表要可行。在你的清单最前面，总该有一样简单到可以做得到的项目。

通过这些列表，你可以逐步停止逃避（例如去那些你通常会回避的地方）和过度保护（例如更多地独自冒险）。请确保你的列表包含这两方面的内容，可以参考你之前列举的第一张表格。

4. 与所爱之人沟通（配偶、恋人、家人、朋友），争取他们的支持，请他们帮助你面对自己的恐惧。 让身边的人知道你在做什么。告诉他们你正在试图克服自己的脆弱感。请他们开始减少对你的保护和安慰。你可以请他们逐步停止这样做。

鼓励人们更多地向你表达他们自身的脆弱。他们很可能会如释重负。

沃尔特： 不必一直都做强者，这很好。那让我有点儿筋疲力尽了。我是说，我也有自己的问题。我也想可以和海瑟讨论我的问题，而不会让她崩溃。我在工作中遇到了一些问题，真的特别想聊聊。

大多数伴侣都会抓住这样的机会，放弃扮演过度保护的角色。通常，一直要十分关心对方，伴侣们也会比较疲惫。况且，他们并不需要完全放弃这个角色，而只需将其降低到正常程度。

你身边的许多人，你之所以会选择让他们留在你身边，是因为他们会强化你的性格陷阱。如果你想克服自己的脆弱陷阱，就必须让他们停止那样做。

5. 检视你害怕的事情发生的可能性。很多有脆弱陷阱的人会夸大他们所害怕的事情发生的可能性。

治疗师：你认为，你所乘坐的航班会失事的概率有多大？

海瑟：我不知道。我猜大概是千分之一。

治疗师：那当你坐在飞机上的那一刻，你觉得概率有多大？

海瑟：当我在飞机上时，概率感觉更高。可能是六成。

治疗师：你知道实际上真正的概率是接近百万分之一吗？

现在，你是凭感觉在判断所害怕之事发生的概率。你感觉危险的可能性很高。问题是，你的感觉是错的，因为它受你的性格陷阱所支配。

我们想让你对概率进行更客观的评估。开始搜集信息，问其他人的意见，阅读相关内容，自我学习。更准确的认知会降低你的焦虑。

针对每种害怕的情境，写下当你面对它时感受到的发生概率。然后，根据和你亲近的、没有脆弱陷阱的人的想法，写下你所害怕之事发生的真实概率。

使用下面表 11-4，这是罗伯特填写的样例。

表　11-4

害怕的情境	当我处在这样的情境中时，我感觉到的发生的可能性	我所害怕之事发生的更现实的概率（根据别人的想法）
在惊恐发作过程中失去理智	99%	25%

事实上，罗伯特写下的 25% 的概率还是太高了。在惊恐发作时，失去理智的概率几乎为零。这是因为，据我们所知，从未发生过这样的事

儿。关于惊恐障碍的研究非常多，但从没有过任何一例在惊恐发作时发疯的案例。死亡和失控也是如此，不会在惊恐发作时发生。你只是**害怕**会发生而已。

换一种说法来讲，在惊恐发作的过程当中死亡、发疯或失控的概率，和在正常情况下，没有惊恐发作的时候的概率是一样的。惊恐发作不会导致它们更易发生。

夸大概率是你灾难化倾向的一部分。你直接想到可能发生的最坏情况，并认为它是最可能发生的情况。事实上，最灾难性的事件发生在你身上的可能性是极低的。

6. 针对每一种恐惧，写一张卡片。给你的每一种恐惧写一张卡片。提醒自己，性格陷阱是如何导致你灾难化地看待事情的。鼓励自己面对所逃避的事物，放弃过度的自我保护。

下面是海瑟写的卡片，关于她害怕乘电梯的。

脆弱卡片

我知道，我现在害怕乘坐电梯。我害怕会发生一些灾难，比如大楼着火了，电梯不动了。我觉得这很可能会发生。

但是，真实情况是，我的脆弱陷阱被触发了。我可能在夸大危险。所以，虽然我很害怕，我仍将强迫自己这样去做，让自己看到，那并不是真的危险。

我知道，在上电梯之前，我想数五遍楼层。我感觉这样会让我感觉更安全，但是我并不需要这样做。不这样做，我也足够安全。这样做只是一种迷信的想法。况且，这是一个我想放下的负担。

一旦你的性格陷阱被触发，就读这张卡片，它可以抵抗灾难化的倾向。不断重新评估坏事发生的可能性。勇敢地去做。最终焦虑会过去，你

会觉得舒服。

7. 和你内心的孩子对话，成为他（她）强大、勇敢的家长。与性格陷阱相关联的是孩子的感受，是你内心深处脆弱的孩子的感受。你需要一个内心深处的家长来帮助这个内心深处的孩子。你可以运用想象的办法。

> 治疗师：想象童年时，你感到脆弱的时候的影像。不要勉强。告诉我你想到的第一个画面。
>
> 海瑟：我在厨房里，和妈妈还有我们的新邻居一起。她的名字叫布兰奇，人很好。那时，我大约6岁。布兰奇搬来的时候，我将近6岁。我坐在桌边吃三明治，我听到布兰奇问妈妈她胳膊上的数字是怎么回事儿。布兰奇注意到了我妈妈的文身。妈妈告诉布兰奇，她曾经身在集中营。"很久以前了，"她说，"当我还是个孩子的时候。"这是我第一次真正听说这件事。我是说，我早已知道发生过很可怕的事，但这是第一次，我开始明白，到底是什么事。
>
> 治疗师：你有什么感受？
>
> 海瑟：我感觉，寒意涌过我的全身。我害怕，很害怕。

一旦你能感觉到脆弱的影像和感受，把成年的你带入到影像中，安慰那个恐惧的孩子。试着让这个脆弱的孩子感觉更安全。

> 海瑟：我把成年时的自己带入影像中。我和儿时的海瑟一起，坐在桌边。我说，"你不用害怕，你很安全。你就在自己的家里，我也在这儿，你很安全。没人会伤害你。这里也没有纳粹。如果你想出去玩儿，我会和你一起，我会保护你，我会帮你一起面对你所害怕的"。

所有性格陷阱被触发的时候，我们都想让你带入成年时的自己，安慰自己，没有什么可怕的。帮助你内心深处的孩子感到足够安全，直到可以面对这些情景。

8. 练习放松技巧。放松技巧可以帮助你的身体和思维都冷静下来，可以控制焦虑的生理症状，阻止思维迅速地进入灾难化的模式。

这是一个简单的冥想练习，分为两个部分：呼吸部分和冥想部分。用你的膈膜慢慢呼吸。也就是说，每分钟呼吸应该少于八次，在呼吸的时候，只有胃部在动，胸部应该完全静止。这样呼吸可以防止换气过度，换气过度是导致多数焦虑的生理症状（尤其是惊恐发作）的主要原因。

冥想部分应随着你呼吸的节奏而进行。吸气的时候，慢慢地想着"放松"这个词，呼气的时候，想着"呼吸"这个词。慢慢地随着呼吸的节奏，不断在心里重复这些词。

一旦你的脆弱陷阱被触发，就使用这个放松技巧，你会发现，它无比有帮助。

罗伯特： 刚开始使用呼吸冥想练习的时候，我很紧张。练了一段时间以后，我才能真正地使用它。我开始时不喜欢专注于呼吸。

治疗师： 我知道的，要使用这个技巧，就要有这样一个过程。

罗伯特： 但是我坚持过来了，现在它真的很有用。我一开始恐慌就用它，它会让我冷静下来，帮助我停留在自己惧怕的情景中而不逃避。

9. 开始通过意象练习来挑战每种恐惧。在触发脆弱陷阱方面，想象起着主要作用。如果你注意一下的话，就会发现，你不仅有灾难化的想法，还有灾难化的想象。你生动地想象出最糟糕的结果，这自然会使你恐惧。

我们想让你通过想象来让情况变得更好，而不是更差。我们想让你在脑海中演练好的结果：在你的意象中，你放弃过度保护，置身于惧怕的情境当中，并且应对得很好。

使用你之前做的恐惧列表，先从最简单的步骤开始。找一把舒服的椅子坐下来，用呼吸冥想让自己放松下来。放松下来以后，想象一个自己害怕的情境。想象自己在这个情境中可以完全按照自己所期望的那样去做。

治疗师： 你在想象什么？

海瑟： 我站在电梯前面。沃尔特陪着我，成年的海瑟也在。有他们在，让我觉得安全。我想把所有的楼层数五遍，但是我要忍住。我一决定不去数，就感觉到一阵焦虑，但是，焦虑穿过我的身体以后，就离开了。我感觉很好。我感觉强大而自信。电梯来了，门开了。我们走进去。我放松地站着，做放松练习。不知不觉中，电梯就停下来了，我们走出来了。我们走了五层，并且我感觉很好。

从最容易的情境开始，慢慢地提升难度。通过意象练习，在你害怕的所有领域中获取一种掌控感。你已经用意象法演练过很多次糟糕的情境了，是时候该用它来排演一下安全和成功的好结果了。

10. 在真实世界中，挑战每种恐惧。 行为的改变是你到目前为止所有努力的最终成果，是改变性格陷阱最强有力的方式。一旦你真正开始尝试克服逃避，向自己证明你是在扭曲事实真相时，就会进入正向循环。你越来越多地置身于自己惧怕的情境之中，并且发现并不会有坏事情发生，你就会越感到安全，你越觉得安全，就越会愿意进入其他情境。

再一次使用你的恐惧列表，从最简单的步骤开始，不断重复，直到你可以轻松地做到。获得掌控感以后，再开始下一步。慢慢地提升难度，直到你可以做到所有的事情。记得使用你的卡片、呼吸冥想和童年再抚育技巧来帮助自己面对每个情境。

11. 每迈出一步，奖励自己。 记得奖励自己，这会巩固你的进步。完成列表上的一个步骤以后，花点儿时间祝贺自己。表扬自己内心深处的孩子，表扬他（她）直面这些恐惧。你应该受到表扬，你所做之事需要勇气。面对自己的恐惧并不容易。

向自己指出，自己的每一个恐惧事实上都不可能会成真。这将强化脆弱感其实是被过度夸大的感知。

写在最后

克服脆弱陷阱的真正奖励是生活的扩展。因为你的恐惧，你曾错失了那么多。应用本书描述的步骤以后，海瑟和罗伯特都发现他们的生活在很大程度上得到了提升。

> **罗伯特：** 我想，真正给我动力的是，意识到自己错过了那么多。我是说，我真的自我剥夺了如此多的机会。我的生命曾经完全围绕着焦虑打转。

如果你发现自己无法克服脆弱陷阱，请考虑接受心理治疗。为什么要继续限制自己的活动并且自我否定呢？摆脱脆弱陷阱的路正是找回真正生活的路。

Reinventing
Your
Life

第 12 章

"我一文不值"：自我缺陷陷阱

──○ 艾莉森：30 岁，她觉得自己不值得被爱。

走进我们办公室的时候，艾莉森看起来很害怕。很明显，谈论自己让她觉得不安。我们试着让她放松下来。然后，我们问她来治疗的原因。她跟我们说自己抑郁。

艾莉森： 我猜我经常对自己不满。我总是在想，"怎么会有人愿意和我在一起呢？"比如这个人，我和他约会有几个月了，事实上快一年了。他的名字叫马修。那天，我给他打电话，在答录机上给他留了言。等着他打回来的时候，我一直在想，"我知道他不会打给我的，他不想再见到我了"。好像他已经发现了我的真面目或者怎样的。好像我一直在等待他发现我的真面目的那一刻。甚至等他打回来的时候，我都一直在想，"他不想和我说话，他想挂断电话"。

治疗师: 你很难相信他真的关心你。

聊了更多以后, 我们意识到, 艾莉森在考虑嫁给马修: "几周前, 他向我求婚了。他对我真的很好。我知道, 我一定是疯了才会不嫁给他。" 但是不知道为什么, 她发现, 结婚的想法让她很恐惧。

艾莉森: 可能, 我只是还没有经历过太多好的恋爱关系。上一个我考虑嫁的男人其实并不是太好。事实上, 他有情感虐待倾向。他总是挑我毛病。

治疗师: 但是, 听起来, 马修并不是那样的。而是恰恰相反。

艾莉森: 他不是的, 我知道。这次有些不同。我想, 我只是害怕让任何人靠近我。而马修, 正在试着靠近我。

这就是为什么艾莉森来接受治疗, 她遇到了"亲密关系危机"。

—→ **艾略特:** 43 岁, 他因为婚姻问题, 和妻子一起来参加治疗。

我们对艾略特的第一印象是他严格的自我控制。整个见面过程中, 我们隐约感觉到了一种隐藏的冰冷的愤怒。艾略特和妻子玛丽亚一起来参加治疗, 想要专注解决他们的婚姻问题。

艾略特和玛丽亚结婚七年, 有一个孩子。玛丽亚刚刚发现艾略特有婚外情。她威胁说, 如果艾略特不同意来参加治疗就离婚。在第一次会面的过程中, 艾略特告诉我们, "我真的不认为我需要来这儿""如果你问我的话, 她才是有问题的那个"。就好像是他希望我们通过跟他沟通来解决玛丽亚的问题。

在整个会面的过程中, 艾略特一直对玛丽亚很挑剔, 对我们也是。和他建立联结很难, 他始终保持着一定距离。在我们向他们解释了性格陷阱疗法以后, 他说, "这听起来极其简单""这种疗法仅此而已吗?"我们知道他在测试我们, 我们就跟他说了: "你想确认我们可以处理你的问题。"

他想看看是否能让我们处于劣势，看看他是否能让我们变得有防备性。当他发现做不到时，我们赢得了他的尊重。

虽然我们觉得有些恼怒，但我们仍然继续保持共情。我们知道，在内心深处，艾略特害怕我们，害怕我们会看穿他。

自我缺陷问卷

这个问卷会测量自我缺陷陷阱的强度。请用以下等级选项来回答所有问题：

计分标准

1. 完全不符合我

2. 基本不符合我

3. 有点儿符合我

4. 部分符合我

5. 基本符合我

6. 完全符合我

如果你对任何问题给出的分数是 5 或 6 分，即使总分很低，这个性格陷阱也许对你仍然适用。

表　12-1

得分	问题描述
	1. 如果他（她）真的了解我的话，就不会爱我
	2. 我天生有缺陷，不值得被爱
	3. 我有不愿与人分享的秘密，即使和最亲近的人也不想说
	4. 父母不能爱我是我的错
	5. 我隐藏真实的自己。真实的我让人无法接受。我展现出的是假的自己
	6. 对我有吸引力的人（父母、朋友和恋人）通常是挑剔、否定我的人
	7. 我经常挑剔、否定自己，也挑剔、否定似乎是爱着我的人
	8. 我轻视自己的优良品质
	9. 我对自己感到十分羞耻
	10. 我最大的恐惧之一是暴露自己的缺点
	你的自我缺陷陷阱总分（把 1～10 题的所有得分相加）

> ### 自我缺陷得分解释
>
> 10 ～ 19 很低。这个性格陷阱大概对你**不**适用。
>
> 20 ～ 29 较低。这个性格陷阱可能只是**偶尔**适用。
>
> 30 ～ 39 一般。这个性格陷阱在你的生活中是个**问题**。
>
> 40 ～ 49 较高。这对你来说肯定是个**重要**的性格陷阱。
>
> 50 ～ 60 很高。这肯定是你的**核心**性格陷阱之一。

自我缺陷的体验

与自我缺陷陷阱联系最紧密的情感是羞耻。当你的缺点被暴露出来时，你会感觉羞耻。为了避免羞耻感，你愿意做任何事。结果，你会费很大的心力去隐藏自己的缺陷。

你觉得自己的缺陷是内在的，不是可以直接观察到的。相反，它是存在于你的本质当中的，你觉得自己完全不值得被爱。这一点与社交孤立陷阱正好相反。社交孤立陷阱关注的是表面的，或者说是可观察到的特质，而自我缺陷陷阱则是一种内在的状态。我们通常可以较快地看出一个人有没有社交孤立陷阱，但是自我缺陷陷阱就没有那么明显了。虽然它确实是最常见的性格陷阱之一，但通常难以觉察，因为你想象出来的缺陷是内在的、不可见的。对缺陷暴露的恐惧，甚至会让你更痛苦。

我们有将近一半的患者有自我缺陷陷阱，而且这是他们的主要性格陷阱之一。但是，在表面上，这些患者的差异很大。每个人应对羞耻感的方式都不同。有些缺乏自信，看起来没有安全感（屈从）；有些看起来很正常（逃避）；有些看起来那么好，你永远也不会相信他们有自我缺陷陷阱（反击）。

艾莉森是屈从于自我缺陷的一个例子。她仍能感觉到生而有缺陷的感受。

艾莉森：我一直觉得我有些问题，在内心深处没人能看得到的地方。并且，在我的一生中，没有人会爱我。

治疗师：当你想着有人爱你时，是什么样的感受？

艾莉森：那让我畏缩。

艾莉森觉得，自己有一些秘密，如果被发现了，会导致她完全不能被人所接受。她说不出来这个秘密是什么。

艾莉森有一种很强烈的感觉，无论这个秘密是什么，她都相信自己无法改变它。那是她的一部分，她的本质，她只能尽力隐藏。必然会有人走得足够近，并发现她的这个秘密，她只能尽量推迟这一刻的到来。

艾莉森坚信，不可能有人会关心她。她总是无视别人喜欢她、想和她在一起的证据。

艾莉森：我告诉马修，我不想去参加他弟弟的婚礼。

治疗师：为什么要那样做呢？我以为你是想去的。

艾莉森：是的，但是我知道，马修并不是真的想让我去。

治疗师：他没邀请你吗？

艾莉森：邀请了，但我就是知道，他并不是真的想让我参加。

艾莉森很自责。我们多次听到她说，"我什么也不是""我是个蠢货""我一文不值""我一无是处""我什么也没有"。开始治疗的时候，她的脑子里充满了自我贬损的想法。治疗过程中有过几个特别痛苦的时刻，她的自我批评升级到了自我憎恨。那时，她觉得自己是"一个卑劣恶心的人"。

艾莉森的自我缺陷陷阱让她在与人交往中很脆弱。对方会非常容易伤害到她。她不会保护自己。艾略特的情况完全相反，有一种刀枪不入的感觉。没有任何人能够伤害他。他的应对方式是反击，他反击的效果非常好，多数人永远也不会怀疑他也有自我缺陷陷阱。事实上，几乎连他自己都没意识到他深藏的羞耻感。

艾略特是一个脆弱的自恋者。自恋者缺乏同理心，遇到问题总是责怪他人，有很强烈的权利错觉。像艾略特这类人，为了反抗那种永远不会有人爱我或尊重我的感受，而发展出了自恋的性格。就仿佛他们是在对全世界说："我要求很高，我高人一等，我是那么特别，以至于你们永远都不可能再轻视我、批评我。"（这是我们第 4 章中谈到的反击式应对方式的一个例子。在权利错觉那章，你会读到更多关于自恋和如何改变的内容。）

自恋者会不惜一切代价保持以自我为中心。艾略特眼看着自己和所爱女人的婚姻分崩离析，也不肯承认自己有问题。与其冒着让自己脆弱的风险，他宁愿失去一切。这是常有的事。自恋者通常不撞南墙不回头。就像艾略特一样，被抛弃的威胁有时可以让自恋者有动力改变。

玛丽亚： 无论他如何伤害我，无论我有多痛苦，都没有任何分别。即使我以泪洗面，他仍然继续去见那个女人。只有当他发现，我真的要离开时，他才同意不再见那个女人。

艾略特和玛丽亚都有自我缺陷陷阱。艾略特通过自恋来反击潜在的羞耻感，而玛丽亚屈从于自己一无是处的感受。艾略特否定玛丽亚，玛丽亚是否定的受害者。他们共同重演了被父母否定的儿时闹剧。

如果你也有自我缺陷陷阱，你可能不会像艾莉森和艾略特那样极端，而是介于两者之间。也许，你允许自己在某些方面脆弱，而在其他方面不行。我们见过很多类似这样的患者。他们来的时候，非常愿意谈论自己的生活，但是，一旦涉及某些特定话题，他们就开始回避。这些话题让他们觉得有羞耻感或缺陷感。

患者来的时候一般都不知道自己有缺陷感。因为，由自我缺陷陷阱造成的极度自我憎恨和羞耻感是很痛苦的，多数患者会通过某种方式掩饰或回避这些感受。在意识不到的情况下，人们努力让自己意识不到这种羞耻感。他们来治疗的时候，会抱怨其他的事情，比如人际关系问题或抑郁。

你可能长期觉得隐约的不快乐，但是又说不出原因。你不知道自己的抑郁其实是消极自我认知的结果。觉得自己没价值和生自己的气是导致你抑郁的很大一部分原因。你可能会觉得自己一直都抑郁，一种潜伏在幕后的轻度抑郁。

如果你的主要应对方式是逃避，你可能因此产生某种成瘾或强迫症状。酗酒、吸毒、工作狂和暴饮暴食都是自我麻痹的方式，以此来逃避你自认为一文不值所带来的痛苦。

自我缺陷陷阱的起源

1. 某个家人对你极度挑剔、贬损或苛刻。你因为自己的外表、行为或言词而总是被批评或惩罚。
2. 父亲或母亲让你觉得自己是个令人失望的人。
3. 双亲或双亲之一否定你或者不爱你。
4. 你被某个亲人性侵犯、肢体虐待或者情感虐待。
5. 只要家里什么地方出了问题，你总是被责怪的对象。
6. 父母反复说你很坏、没用、一无是处。
7. 人们经常拿你和你的兄弟姐妹比较，说你不如他们，或者大家喜欢你的兄弟姐妹多过于你。
8. 父亲或者母亲抛弃了家庭，你因此而责怪自己。

自我缺陷陷阱源于童年时期觉得自己不受喜爱，或不被尊重。你总是被双亲或者双亲之一否定、批评。

艾莉森： 我曾经读过一本书，书上说，女人生活的目的就是要激发爱。我总觉得，这正是我所做不到的，激发别人的爱。

缺陷感是一种广泛的感受，是一种不值得被爱的感受。你觉得自己不够好，有很大的缺陷，因此甚至连父母都不爱你，不珍惜你。

你几乎可以肯定地感觉到父母批评你、贬低你、否定你、不爱你是正确的。你觉得那是你应得的。童年时，你责怪自己。这一切之所以会发生，都是因为你是那么的没用、无能、有缺陷、不完美。因此，对于人们对待你的方式，你可能并没有觉得愤怒，反而觉得羞耻和悲伤。

艾莉森的性格陷阱在很大程度上是父亲的吹毛求疵导致的。他很早就明确地表示爱丽丝是个令人失望的人。

> **艾莉森：** 无论从哪方面，我都让他不满意，真的。我觉得自己的一切都是错的。我们以前坐在桌边一起吃晚饭，如果我沉默，他会批评我不讲话，如果我讲话，他会说我无聊。

她内化了父亲的吹毛求疵。 父亲对她的看法变成了她对自己的看法。

> **艾莉森：** 我一直在想，马修为什么想娶我呢？我什么也没有，又那么不成熟。我就是没有什么能让男人感兴趣的。我在任何方面都不特别。我的外表平凡，思想也平凡，我的性格也不是非常好。
>
> **治疗师：** 这是谁的声音？在你脑海里，是谁的声音在说这些话？
>
> **艾莉森：** 嗯，是艾瑞克，我以前的男朋友。
>
> **治疗师：** 还有别人吗？
>
> **艾莉森：** （停顿）是我父亲的声音。

像艾莉森一样，你把挑剔的父母的想法内化了，成了你的一部分。在某种意义上，父母对你的挑剔就是你的性格陷阱。他们的声音在你的脑海里持续不断地批评、惩罚和否定你。

羞耻感可能主宰了你的童年时光。每次缺陷暴露的时候，你都感到羞耻。这种羞耻感很深刻，它不是关于表面的东西，而是关于你自己的本质。

> **艾莉森：** 我记得在青少年期，有一次我花了一整个下午去阅读关于某

个政治事件的资料，我记得是水门事件，这样的话晚饭时我就可以有聊这件事的素材了。但是，我刚一开口，他就说，"你就只能想到说这些？"

治疗师：你的感受如何？

艾莉森：我感到羞耻，我那么努力地显得风趣，却那么失败。

治疗师：是的，就好像你尝试去做一件永远做不到的事，而且被人发现了。

艾莉森：是什么事儿呢？

治疗师：得到他的爱。

如果我们问艾莉森的父亲，他为什么那么冷酷无情。很有可能是，他自己本身也有自我缺陷陷阱，但是他应对的方式是反击。他为了让自己感觉好点儿而贬低艾莉森，让艾莉森觉得自己才是有缺陷的人。他把艾莉森作为自己的替罪羊。他可能在艾莉森身上看到了自身缺陷的影子。我们觉得这种情况很常见。很多时候，都是家长自己有缺陷感问题，然后又传递给子女。自我缺陷感陷阱就是这样代际传承的。

造成孩子自我缺陷陷阱的家长通常是挑剔、富有惩罚性的，可能会存在在肢体暴力、情感虐待，甚至性侵犯孩子的情况。缺陷感和虐待经常同时产生。虽然，被虐待的孩子也有可能仅仅感到不公平、气愤，而没有任何缺陷感，但是这类情况很少发生。更多时候，孩子会认为被虐待是由于自己的责任，进而感觉内疚、羞愧。

很多孩子都会寻找一些方法来弥补缺陷感，这就是为什么自我缺陷陷阱会与权利错觉陷阱、苛刻标准陷阱夹杂在一起。很多小时候被批评、有缺陷感的人，长大以后会通过在某些方面特别出众来补偿。他们会给自己设定很高的标准，努力争取获得成功和地位。他们可能会表现得傲慢、有权利错觉。他们试图通过得到金钱和他人的认可来缓和内在的缺陷感。

艾略特就是这种情况。表面上，他看起来很成功。他是一家很受欢迎的、明星经常光顾的夜总会的老板。每天晚上，他都在夜总会里向重要人

物提供服务。由他来决定谁可以得到座位、免费饮料，谁可以被邀请进入
VIP 房间。他会带着明显的喜悦来讲述拒绝向名人提供特别服务的故事。
但是，在内心深处，缺陷感一直都在。

> **艾略特：** 到目前为止，在我的夜总会里，只有一个人曾让我觉得不
> 安。他是一个著名的电影明星。他神气地走进来，仿佛自
> 己是这里的老板。我决定让他认清自己的身份。我把他带
> 到了一个非常普通的座位上。离开的时候，我看了他一眼，
> 他看我的眼神，天哪，真刻薄。
>
> **治疗师：** 那一刻你有什么感受？
>
> **艾略特：** 我觉得好像他一眼就把我看穿了，好像我根本骗不过他，感
> 觉自己像个冒牌货。

艾略特一直都有一种一切都会崩溃的感觉。他的自恋就是这样脆弱。
他相信，自己的表面形象会突然崩塌，暴露出自己一文不值的本来面目。

艾略特的父母一直都非常挑剔、爱贬低他人。更糟糕的是，他们极其
喜爱艾略特的哥哥。

> **艾略特：** 我的问题是，要像哥哥一样实在是太难了。他更帅、更聪
> 明、更有趣。就像父母一样，他也视我如草芥。他会挑我
> 的毛病，然后和父母一起笑我。他总是会得到一切最好的
> 东西，我只能捡他用剩下来的。嗯，他现在不再拥有一切
> 最好的东西了，而我有，他现在什么也不是。

被羞辱是艾略特童年的一大主题。一次又一次，他的缺点成为嘲弄的
对象。

> **艾略特：** 我记得有一次，爸爸要带我和哥哥两个人去看球赛，然后哥
> 哥生病不能去了。计划去看球赛的那一天，我穿好了衣服

在门口等着，我很兴奋。父亲走下来看了看，然后问我要去哪儿。我说去看球赛，他说，他是疯了才会仅仅为了我跑那么远去看球赛。我之后再也没有告诉过他我想要什么。

艾略特学会了隐藏自己的真实想法和感受。他的真实自我成了一个秘密，只有自己知道。这样他就没有那么脆弱了，可以保持某种骄傲。暴露真实的自己太危险了，关于他的一切都会被挑剔和批评。暴露自己意味着有可能感到羞耻，而最大的羞耻感来自于被别人发现自己想要得到爱。

像艾略特一样埋藏真实的自己是要付出代价的。这是一个巨大的损失，仿佛是死亡一样。你失去了自发性、快乐、信任和亲密关系，取而代之的是一个防备且封闭的外壳。你构造出一个虚假的自我。这个虚假的自我更坚强、更不易受伤。但是，无论外壳有多坚硬，内心深处你仍然为了失去真实的自我而伤痛。

构建一个保护性外壳的好处是让你在日常生活中感觉好一些。至少在表面上，你看起来很好。但这只不过是个假象。你在心里仍然觉得自己有缺陷、不为人所爱。这层外壳的问题在于，你永远都不能真正地解决核心问题。真实的自我被隐藏起来无法自愈。你必须得停止满足于假象，开始着手解决真正的问题。

自我缺陷陷阱通常并非建立在真正的缺陷之上，意识到这点很重要。即使是有严重的身体或精神残疾的人，也并不一定有自我缺陷陷阱。导致这个陷阱的最重要因素，并非是真实缺陷的存在与否，而是你的父母或其他家人使你产生怎样的自我认知。无论你真实的优缺点是什么，如果家人爱你、珍视你、尊重你，基本上可以肯定你不会觉得自己一文不值、羞愧或者有缺陷。

约会时的危险信号

1. 你彻底避免约会。

---

2. 你倾向于有很多段短暂而强烈的爱情；或者同时谈几段恋爱。

3. 你被总是喜欢批评、贬低你的恋人所吸引。

4. 你被喜欢在肢体或情感上伤害你的恋人所吸引。

5. 最吸引你的是对你没兴趣的恋人，你希望能赢得他们的爱。

6. 你只喜欢最富有魅力、最理想的恋人，尽管你明显不可能得到他们。

7. 你最习惯与不愿深入了解你的恋人相处。

8. 你只和不如自己、自己不会真正爱上的人约会。

9. 你受到无法给你承诺、无法经常陪伴你的恋人的吸引。他们可能已经结婚了、一定要同时和几个人约会、经常出差，或住在别的城市。

10. 在伴侣关系中，你贬低、忽视恋人，或对恋人不好。

你应对自我缺陷感陷阱的方式可能是完全避免长期的亲密关系。你可能会不谈恋爱、只谈短暂的恋爱，或同时和几个人谈恋爱。通过避免长期恋爱关系，你确保没人会走得太近，看到你内在的缺陷。

你避免亲密关系的另一种方法可能是和不想要亲密关系的人谈恋爱。你们即使是在恋爱，也保持着平行的生活，永远不会靠得太近。

婚后，艾略特出轨过很多次，他一直有至少一个（有时是两个）情人。但是，只有一次，他遇到了一个他自认为可能会爱上的女人。有趣的是，他没有约她出去。你可能会像艾略特一样，避免和真正吸引你的人约会，只和自己永远不会爱上的人约会。

你的恋人可能住在很远的地方，或者经常出差，你们只在周末见面。你有很多种恋爱方式可以逃避让你害怕的亲密接触。

比起艾略特，艾莉森更愿意建立亲密关系，她会和男人约会，并爱上他们。但是她只喜欢批评、否定她的男人。她的前男友就是如此。即使他一直很讨厌、烦人，艾莉森仍然和他在一起多年。

很多在恋爱中受虐、允许别人残忍对待自己的人都有自我缺陷陷阱。他们基本上觉得这些都是自己应得的。当我们问艾莉森，她为什么和前男友在一起那么久，她说："我觉得，能有人愿意和我在一起就已经够幸运的了。"

如果你是一个有自我缺陷陷阱的人，当你感到爱情的化学反应很强烈的时候就要小心了。最吸引你的很可能是会批评、否定你的恋人。他们会强化你的缺陷感。挑剔的恋人让你觉得熟悉，因为他们再现了你的童年环境。我们强烈建议你停止和待你不好的恋人约会，不要再试图赢得他们的芳心、获取他们的爱。

自我缺陷感陷阱

1. 你一旦觉得自己被恋人所接受，恋爱的浪漫感觉就消失了。然后，你会表现得挑剔且爱贬低对方。

2. 你隐藏真实的自己，所以一直觉得恋人不是真的了解你。

3. 你对恋人很有占有欲，会妒忌。

4. 你总是拿自己的缺点和别人比，并觉得自己不够好、嫉妒别人。

5. 你需要、要求恋人不断地保证他（她）仍然珍视你。

6. 在恋人面前，你会自我贬低。

7. 你容忍恋人批判、贬低自己，或对自己不好。

8. 你无法接纳合理的批评，会变得充满防御性或敌意。

9. 你对自己的孩子极度挑剔。

10. 获取成功的时候，你感觉自己是个冒牌货。你极度焦虑，害怕自己无法保持成功。

11. 在工作或恋爱中受挫的时候，你会变得消沉或深度抑郁。

12. 当众发言让你极度紧张。

即使你在和一个爱你的、同时你也可能会爱上的人谈恋爱，在这段关系中，你也仍然有很多办法来强化自己的自我缺陷陷阱。

你的吹毛求疵可能会是个主要矛盾。如果你是自恋型的人，和一个你认为比你低一个档次的人在一起可能会让你更舒服。如此，你就不必太担心会被看穿、批判或否定。在和玛丽亚的婚姻中，艾略特展示出了这种模式。

玛丽亚： 艾略特挑剔我做的所有事。和他在一起的时候，我觉得自己一直在做错事。

在和我们单独治疗的时候，艾略特描述了他的性经历。在他的描述中，每个女人都有问题。这个女人头发的质感不对，那个女人的腿太短，还有那个女人的工作太卑微。事实上，艾略特对自己心中的完美女人有着特定的要求。

治疗师： 在恋爱中，你想得到什么？

艾略特： 我最想要的女人，要有一头金发，高挑但也不是过高，不超过五英尺七英寸[⊖]，有小麦色皮肤、苗条、爱运动，胸不要太大。我希望她的穿着是学院风的。你知道的，看起来很干净，但又有艺术气息。我希望她事业成功，但又不是太成功，不要比我更成功（笑）。

治疗师： 你找到这样的人了吗？

艾略特： 远远没有。

艾略特挑剔恋人无法达到他的特定要求。这样，他就不用太关心她们对他的感情。如果你也有自我缺陷陷阱，你可能也会贬低恋人。你相信，真正理想的恋人会看到你的缺陷，最终拒绝你。

艾略特挑剔最多的是他最爱的人，他的妻子玛丽亚。事实上，他对妻子猛烈的批判，正是他爱她的标志。当艾略特感觉到自己对妻子的爱时，

⊖ 约 170cm。——译者注

这会增加妻子的价值，于是艾略特会反射性地猛烈抨击她。

你可能会觉得，会爱上你的人必然是没有价值的。正如格鲁乔·马克思说的一样："你不想加入任何一个愿意收你为会员的俱乐部。"仿佛如果爱上了你，他（她）一定是做错了什么。

> **艾略特：** 每一段恋爱对我来说都是一次征服。追求让我兴奋，但是，当我终于得到了她，我就失去兴趣了。
>
> **治疗师：** 什么时候表示你赢得了她？
>
> **艾略特：** （停顿）我猜，当她开始关心我的时候。

恋爱是最亲密的关系，所以在恋爱中，你必须全力以赴地展示虚假的自己。就像艾莉森说的那样："在马修面前，我总觉得自己是在演戏。"无法坦诚相待在自我缺陷陷阱中很常见。你认为只有虚假的自己才值得被爱。但是如果你一直隐藏真实的自己，就永远也不会相信恋人爱的其实是真实的你。如果一直无法开诚布公，就强化了真实的自己是羞耻的、不为人所爱的感受。你最害怕的可能是东窗事发，即恋人最终看破了你的伪装，看到了伪装之下有缺陷的你。

> **艾莉森：** 我只知道，我会和他结婚，然后有一天，他会突然变卦，告诉我说，这一切不过都是个错误，他并不是真的爱我。我真的不明白他为什么还没有这样做，但是，终有一天他会的。
>
> **治疗师：** 而你只是在等待。
>
> **艾莉森：** 是的，迟早会发生的。

你甚至可能像艾莉森一样，也在考虑分手。因为这太让人焦虑了，以至于你再也无法继续忍受了。

羡慕和嫉妒通常是自我缺陷陷阱的另一面。你总是拿自己的缺点和别人相比。

艾莉森： 每次我们出去玩儿，去酒吧或者聚会，我总是觉得他更想和其他女人在一起，而不是和我。他说我疯了，我觉得在某种程度上是的。我的意思是说，他并不会和别人调情或者怎样。只是，我会开始想，别的女人更漂亮、更性感、更有趣。如果我是他的话，我也会更想和她们在一起。甚至，他一和其他的女人说话，我就很难过。

艾莉森把其他的女人理想化，同时夸大自己的缺点。每次她拿自己和别人相比，总觉得自己不如人家。她常常觉得别的女人比自己更有魅力。

为了确定马修仍然爱自己，艾莉森不断地问他："你想和她在一起，是不是？""你是不是觉得那个女孩比我漂亮？"她总是缠着马修，害怕让他独处。她努力不让马修接触自己的假想敌，但这种努力往往适得其反。这让她看起来既黏人又没有安全感，反而把马修越推越远，也降低了她在马修眼里的价值。

在一次夫妻治疗中，马修描述了这个过程。

马修： 那天晚上，我们和我的朋友凯文，还有他的新女友埃莉莎一起去跳舞。艾莉森突然闷闷不乐起来，还说我更想和埃莉莎在一起。无缘无故的，真是非常讨厌。我真的很爱艾莉森，但是我也不想我的女朋友是这样的，甚至我只要离开五分钟去趟厕所，她都要指责我，说我是要去鬼混。

你的表现可能没有艾莉森那么明显。你可能像艾略特一样，学会了隐藏自己的嫉妒，但在心里，你和他们有一样的感受：这个世界充满了更有魅力的竞争者，想要和你争夺你的恋人。

你可能还会发觉自己很难容忍批评意见。你很可能会对批评过分敏感，即使是很小的批评，也会让你觉得非常羞愧。你可能会坚决否认自己犯的错误，或者贬低批评你的那个人。这是因为，承认自己的任何错误都会导致与缺陷感相关的痛苦感受奔涌而来。所以，为了保护自己，你否认自己的任何缺点、错误、过失。你的防御性和无法接受批评会是个很严重的问题。

就像我们说过的那样，触发你自我缺陷陷阱的恋人可能会带给你更多的爱情化学反应。相反，对你好的人会让你感到厌倦。这就是你的矛盾之处：你那么想要得到爱，但是恋人越爱你，就越对你没有吸引力。艾略特和玛丽亚正是这样的情况。

> **艾略特：** 刚认识的时候，我疯狂地爱上了她。我真的认为她就是我的命定之人，我再也不会爱上别人了。但是，结婚之后，我对她就没有感觉了。不再想和她同房，我们已经一年多没有同房了。

强化你缺陷感的情境会让你产生最多的化学反应，因为那样的情景与你的自我认知是一致的，而如果你重视的人也重视你的话，会让你感觉很陌生。

这就是你情感秋千的两面。在其中一个极端，你去追求非常吸引自己的人，你会觉得自己处于劣势，化学吸引很强烈，恐惧感也很强烈；在另外一个极端，你选择爱你、接纳你的人，你不会觉得那么害怕，但会很快开始贬低对方，也失去爱情的化学反应。

缺陷感也存在于其他的亲密关系之中。我们之前提到过一种危险的情况，即你可能会挑剔、否定自己的孩子，以此来减轻自己的羞愧感。你用别人对待你的方式对待他们。你让他们成为自己的替罪羊。他们柔弱而无辜，没有能力反抗。

> **玛丽亚：** 艾略特总是挑孩子们的毛病。每个可能的小缺点，他都唠叨个没完。每件芝麻大的小事儿都不放过。他意识不到这给孩子们造成了多大的伤害。

贬低孩子，会让你的自我感觉好些，至少暂时会这样。

很多迅速取得成功又自我毁灭（比如通过吸毒或酗酒）的人，其实都有自我缺陷陷阱。很多明星、演员和企业家都是这种情况：成功的感受和他们内心的真实感受差异太大，以至于他们无法承受。在他们自我感觉那么差的同时，要保持成功，压力太大了，许多人都因此崩溃了。

如果你通过事业的成功来弥补或补偿缺陷感，那么你的幸福感可能会很脆弱。你的全部自我价值感都建立在成功之上。任何小的挫折和失败都可能足以让你紧张。如果发生任何严重的事，比如被辞退、破产、经历业务衰退、被高层斥责，都会让你立刻再次陷入羞耻感之中。你也许只能够生活在极端的情况下：要么很成功、自我感觉很好，要么失败、崩溃，完全陷入自己一无是处的感受当中。

需要当众发言的工作对你来说特别成问题，那会让你觉得自己被暴露了。演讲焦虑在有自我缺陷陷阱的人中非常常见。你会觉得好像人们可以看透你。也许通过你的焦虑反应，比如冒汗、发抖、声音颤抖，人们会感觉到你的缺陷。

改变自我缺陷陷阱

1. 理解童年时的缺陷感和羞耻感，感受自己内心深处受伤的孩子。
2. 列举你通过逃避或反击来应对缺陷感的标志（例如逃避或补偿）。
3. 尝试停止以逃避或反击为目的的行为。
4. 监控自己的缺陷感和羞耻感。
5. 列出最吸引你的男人（女人），和最不吸引你的男人（女人）。
6. 列出你童年和青春期的优、缺点，然后列出你现在的优、缺点。
7. 评估你现在的缺点的严重程度。
8. 制订一个计划着手改变可以改变的缺点。
9. 给你挑剔的父母写封信。

10. 给自己写张卡片。

11. 在亲密关系中表现得更真实。

12. 接受亲近的人的爱。

13. 不再允许别人待你不好。

14. 如果在伴侣关系中，你是挑剔的一方，试着别再贬低你的恋人。在其他亲密关系中，也做同样的尝试。

1. 理解童年时的缺陷感和羞耻感，感受自己内心深处受伤的孩子。
第一步是重新体验早期经历的缺陷感和羞耻感。你的自我缺陷陷阱是从哪里来的呢？是谁批评了你，让你感到羞愧？谁让你觉得自己没用、不为人所爱？是爸爸、妈妈，还是兄弟姐妹？答案几乎一定在你的早期家庭生活中。

试着尽可能多地回忆具体的事件。你可以看看老照片，回到童年熟悉的地方，或者用意象练习，以达到更好的效果。

有时间独处的时候，在光线稍暗的房间里，坐在舒服的椅子上，闭上眼睛，让童年的记忆闪现。不要勉强，让记忆慢慢浮现。如果你需要一个入手点，那么就从当前生活中引发缺陷感的事件开始。

艾莉森： 我记得小时候，大约 7 岁时，我舅舅用我的名字买了 5 万美元的债券。当然了，那其实是他为我妈妈买的，但不知为何，那个时候我理解错了，以为是给我的，因为他喜欢我或者别的什么。我记得后来我发现自己搞错了以后，再去见他时就会觉得很尴尬。

治疗师： 你能回忆一下当时的情景吗？

艾莉森： （闭着眼睛）我看到我在自己的房间里穿衣打扮。我妈妈刚刚跟我说，我们要去舅舅家。我在非常仔细地挑选衣服，想为了舅舅打扮得漂亮一点儿。等我终于从房间里出来时，我问父亲怎么样。他告诉我还是把衣服换下来吧，我不用去舅舅家了，他和母亲自己去不带我了。她说舅舅不想让一个叽叽歪歪、不懂事的小孩去他家里。我很生气，我跟他说舅舅很想见我，不然他为什么会给我那么多钱呢？父亲笑了，他说我不会真的以为那钱真的跟我有任何关系吧。

治疗师： 你有什么感受？

艾莉森： 同样的感受，我觉得被暴露了。好像我突然意识到，那礼物不是给我的。我那么仔细地打扮，但礼物却并不是给我的，让我觉得很尴尬。我站在走廊里，觉得自己完全暴露了。我特别努力地忍住不哭。

我们想让你感受到，那个想要爱的孩子，得到的却是斥责和否定。想象自己是那个想要爱的孩子，而人们却没有给你爱。让自己再次经历当初的痛苦。

将成年时的自己带入当时的画面，安慰那个孩子。安慰、关爱、表扬和支持能够治愈羞耻感。

艾莉森： 我将自己带入当时的情景。我拉起那个小女孩儿的手，带着她离开父亲。我们来到室外很远的地方。我让她坐在我的腿上，抚摸、亲吻她。我告诉她，我爱她，一切都会好起来，要是她想哭的话，就哭一会儿吧。

将这些早期感受与当前的自我缺陷陷阱联系起来。你感受得到自己内心深处那个想要肯定和认可的受伤的孩子吗？

2. 列举你通过逃避或反击来应对缺陷感的标志（例如逃避或补偿）。 你对别人过分苛责吗？被批评时你有很强的防御性吗？你会贬低所爱之人的价值吗？你过分强调地位或成功吗？你试图给人留下好印象吗？你不断寻求安慰吗？这些都是反击或过度补偿的方式。

你滥用酒精或药物吗？你暴饮暴食或者是工作狂吗？你避免接近别人

吗？你不愿意聊起个人感受吗？你对否定、拒绝过分敏感吗？这些是你逃避或避免的方式。

弄清楚自己在应对缺陷感时逃避或反击的方式。自我观察，然后写下来。

3. 尝试停止以逃避或反击为目的的行为。这会让你的缺陷感更容易呈现出来。如果你都感受不到缺陷感，自然就无法改变它。

比如说，你可能会过度重视是否获得成功，并以此来弥补自己毫无价值的感受。你试图通过证明自己的价值，来否认自己有缺陷。但问题是，你做得太过了。成功成了你唯一关注的事，你的全部生活都围绕着成功。艾略特就是这样。

艾略特： 我总是说，我之所以不能经常和家人待在一起的主要原因是时间。我没有时间。我每周有五个晚上要待在夜总会里，从上午 11 点一直到凌晨三四点。

玛丽亚： 然后，在家的时候他都用来休息、恢复。除了躺在床上或看电视以外，他不想做任何事。

治疗师： 所以，你要么就是在工作，要么就是在休息、恢复工作带来的疲劳。

艾略特的全部生活都致力于获得成功和地位。他这样做是为了给人留下好印象。当他和异性在一起时，也只会谈工作。这是他证明自己值得被爱的方式。但是，最终的结果是，他虽然获得了成功和地位，但仍然得不到爱。他寻找的是被爱，却止步于被崇拜。他的成功永远也无法影响自己内在的缺陷感，只能提供暂时的缓解。

成功和地位常常会让人上瘾。你试着获得更多，却永远也得不到足够多的东西能让自己感觉好。成功不过是一个苍白的替代品，用来取代一个真正了解和爱你的人。

同样地，如果你一直逃避自己的缺陷感，如果你一直酗酒、逃避亲密关系，或者隐藏自己的真实想法和感受，你的性格陷阱也将无法改变。你的缺陷感会保持在冻结的状态。

艾略特通过多种方式避免和家人亲近。在家的时候，他会吸食大麻或喝啤酒。大多数时间，他会独自待在卧室里看电视。晚饭时，他常常吹嘘自己的成功，或者批评孩子们。有些晚上，他会找借口离开去见情人。

我们安排他在一个月内不再使用这些回避策略。我们希望你也这样做。我们想让你停止逃避缺陷感的行为模式。我们想让你真实地感受到缺陷感，这样你才能开始解决问题。

4. 监控自己的缺陷感和羞耻感。观察会触发你性格陷阱的情景，开始觉察，列出让你觉得有缺陷或羞愧的情景。这些感受标志着性格陷阱正在被触发。以下是艾莉森的列表。

触发我自我缺陷陷阱的情景

1. 周六晚上，我一个人没事可做。马修不在家。我感觉没人想和我在一起。

2. 和最好的朋友萨拉一起出去吃午饭。我觉得她比我强，比我更聪明、更美丽，也更有趣。我没有说自己的事情，而是逐渐淡出。

3. 和妈妈打电话。她因为我无法决定是否要结婚而批评我。她听起来很绝望，似乎如果我现在不说"我愿意"，就永远不会再有人向我求婚了。

列出你性格陷阱的所有呈现形式：当你感到没有安全感、不够好，或担心被否定的时候；当你拿自己与别人相比或觉得嫉妒的时候；当你对小事过度敏感或害怕被批评的时候；当你因为觉得自己不值得被好好对待，而允许别人待你不好的时候。列举所有会引发你缺陷感的情景。

我们知道这会很难。每个人都会花很多精力避免感受让人痛苦的事。

试着保持希望，并且提醒自己，承认这些感受是解决导致自己不幸福的问题的第一步。

另外，记录下每个恋人对你的抱怨。看看有没有相同的模式重复出现。你是否总是因为太嫉妒、没有安全感或太敏感而被指责？别人是否总是告诉你，你太需要安慰，或者太容易受伤？这些抱怨可能会提供有价值的线索，让你了解自己是如何强化性格陷阱的。

5. 列出最吸引你的男人（女人），和最不吸引你的男人（女人）。我们想让你检视一下自己的择偶方式。列出你所有的恋人，把他们分成两组，一组是让你最兴奋的，另一组是最不让你兴奋的。比较一下这两组。最让你兴奋的恋人是不是批评你更多、否定你更多、更冷淡，或态度更摇摆不定？是否在赢得他们的心之前，他们才对你最有吸引力？之后，你对他们的兴趣会减少吗？爱你的恋人让你感到厌倦吗？

6. 列出你童年和青春期的优、缺点，然后列出你现在的优、缺点。我们希望你对自己有更客观的认识。你现在对自己的认识是不客观的，是有偏见的。你的认知方式在放大自己的缺点，低估自己的优点。请用更科学的方法，列举自己童年和青少年期以及现在的优、缺点。

这是艾莉森的列表。

童年和青春期的优点

1. 聪明。

2. 敏锐。

3. 对别人很好。

4. 会唱歌。

5. 有领导能力（我曾是拉拉队长，也是二年级和三年级时的班级代表）。

6. 我对弟弟妹妹很好。

7. 我在女孩子中很受欢迎。

童年和青春期的缺点

我说不出来自己的缺点是什么。我就是没有什么特别之处。没人真的愿意和我在一起。我总是觉得自己有什么让别人不喜欢的地方。我说不出来具体是什么，是某种别人才能看到的东西。特别是男孩子，他们不喜欢我。青春期时，都没有男孩约我出去。

艾莉森发现自己写列表的时候会有这么大的难度是件很有意思的事情。

艾莉森： 是挺可笑的，但是写自己的优点让我觉得很别扭。只讲自己的优点对我来说很难。

治疗师： 这对你来说太陌生了。

艾莉森： 写自己的缺点也很困难。开始的时候，我惊讶于自己居然想不出来自己有任何缺陷。但是之后，我明白了，并不是自己的某一个方面不好，而是我这个人就不好。

在列举自己现在的优缺点时，艾莉森也有相似的感受。虽然并不容易，但她还是想出了不少优点。不过，她却无法列出自己的任何重大缺陷。她唯一的证据就是她自认为有缺陷。

这些优缺点清单，也可以作为证据来证明你到底是天生有缺陷还是有价值的。仔细审视这些证据。列清单的过程帮助艾莉森认识到自己是有优点的，只是自己常常忽略它们。

在列清单的时候，你也可以请求家人和好朋友的帮助。（当然了，不要向当初造成你性格陷阱的家人求助。）开始的时候，艾莉森完全想不出自己有任何优点，因为她不习惯这样去思考。

艾莉森： 你知道吗，每当别人跟我说我的优点时，我的第一反应都是，这我知道啊，只是我并没有觉得这很重要。我是说，

> 我知道我是一个善良的人，也知道自己有优点。我只是不
> 认为，这和我作为一个人的价值有什么关系。

治疗师： 你自动化地贬低自己所有擅长的东西。

当你想到任何优点的时候，不要轻视它，一定要写到你的清单上。如果别人给予你积极的评价，即使你自己觉得难以置信，也要写进清单里。不要评判，把一切都列举出来。

不要太注重那些和成功相关的特质，也就是那些可能属于你虚假自我的优点。当你去问别人，他们看重你什么的时候，一定要问到具体的内容。不要满足于泛泛之谈，比如"你很好""我喜欢你"之类的。如果他们没有说出他们喜欢的具体是什么，你会认为他们描述的只是你的虚假自我，而非真实的你。

你会惊奇地发现人们很乐意给你反馈。我们曾见过，仅仅是通过愿意向朋友和所爱之人寻求积极反馈，就能让有些患者的自我感觉产生了惊人的变化。

7. 评估你现在的缺点的严重程度。 完成上一步的清单以后，问问自己，如果是其他人拥有这些优点和缺点，你会怎么看待这个人。记住，每个人都有缺陷，每个人都有好的地方和不好的地方。

> **艾莉森：** 我必须得承认，我会觉得这是个不错的人。这个人可能在与
> 异性交往方面有点问题，但是个不错的人。不过，我仍然
> 觉得自己不好。我是说，我知道自己还不错，但是总觉得
> 好像不是这样。

你可能像艾莉森一样，此刻的感觉还是不好。但是，我们想让你至少能在理性层面认识到自己是一个有价值的人，也想让你能说得出具体原因。

每天都回顾一下你的优点清单，试着不要再贬低它们，一点一滴地消

除性格陷阱。这会帮助你逐步从理性认知过渡到情感上的认可。

8. 制订一个计划着手改变可以改变的缺点。哪些缺点是你可以改变的? 很多人都发现自己的缺点是由环境造成的、可以改变的, 而不是天生的、不可改变的。制订一个计划, 着手改正可以改变的缺点。

我们常常发现, 患者列举出的缺陷不是他们性格陷阱的成因, 而是结果。也就是说, 这些缺陷是他们性格陷阱的表现形式。艾莉森和艾略特都发现, 事实上, 他们的许多缺陷都是自己发展出来应对缺陷感的机制。

例如, 我们试着弄清艾莉森"男孩儿不喜欢我"的缺陷(这在她成年的优缺点清单上转化成了"男人不觉得我有魅力")。她问了一些男性朋友, 他们证实了她确实有一些可能对男人不太有吸引力的特质。根据她和我们的相处, 我们也可以证实这点。但是, **所有这些行为都是由性格陷阱导致的**。事实上, 艾莉森说不出任何一个与性格陷阱无关的缺陷。很显然, 她的缺陷反映出了她小时候是如何被对待的, 但却与她是个什么样的人无关。

艾莉森认识到这些由性格陷阱所导致的行为以后, 停止这些行为对她来说就比较简单了。

艾莉森: 和马修在一起的时候, 当我觉得自己很黏人、嫉妒的时候, 我就告诉自己, 用这些事去烦他一点好处也没有。我告诉自己, 这只会让我感觉更糟。

治疗师: 那会让你有什么样的感觉呢?

艾莉森: 软弱, 还有点儿一文不值。此外, 这会让他生我的气。就是没有任何帮助啦。上班的时候, 我也会做同样的事, 有一种想给他打电话、再次确认他仍然在乎我的冲动。我会阻止自己这样做。我告诉自己, 这不会有任何帮助。不再给他打那些疯狂的电话以后, 我感觉好多了。

治疗师: 所以, 如果不去做很黏人的事儿, 你会做什么呢?

艾莉森: 我和自己对话。我告诉自己, 没关系的, 他是爱我的。我告诉自己，我值得他的爱。

治疗师： 很好，你可以自我安抚。

同样地，艾略特的缺陷多数也是他反击或过度补偿的形式：他的吹毛求疵、总想让别人印象深刻、工作狂、对婚姻不忠诚。像我们之前提到的那样，艾略特同意在一个月内都不做这些行为。

艾略特： 奇怪的是，我觉得更放松了，也更有掌控感了，特别是在工作上，没有人会干扰到我。

治疗师： 这是一种更加平衡的感觉。

对艾略特来说，困难的是用自己的真面目和妻儿相处。忽然之间，他要摘掉自己的面具，和她们真正地面对面相处了。

艾略特： 在他们身边我紧张。好像我不太知道要说些什么。我为自己曾经对待他们的方式感到羞愧，特别是孩子们。

治疗师： 重要的是你现在对他们很好。

艾略特： 是的，玛丽亚和孩子们看起来更开心了。

治疗师： 你呢？

艾略特： 是的，在某种程度上，我也更开心了。就像那天，我的小女儿用胳膊搂着我，亲了我一下，我非常惊讶，她很久都没有这样了。

9. 给你挑剔的父母写封信。 我们想让你给童年时刻薄挑剔的家人写信。你无须真的寄出这些信，其实，你可能并不想寄出。重要的是，你觉得可以在信里完全自由地表达自己的感受。我们想让你发泄对委屈你的人的愤怒和悲伤。我们想让你反驳回去。

告诉他们，童年时他们是怎么对你的，以及你被批判和不认可的感受。阐述你为什么不应该被如此对待，强调自己被他们忽视或低估了的优点。

告诉他们，你本来希望是什么样的。告诉他们你所需要的支持和认可，以及那对你会意味着什么，会让你的人生如何不同。也告诉他们，你现在想从他们那里得到些什么。

不要替这些家人找借口，也不要为他们的刻薄挑剔开脱。如果你选择要这么做，可以**稍后**再说。治愈的道路是漫长的，在路的终点，当你觉得自己不再有缺陷感时，你可能会原谅他们。但是首先，你必须站起来捍卫自己，发泄被自己埋藏在心里的那些情绪。

我们理解你可能有强烈的捍卫自己父母的冲动，即使他们曾伤害过你。你想继续认为父母是好人，所以你会说"他们不知道如何做得更好""他们也有自己的难处""他们那样做是为了我好"之类的话。在写这封信的时候，试着不要捍卫他们，专注于诚实地说明自己的遭遇，以及这些遭遇带来的感受。

下面是艾略特写给父亲的信。

亲爱的爸爸：

小时候，你对我太残忍了。你表现得好像我是个毫无价值、没有任何好的地方，也没有任何特别之处的人。我对你来说根本不重要，你不在乎我的感受，不在乎我也会痛苦、受伤。你不屑于爱我。

给我伤害最深的是，你总是拿我跟哥哥瑞克比较。你让我觉得，和他比起来，自己什么都不是。你在瑞克身边的时候，都是开心、兴奋的。而和我在一起时，你就是刻薄的、厌烦的，仿佛我是个十分令人失望的人。

你批判关于我的一切。向你展示自己的任何一部分都让我没有安全感。在你面前，我得隐藏自己所有喜爱的东西。回忆童年的时候，让我印象最深刻的就是羞耻感。

虽然你那样对待我，但是我小时候也是有不少优点的。我聪明，会做生意。16岁的时候，我就已经在做棒球卡片的生意了。我有和瑞克不同的、属于自己的爱好（当然，你并不在乎）。可能我并不完美，但是你那样对待我也是不对的。

因为你对我所做的一切，我恨你。我妻子威胁说要离开我，我的孩子们也很可怜。而我自己，还要为了让自己感觉是个有价值的人而拼命努力，累得半死。一直以来，我将自己所爱之人拒之门外，而把所有的时间都用在了通过吸食可卡因来提升自尊，或者和我完全不在乎的女人幽会上。而所有这些都是因为，你和其他家人如此恶劣地对我，导致了我的低自尊。

你们全都让我失望。你是否曾经想过，哪怕你有那么一次为我而快乐，哪怕只有一次为我而骄傲，为我是我而高兴，那对我来说会意味着什么？而你从来没有，这让我把自己封闭了起来，不想向任何人展示真实的自我。

我现在正摸索着去过一种更有意义的生活。这也包括，从今以后，你不能再通过任何方式污辱我。如果你想我们继续保持父子关系，就必须要改变对待我的方式。如果你改变不了，那我们的父子关系也就到此为止了。

艾略特

对艾略特来说，写下这封信绝对不容易，需要很多的勇气和力量。但有一件事是很肯定的，那就是写完这封信以后，他明显感觉好多了。

你也会有同样的感受。写一封这样的信是一次治愈的过程。这是对自身遭遇的一次说明。"你的真相将使你自由。"

10. 给自己写张卡片。写一张卡片，一旦你的自我缺陷陷阱被触发，就可以拿出来读一读，随时都可以，就像艾莉森说的，"一旦父亲的声音开始在我的脑海里抱怨，我就拿出来读"。我们想让你一点点地消磨掉心里的那个刻薄挑剔的父母的声音。

艾莉森： 我想对自己更好一点儿，但是自我贬低的行为很难改掉。我一直在下决心不再这样，但是很快就会发现自己下一分钟又在这样做了。

治疗师： 是的。和所有习惯一样，要改掉它们，就得捕捉到自己重复
这个习惯的瞬间，然后一次次地阻止自己这样做。

这样的卡片是击败性格陷阱的一个武器。它可以让你意识到，其实事
情是有两个方面的。一方面，你内化了的挑剔的、无情的父母的声音。这
个声音总是在贬低你、忽视你，让你觉得自己有缺陷、有羞耻感；但另一
方面，你内心深处还有一个脆弱的孩子，他（她）想要爱、接纳、认可和
肯定。卡片可以帮助你把挑剔的父母逐出脑海，这样，你就可以让自己健
康的那一面给予孩子想要的东西。从根本上来说，治愈的过程是关于自爱
的。卡片会帮助你记得爱自己。

卡片应该囊括你所有的优点，应当否定父母对你的批判，并包括为什
么他们说的是错的，或者为什么其实事情没有他们说的那么严重。请使用
客观的证据。要用**建设性**，而非**惩罚性**的态度告诉自己。

下面是艾莉森写的卡片。

自我缺陷陷阱卡片

现在，我感到羞愧、不够好。我觉得身边到处都是比自己强
的人，特别是女人，在外表、智慧和性格等方面都比我好。我感
觉她们的存在让自己完全没有价值。

但这不是真的。事实是，我的性格陷阱被触发了。真相是我
也是有价值的。我敏锐、聪慧、友爱并且善良。事实上很多人都
觉得我值得被爱（——列举他们的名字）。我通常不给别人机会
来真正走近我、了解我、欣赏我。但是，相信我在这张卡片上写
下的内容，会帮助我朝这个方向迈进。

随身携带这张卡片，用它来回顾自己的优点，反驳毫不停歇的自我贬
低。这是击败羞耻感和不被喜爱的感觉的另一种方式。

11. 在亲密关系中表现得更真实。 艾莉森和艾略特是这个性格陷阱的

两个极端。艾莉森太脆弱了，而艾略特却不够柔软。艾莉森得学会更好地保护自己，而艾略特得学着展现出更真实的自己。

如果你更像艾略特，就请试着在亲密关系中更真实一些，不要再试图给人一种我很完美的印象，柔软一点儿，分享一些自己的秘密，承认一些自己的缺点，让别人更多地走进你的内心。你会发现你的秘密其实没有你自己感觉的那么丢人。每个人都有缺点。

艾略特： 我做了一件让自己很吃惊的事。那天晚上，我和玛丽亚去参加一个聚会。她的一个大学同学理查德也在。他们在聊天，我开始吃醋了。每次他们在一起，我都会吃醋，因为他们看起来很喜欢和对方聊天，很开心。好像玛丽亚和我从来不会那样。我的一般应对策略是去和别的女人搭讪。但是，这次我没有，我选择去告诉玛丽亚我吃醋了。

治疗师： 然后怎样了？

艾略特： 她的反应是，"原来你在乎啊？我以为你不在乎呢！"

因为太害怕表现出自己没有安全感，艾略特向玛丽亚隐藏了自己的在意。他害怕展示给玛丽亚看他的爱。在这种情况下，表现出正常、合理程度的吃醋事实上是有帮助的。

你可以控制自我展示的节奏，一点点地慢慢展示自己，保持掌控感。在恋爱早期，表现出太多的不安全感事实上可能反而会把对方吓跑。在头几个月，不可避免地要讲些策略。但是，随着你们的关系越来越亲近，如果你觉得对方真的关心你，你就可以更多地展示自己。一下子全都暴露是有风险的。

有时患者会说："但是我不知道暴露自己脆弱一面的正常节奏应该是什么样的。"如果是这样，有一个解决办法是，按照对方的节奏来。随着恋人向你展示出更多脆弱的地方，你也可以表现出更多。在与恋人的相处中，试着保持平衡。

如果你有秘密，比如经历过令人觉得耻辱的事，逐渐告诉给亲近的人听。有一种说法叫"秘密有多深，病得就有多重"。许多我们不愿示人的事，其实没有我们想的那么糟糕。一旦我们和别人分享了，就会发现，其实没有那么丢脸。我们会发现，别人仍然爱我，我们的自我感觉也会好很多。

你可能觉得很羞愧，以至于总是隐藏自己。你需要去发现，你可以去做自己，而且那样人们也仍然会喜爱你。

12. 接受亲近的人的爱。对你来说最难的事之一是允许别人爱你。如果别人对你好，你会很不舒服，那种感觉很陌生。被忽视或受委屈会让你觉得更舒服。要让你接受别人的照顾、赞扬和支持是困难的。你会拒绝或无视这些。

艾莉森： 这很可笑，但是对我来说，最难的事之一就是接受马修对我的赞扬。想要不否认，而仅仅是接受赞扬很困难。就像那天晚上，我们出去吃饭，他说我看起来很漂亮，我就开始说，"不，我不漂亮"，但是随后我阻止了自己。

治疗师： 那你说了什么？

艾莉森： "谢谢你"。

艾莉森和艾略特都得学着接受爱。意外的是，这样的经历唤醒了他们俩的丧失的悲痛。

玛丽亚： 那天晚上发生了一件奇怪的事。艾略特从夜总会回到家，很伤心，他刚刚经历了一个很糟糕的夜晚。我和他一起躺在床上，我把他搂在怀里安慰他，轻轻地抚摸他的脸颊。他突然开始哭了起来，深深地抽泣。

治疗师： 这让他感受到了他长久以来一直缺失的东西。

玛丽亚： 我从未像那一刻一样，觉得和他那么近，那么爱他。

我们希望你也能接受爱，不再把爱你的人推开。

13. 不再允许别人待你不好。就像我们之前说过的那样，你倾向于选择刻薄挑剔、否定你的恋人，可能还包括好朋友。现在，检视一下你的亲密关系，你是否在容许别人贬低你、不公平地批判你？

> **艾莉森：** 嗯，你知道马修没有那方面的问题，但是有一个人有，那是我最好的朋友琳。从小时候起，她就是我最好的朋友，住在我家隔壁。从小她就总是对我很刻薄，她会说她不想和我一起玩儿，或者嘲笑我。直到今天，她仍然贬低我。就像那天，她跟我说，"你最好赶紧让马修给你戴上婚戒，在他改变主意以前"。这话多恶毒啊。

> **治疗师：** 她这么说的时候，你是怎么做的？

> **艾莉森：** 什么也没做，我很难过。

开始站起来捍卫自己，坚守自己的权利，告诉那个人，你不会再容忍恶意的批判，要求别人接纳真实的自己。记住坚定表达的原则，不要用愤怒和有攻击性的方式和别人沟通，如果你能保持冷静，会更加有效。站直了，看着对方的眼睛，直接而具体地沟通。最重要的是，不要进入自我防御模式，用冷静、克制的方式持续重申你的观点。

> **艾莉森：** 我邀请琳来吃晚饭，她迟到了两个小时。等我们终于开始吃了，那意味着我不得不起身，开始给她端菜。所有的菜都凉了，或者煮过头了，我真的觉得很烦。我们俩单独在桌上时，我跟她说了，因为她来得太晚了，我很生气，那给我造成了困难，毁掉了我的晚餐。我告诉她，我花了很多工夫准备这顿晚餐。她说，她都因为伦尼而那么伤心了，我居然还有胆子敢说她。伦尼是她的男朋友。他们吵架了，所以她才来晚了。我没有信她。我开始为自己辩护，但马上又停了下来。我只是又跟她重申了一遍，她迟到那么多是不对的。

小心不要在相反的方向上走得太远。试着接纳偶尔的、非贬损性的批评。认清合理的批评和过度、不合理的批评之间的区别。

如果一段时间以后，你的朋友或恋人仍然不能改变，你必须考虑结束和他们的关系。你可以尝试一切办法，给对方很多机会去改变。对于恋人，你可以考虑夫妻心理治疗，也许通过治疗可以解决问题。但是最终，你必须站起来捍卫自己，要么让对方改变，要么结束关系。如若不结束不健康的关系，想要治愈自我缺陷陷阱几乎是不可能的。当身边最亲近的人不断地强化你的性格陷阱时，想要战胜它实在是太难了。

我们发现，有自我缺陷陷阱的大多数患者，他们的伴侣关系都是**可以被挽救的**。他们可以在恋人面前坚持自我，让对方做出改变。他们的恋人一般也能够停止过度批判的行为。事实上，有些恋人很欢迎这种改变，他们也更愿意自己的另一半更有骨气。

我们偶尔也会见到一些无法容忍在恋爱中平等相处的人。多数情况下，这是因为他们也有自我缺陷陷阱。贬低他人是他们反击的方式，以此来逃避自己的无价值感和羞愧感。这样的恋人并不足够健康，无法处理他们自己的不安全感，也无力改变。

有些患者成年以后，仍然和最初造成他们性格陷阱的挑剔的、无情的父母在一起生活或工作。我们发现，这会给改变的过程造成极大的损害，我们强烈建议你，不要继续和挑剔的父母保持这么亲密的联系。

14. 如果在伴侣关系中，你是挑剔的一方，试着别再贬低你的恋人。在其他亲密关系中，也做同样的尝试。不要再挑剔你的恋人，他（她）不应该被如此对待。记住，贬低他人并不能从根本上让你自我感觉更好。

这在对待孩子方面同样适用。他们是无辜的、脆弱的，你正在辜负他们。打破这个传递的链条吧，不要再把你的自我缺陷陷阱传递给他们。

在某种程度上，你为自己对待配偶、孩子的方式而感到内疚。不要在内疚中迷失自己，重要的是，现在立刻改变。

艾略特：仔细去想的时候，我为自己对孩子们说过的话而感到非常难过。但是我知道，并不是我主动选择要有一个性格陷阱的，性格陷阱也不是我造成的。现在，为了我的孩子们，我必须要摆脱它。

治疗师： 如果你能竭力遏制自己的缺陷感，就不需要一直发泄在孩子们身上了。

你必须要面对自己所做过的事，原谅自己并且着手改变。现在就立刻开始。

试着赞扬你所爱之人，你爱他们是有原因的。他们有珍贵的特质，值得称赞。去争取平等的关系，超越你赢即我输的人际模式。

写在最后

你改变自我缺陷陷阱的速度有多快，部分取决于你的父母有多强的惩罚性。父母对你的否定，越具惩罚性、越严重、越是充满了憎恨与暴力，改变就越困难。你可能需要专业治疗师的帮助。如果需要的话，就去寻求专业帮助，通过寻求帮助来解决自身问题并不羞耻。

改变性格陷阱包括逐渐改善你对待自己的方式、对待他人的方式，以及你允许他人怎样对待你的方式。除非你经历过真正的虐待性关系，否则改变的过程通常不会是突然的、戏剧性的转变，而会是一个渐进的过程。患者的自我感觉逐渐变得更好，更能接纳爱，更少去防御。他们会觉得和别人的关系更近了，也觉得自己更多地被珍视和被爱。

记住，这并非一个短期问题。在未来几年里，你将一直致力于改变，但是，在这个旅程中你会一直有所进步。慢慢地，你就会开始认同，你的自我缺陷感是后天习得的，而非天生的。一旦你可以接受自己的缺陷并非真实存在这个观念，治愈的过程就会开始奏效。

第 13 章

"我觉得自己如此失败"：失败陷阱

———◦ 凯思琳：38 岁，认为自己在职场上是个失败者。

凯思琳第一次走进我们办公室的时候，她的外表看起来紧张、垂头丧气的。她告诉我们，她考虑来治疗已经有一段时间了，但一直拖着。

凯思琳：我最近一直觉得十分抑郁。

治疗师：怎么开始的？

凯思琳：嗯，我抑郁事实上已经有很长时间了。有时，我想我这一辈子一直都抑郁。但是，几周前发生了一些事让我真的很难过。我和老公出去吃晚饭，碰到了我的朋友罗妮。她是我的大学同学。你知道的，我们开始聊天，我发现，她刚刚成了她们法律事务所的合伙人。

治疗师：那给你造成了困扰？

凯思琳：是的，那让我困扰。我是说，看看我自己，38 岁了，唯一
　　　　能拿得出手的就是一个制片助理的工作。我的意思是，我
　　　　基本上就是一个跑腿的勤杂工，并且 15 年来一直如此。

凯思琳是电视台的制片助理。这基本上是一个入门级的工作，大学毕
业入行以后，她就一直在这个岗位上。她几乎从未升职。她说："我觉得
自己如此失败。"

──○布莱恩：50 岁，虽然他很成功，但仍然觉得自己是个失败者。

布莱恩有"冒牌者症候群"。有这种问题的人觉得他们的成功不是真
实的。他们相信自己蒙蔽了别人，让别人觉得他们比实际上更有能力。尽
管布莱恩有一份很好的工作，是一位杰出政治家的新闻秘书，他仍然**感觉**
自己是个失败者。

布莱恩：我没有疯，我知道我有一份很好的工作，人们觉得我很厉
　　　　害，认为我干得不错，但我还是一直担心，就好像我是个
　　　　赞扬迷，如果老板说我干得漂亮，我会高兴得飘飘然到九
　　　　霄云外，但是哪怕他对我的工作只做了一个很小的修正，
　　　　我就开始担心他不再喜欢我了，会炒我鱿鱼。
治疗师：就好像他看穿了你似的。
布莱恩：是的，仿佛我一直都是装出来的，现在终于被他发现了。

布莱恩的成功感是脆弱的。他害怕被人发现自己是欺骗者，然后，他
的整个职业生涯就崩塌了。

失败问卷

这个问卷可以测量失败陷阱强度。请使用下列计分标准回答以下问

题。根据你的感受，而不是理性的想法来回答。

计分标准

1 分：完全不符合我

2 分：基本不符合我

3 分：有点儿符合我

4 分：部分符合我

5 分：基本符合我

6 分：完全符合我

即使总分不高，但是如果你在某些问题的评分达到了 5 分或 6 分，那么这个性格陷阱可能仍然适用于你。

表　13-1

得分	问题描述
	1. 在获得各类成就方面，我觉得自己不如别人胜任
	2. 就个人成就而言，我觉得自己是个失败者
	3. 同龄人都比我在事业上更成功
	4. 我在学生时代是个失败者
	5. 我觉得自己不如身边交往的大多数人那么聪明
	6. 在工作方面，我为自己的失败而感到羞愧
	7. 在别人面前我觉得难堪，因为我在取得成绩方面比不上他们
	8. 我常常觉得，人们认为我比实际上更有能力
	9. 我觉得自己没有什么在生活中拿得出手的特殊才能
	10. 我没有充分发挥自己的潜力
	你的失败陷阱总分（把 1 ～ 10 题的所有得分相加）

失败问卷得分解释

10 ～ 19 很低。这个性格陷阱大概对你**不**适用。

20 ～ 29 较低。这个性格陷阱可能只是**偶尔**适用。

30 ～ 39 一般。这个性格陷阱在你的生活中是个**问题**。

40 ～ 49 较高。这对你来说肯定是个**重要**的性格陷阱。

50 ～ 60 很高。这肯定是你的**核心**性格陷阱之一。

失败陷阱的体验

与你眼中的同辈比较，你感觉自己像个失败者。多数时候，你或许可以感知到自己的性格陷阱，你的失败感临近表面，一触即发。

> **凯思琳：** 我就是个笨蛋。我没有再进一步的能力。一次又一次地，我看着年轻人拿到和我同等级的工作，然后超越我。我的意思是，我已经38岁了，还在和二十二三岁的人一起竞争升职的机会。太丢人了，已经不能更差劲了。

和凯思琳一样，你的失败感也让自己很痛苦。

多数有失败陷阱的人都更像凯思琳，而不是布莱恩。也就是说，他们的实际成就水平低于他们的潜力值。他们的外在状态大致与内心的失败感一致。偶尔，我们也会见到像布莱恩那样的人，明明有很高的成就，却感觉那是欺骗性的。

> **布莱恩：** 我真的感觉自己与周遭的工作环境格格不入。我觉得身边的每一个人都是顶级人才，我不属于那里。我不知道怎么蒙蔽了所有的人，让他们认为我比实际上更聪明，更有能力。他们早晚都会发现真相的，只是时间问题罢了。

在任何情况下，无论你的实际状态或成就如何，内心世界都是一样的。无论你看起来是否成功，多数时候你的自我体验都是失败的。凯思琳和布莱恩都觉得，因为自身的不足，他们注定会失败。

你主要通过逃避的方式来强化失败陷阱。逃避让你退缩不前，你避免采取必要的措施来拓展知识、促进职业发展。你坐失成功的机会，害怕尝试以后会失败。

> **凯思琳：** 几周前，我去找老板谈话，请他让我负责一个项目的调度。

我极少做这种事，但我就是觉得我必须得这么做。总之，老板让我先写一个提案，你知道的，计划什么的。嗯，已经过去三周了，我还没有写。项目明天就要开始了，现在真的已经太晚了。

如果你有失败陷阱，则会大量地使用逃避作为自己的应对方式，避免去发展能力、接受新任务、承担责任，而这些很可能正是成功所必备的挑战。你的态度往往是："有什么用呢?"你觉得努力没有意义，反正你是注定要失败的。

你的逃避可能并不明显。你可能看起来正在处理工作，但实际上仍在做逃避性的事。你拖延、分心、工作处理不当，或把已经接手的任务搞砸。这些都是自我伤害性的行为。

布莱恩： 老板交给我的上一个项目，我一直很焦虑，以至于直到这周才真正开始做。我现在压力真的很大，这会儿我已经不可能按照原本应有的方式去完成它了。这整件事把我弄得疲惫不堪。

你对失败的可能性的逃避倾向损害了你把工作做好的能力。你可能因此要承受真正的惩罚，比如降职、解雇。

你屈从于失败陷阱的另一种方式是不断扭曲事实和情况，强化自己是个失败者的观点。你夸大消极面，缩小积极面。

布莱恩： 我知道我会把事情夸大。就像昨天，老板给我写的一个通讯稿做出了十分积极的评价，但是批评了其中很小的一个细节。毫无疑问，回家以后我整晚都因为那个细节而焦躁不安。

你可能也会觉得抑郁。

凯思琳： 我就是觉得我的生活已经达到了一定程度，但是还没能到我想要的那个位置。然而我又觉得我似乎永远也到达不到了。

你对自己的失败感到沮丧，也看不到什么改变的希望。

失败陷阱通常是容易评估的。你可能非常了解自己那令人痛苦的失败感。

这个性格陷阱起源于童年时代的失败感。造成它的原因可以有很多种。

失败陷阱的起源

1. 你的父母（一般是父亲）对你在学习或体育等方面的表现很挑剔。他（她）常常说你蠢、笨、无能、是个失败者等。他（她）可能曾虐待你。（你的失败陷阱可能和自我缺陷感或虐待相关联。）

2. 你的双亲或双亲之一非常成功，导致你逐渐认为自己永远也无法达到他们那样高的标准，所以你不再尝试。（你的性格陷阱可能和苛刻标准有关。）

3. 你可能感觉到自己的双亲或双亲之一不在乎你是否成功，甚至可能更糟，如果你做得好，他们会觉得受到了威胁。你的父母可能和你是竞争关系，或者害怕如果你在世界上太成功，他们就会失去你的陪伴。（你的性格陷阱可能与情感剥夺或依赖相关。）

4. 在学习或体育方面，你可能不如其他孩子，并因此感到自卑。你可能有某种学习障碍、注意力差，或者身体非常不协调。于是，为了避免因此而丢人，你停止尝试。（这可能与社交孤立有关。）

5. 你可能常常被拿来和兄弟姐妹比较，而你又不如他们。你开

始相信自己永远也赶不上他们，所以不再努力。

6. 你来自其他国家，父母是移民，或者和同学相比，你的家庭更穷或受教育水平更低，在同辈面前你觉得自卑，从来不觉得自己可以赶上他们。

7. 父母没有给你设置足够的边界。你没有学会自律、责任。所以，你没能按时做作业，没能学会学习技巧。这最终导致了你的失败。（你的性格陷阱可能与权利错觉有关。）

如你所见，失败陷阱可能与其他性格陷阱相关，包括自我缺陷、虐待、苛刻标准、情感剥夺、依赖、社交孤立和权利错觉。

凯思琳童年时期同时有几种不同的力量将她推向了失败陷阱。

凯思琳： 对我造成伤害的其中一件事是，父母并不真的在乎我的学习成绩。那其实也是他们不关心我的一贯态度的表现。我是说，拿成绩单回家的时候，其他孩子都要吓死了，而我从来都不用担心，因为他们不在乎。我的问题是怎么才能让他们看看我的成绩单并签名。这很诡异，但我确实曾嫉妒过那些怕带成绩单回家的孩子。我记得有一次，和朋友梅格在学校的女生更衣室里，她在小隔间里一直哭，喋喋不休地说着"我不能回家，父亲会杀了我的"，没完没了。虽然她是那么难过，但我仍觉得嫉妒她。是不是很不可思议？

治疗师： 她有人关心、在意。

凯思琳： 是的，但是还发生了另外一件事，我经常生病而且有哮喘，早些年缺了很多课。我落下了课一直没追上。我能上大学真是个奇迹。

凯思琳落下以后没人帮她，没人敦促她要追上来。她反而开启了长期的逃避模式。

> **凯思琳：** 我会假装生病，这样就不用去学校。如果要考试或者要交论文，那天我就会生病。我只是不想再次面对不及格的羞耻。
>
> **治疗师：** 你会试着学习那些内容吗？
>
> **凯思琳：** 不会，我只是看电视，我的童年时光都用来看电视了。

凯思琳没能学会获得成功所必需的技能和自律能力。她的办法是，设法干得越少越好，然后尽可能地隐瞒。

凯思琳的失败陷阱是情感剥夺的副产品，而布莱恩的问题更多地关于自我缺陷。

> **布莱恩：** 父亲总是对我的各方面都很挑剔，不仅仅是学习。其实我的成绩还算可以，但我从来都不相信，不相信自己是真的掌握了。

很长时间以来，布莱恩一直觉得自己的成功是愚弄世人。小时候他成绩不错，但是他整体上的缺陷感太强了，以至于他无法相信自己。

通过反思发现，他的父亲似乎认为他们两个是竞争对手。贬低布莱恩是让他父亲自我感觉更好的一种方式。

> **布莱恩：** 特别是在他失去工作、我们不得不搬到一所更小的房子里之后，那时我八岁，他真的是不断地打击我，通过羞辱我来让自己感觉好起来。

布莱恩在学习上的成功让他父亲感觉受到了威胁。父亲害怕布莱恩会超越自己，所以他因为成功而惩罚布莱恩。父亲损害了布莱恩的自信，也破坏了他信任自己的能力。

失败陷阱可以通过某种方式自我维系，以至于你的整个工作领域成为一场灾难。你对失败的预期变成一个自证预言。以下是你自我破坏、保证自己一直是个失败者的多种方式。

失败陷阱

1. 在工作中，你不采取必要的措施来发展扎实的技能（例如完成学业、阅读最新进展、向专家拜师学艺）。你随波逐流或试图忽悠他人。

2. 你选择不能充分发挥自身潜力的工作（例如，你大学毕业，有出色的数学能力，但是现在却在开出租车）。

3. 你逃避在所选工作领域获得提升所必要的步骤，你的晋升不必要地受挫了。（例如，你没能接受升职的机会，或没提出升职的要求；你不做自我营销、没能让重要的人了解自己的能力；你留在安稳而没有前途的工作岗位上。）

4. 你不想忍受给他人打工或做初级工作，于是最终只能在自己的领域被边缘化，没法努力往上爬。（注意这与权利错觉和屈从陷阱的重叠之处。）

5. 因为迟到、拖延、工作表现不佳、态度不好等，你去参加工作但反复被开除。

6. 你无法投入到任何一个职业中去，所以从一种工作飘到另一种工作，一直未能在任何领域形成专业能力。在奖励专才的工作文化里，你是个通才，所以从未能在任何职业中走得太远。

7. 你选择了一个极难成功的职业，又不知道什么时候该放弃（比如表演、职业体育、音乐）。

8. 在工作中，你一直害怕主动采取行动或独立做决定，所以从没有被擢升到需要负更多责任的职位上。

9. 你觉得自己基本上是个蠢笨、没有天赋的人，所以即使客观

上你已经相当成功，却仍然感觉那是欺世盗名。

10. 你小看自己的能力和成就，夸大自己的缺点和错误。即使你和同辈一样成功，也感觉自己是个失败者。

11. 你选择了成功的男人（女人）作为伴侣。你间接地活在他们的成功里，而自己却没有取得多少成就。

12. 为了弥补自己成就感和工作能力的缺乏，你更关注自己的其他优点（例如你的外表、魅力、年轻、为他人牺牲）。但在内心，你仍然觉得自己是个失败者。

这里的许多模式归根结底都是逃避的问题：你逃避采取必要措施去自我提升。通过逃避，你经常将事件扭曲，以强化自己愚笨、没有天赋、没有能力的自我认知。

在其他的社会角色中表现突出，是弥补失败陷阱的一种方式。男性可能会在运动或吸引女性方面表现卓越，女性可能在外表或不吝付出方面突出。但是，尤其是对男性来说，找到有效的替代品是困难的。在男人身上，社会更看重的除了成就，还有什么呢？在事业上感觉自己像个失败者的男人，很可能会觉得自己整个人都很失败。当然了，随着事业在女人的生命中变得更重要，男人和女人之间的这种区别正在改变。

青春期的布莱恩通过叛逆来代偿自己的失败陷阱。他穿着奇装异服、骑着机车、擅长追女人。他找到了一个既不用解决主要问题，又可以让自己感觉良好的方法。他通过开拓出一个可以获取成功的领域来弥补失败感。

凯思琳代偿的方式是选择一个成功的伴侣。她的丈夫韦恩是一档最受欢迎的电视节目的首席编剧。当她去参加与工作相关的集会（例如鸡尾酒会和会议）时，她出入于最高层的圈子。

为了补偿自己的失败感，你可能会被其他的角色或成功的伴侣所吸引。这其实是你的另一个逃避策略，是你逃避面对成功的挑战的另一种形式。

这种补偿是脆弱的、容易崩塌的，并会被失败感所取代。你需要更直接地解决成就问题。

以下是改变你性格陷阱的步骤。

改变失败陷阱

1. 评估你的失败感是对现实的精确认知还是扭曲的错误认知。

2. 感受自己内心深处那个自觉是个失败者的孩子。

3. 帮助自己内心的孩子看到你曾受到过的不公平的对待。

4. 开始认识到自己在成就领域的天赋、技巧、能力和素养。

如果事实上，和同伴相比，你真的失败了：

5. 尝试找到失败的模式。

6. 一旦找到了自己的模式，制订一个计划去改变它。

7. 写一张卡片，用以克服自己的失败蓝图。一步步照着计划执行。

8. 邀请所爱之人参与到这个过程之中。

---

1. 评估你的失败感是对现实的精确认知还是扭曲的错误认知。要做的第一件事是评估你失败感的正确程度。如前所述，大多数时候，像凯思琳一样，你会有很多真实的证据，证明与同伴相比你确实失败了；但有些时候，像布莱恩一样，你对失败的认知是不准确的，也找不到什么证据来支撑它。

列出和你一起上过高中、大学或研究生的各种人的名单，务必要从班里最差、中等和最优的人中都选出一些。写出每个人在各自所选领域中的成就。他们的进步有多大？他们的工资有多少？他们在工作中要承担多少责任？相比之下，你处在什么位置？

2. 感受自己内心深处那个自觉是个失败者的孩子。试着回想被家人或朋友批判、羞辱、比较或打击的记忆。理解自己陷阱的起源。

当前生活中的事件触发了你的失败陷阱的时候，花些时间通过意象法来探索这个事件。坐在昏暗、安静的房间里，闭上眼睛，想象当前事件的图像，尽量让这个图像更生动、更能情绪化。然后，让小时候激发你相同感受的回忆出现。不要勉强，就让它浮现在脑海里。

以下是与凯思琳的心理治疗中的例子。

凯思琳： 哦，我真的搞砸了，感觉特别不好。我告诉老板的搬运工来拿套件的时间是错的。他雇了很多人来加班，帮忙搬运，他们都来错了时间。老板还是要付他们工资的，他真的对我很生气。我的天哪，我因为这事感觉非常糟，我无法让自己停下来不去想它。（开始哭。）

治疗师： 你想要就此做一个意象练习吗？

凯思琳： 好的。（继续哭。）

治疗师： 那么，闭上眼睛，回想一个刚才你老板那件事的场景画面。

凯思琳： 好的。我看到自己在老板的办公室里，他就要走进来和我谈这件事了。

治疗师： 你的感受如何？

凯思琳： 哦，我觉得很狂乱，真的是惊慌失措。我在来回踱步，不知道该怎么办。我的心怦怦直跳，哦，天哪，我很害怕。

治疗师： 好的。现在给我另外一个你小时候也有同样感受的场景画面。

凯思琳： 好的。我坐在六年级时的教室里，老师也在，她在让大家轮流发言，每个人都在展示自己的读书报告。头天晚上，我们的作业是阅读一本关于非洲的书的部分章节，然后做一个小的报告展示。只不过，我没做作业。我没有做，而她现在正在让每个人轮流展示，一定会轮到我的，而我什么也说不出来。

你的意象场景可以帮助你理解自己的性格陷阱起源。那个觉得自己像个失败者的孩子仍然活跃在你心里。

3. 帮助自己内心的孩子看到你曾受到过的不公平的对待。很多童年时的失败都是因为我们被强迫在自己并不擅长的方向取得成功。有些家长有自己的设想，会不顾孩子自身的天赋和爱好，而想让他们在特定领域超人一等。

布莱恩的父亲是第一代移民，他很努力地想给孩子好的教育。他想让布莱恩成为一名医生。甚至在布莱恩很小的时候，他父亲就告诉别人，布莱恩将来会是一名医生。

布莱恩： 问题是，科学和数学并非我所喜欢的。我对有创造性的东西更感兴趣，比如艺术和写作。父亲总是看不起我对艺术的兴趣，他过去常说"有了这个，再加上 50 美分，你就可以坐一趟地铁了[⊖]"。我的意思是，在大学里，我试过读医学预科。但是，我就是无法胜任。那对我来说是非常糟糕的一段时光，无论我如何尝试，都无法在任何一堂课上拿到 C 以上的成绩，我差点儿精神崩溃。我转专业到创意写作以后，父亲对我大为光火。他不再替我付学费，我不得不去贷款，他真的很愤怒。（模仿父亲的声音）"这太不切实际了，你永远也养活不了自己"。直到今天，父亲仍然会批判我的工作。虽然我也有一份好工作，受人尊重，报纸上也会提到我，我也赚了很多钱，但他仍然会贬低我所做之事。他会谈论我们邻居家的儿子，说他是个外科医生，他才能真正赚钱。

小时候你的特长和天赋是什么？人们对你的期待是合理的吗？如果你在自己有潜力获得成功的领域得到了表扬、支持和引导，你可以做到多好？

去对那些让你觉得失败的人生气。驳斥自己的性格陷阱，维护自己的

⊖ 意指这个一文不值，50 美分本身就可以坐一趟地铁了。——译者注

权利。你可以通过写信、直接与人沟通或意向练习来完成这一步。

治疗师：在意象场景中告诉父亲你的感受。告诉他，他的态度如何影响了你。

布莱恩：好的。爸爸，当你总是贬低我的职业，总是在谈论医生有多成功，这真的让我很烦躁。首先，我在所有人眼中都是一个成功者，而唯独在你眼中不是，这让我很挫败。每次见你，我都会觉得自己是个失败者。这太令人抓狂了，我做得很好，难道你就理解不了吗？

想象一个父亲、母亲或同辈的形象画面，告诉这个人你的感受。

是否在现实生活中直接与这个人当面对质由你来决定。但是，在决定与某人当面对质之前，确保自己已经做好了情绪上的准备，可以面对他（她）矢口否认你的指责。不要盲目乐观地认为这个人会因为你所说的话而突然改变。如果他（她）真的能改变，那很好，但不要指望这一定会发生。

重要的是，你可以通过某种方式与这个人正面对峙，并且为自己的做法感到骄傲。要举止得体、保持冷静沉着、简洁而直接地表达自己的观点。如果对方争辩，不断地重申自己的立场，直到你把话说完为止。告诉对方他们带给你什么样的感受，以及你对他们原本的希望是什么样的。

治疗师：你对父亲说了什么？

布莱恩：我告诉他，他对我的挑剔是不公平的，小时候，我真的比他想的更有天赋、有能力。我告诉他，他让我觉得自己无能，那给我造成了很大的伤害。他总是要打断我，但我一直礼貌地请他让我说完。我告诉他，我想让他从现在开始更支持我的工作。我想让他对我的成就给出一些认可。

治疗师：那感觉如何？

布莱恩： 嗯，这样做挺难的，但是之后感觉挺好。想起这件事的时候，我仍然还是感觉不错。

如果你能用克制的、坚定自信的方式去和人对峙，你会发现那感觉很好。

无论你是否直接去与人对峙，重要的是你要在自己心里与他们对峙。写一封不会寄出的信，或者做意象练习。让那个坚强的你发声去拒绝失败者的标签。

4. 开始认识到自己在成就领域的天赋、技巧、能力和素养。记住一个重要的原则：智商分很多种。让你学习成绩好的并不是唯一的一种智商，还有语言智商、数学智商、视觉空间智商、音乐智商、体格智商、机械智商、人际智商等，所有的都要算在内。

你的特殊能力是什么？你在绘画上有天分吗？你擅长机械、逻辑能力强吗？你在运动、舞蹈上有天赋吗？你有某种创造能力吗？你擅长与人相处吗？极少有人真的没有任何天赋。

回顾你在每一个自己具有天赋的领域取得了哪些成就。尽量客观地看待自己。我们知道这对你来说有困难，你倾向于小看自己的成就，夸大自己的失败。不要这样做，不再强调消极面，尽量准确地认识自己的价值。

我们需要一个准确的蓝图来判断你是否充分利用了自己的天赋。我们相信，最成功的人是那些能够找到自己的自然天赋，并在此基础上不断积累的人。

用一张清单列举你在各成就领域的天赋、技巧、能力和才能，特别是你的自然天赋。每天都回顾这张清单，提醒自己的潜力所在。列清单的时候，请求朋友或重要他人的帮助。

以下是布莱恩的清单。

我的天赋和才能

1. 我是个好作家。

---

2. 我有好的想法，有创造力。

3. 我在争辩中具有说服力。

4. 在政治方面，我自学了很多。

5. 我富有幽默感，尤其是在政治话题上。

6. 焦虑水平不是很高的时候，我可以完成很多工作。

7. 在纽约的政治舞台上，我是一个杰出人物。

对像布莱恩那样具有不当的失败感的人来说，完成第 1 ~ 4 步就足够了。这些步骤会带给你自我认知和自我感受上的改变。

但是对大多数人来说却并非如此。你们中多数人所具有的失败感都是比较正确的。完成第 1 ~ 4 步以后，你得出的结论可能仍然是：自己是个失败者。你可以承认自己的天赋和能力，可以与伤害你的人对峙，可以学会怜悯自己内心深处的孩子，可以准确地评估自己到目前为止取得的成就，但是，你的结论可能仍然是，自己是个彻头彻尾的失败者。

你们中的多数人都需要做得更多，需要行动上的改变。你需要改变自己以逃避为基础的立场，转而采用一个更积极面对和更有掌控感的态度。哪怕是布莱恩，也有尚未开发的才能。他喜欢写小说，但是因为父亲的态度，他从未真正投身其中。在面对引起焦虑的任务时，即使是布莱恩也会拖延、推迟。

如果和同龄人相比，你真的失败了，继续以下步骤。

5. 尝试找到失败的模式。 聚焦在你的个人生活史上，从头开始，回顾你的求学和职业生涯。你从最开始就是一个失败者吗？还是最开始有迹象表明你有潜力，但是因为缺乏支持而逐渐消失了？

父母是如何处理你的成功和失败的？他们会批评、支持还是鼓励？小时候，你是会逃避任务，还是会完成它们？你会避免接受挑战吗？

再看看你的职业生涯中有什么行为模式。你选择了一个无法完成的职业吗？你没能投身于一项职业吗？你的职业完全不能发挥你的潜力吗？你一直害怕承担责任、主动行动，或者请求升职吗？你在工作上拖延、态度不好，或者表现不佳吗？你有没有发展技能、获得证书、接受足够的培训所必需的自律？

归根结底，你的行为模式很可能是逃避的问题。你会发现，失败其实是逃避的直接后果，而不是你天生有缺陷、缺少天赋、没有能力的结果。

凯思琳在自己的个人史中找到了许多逃避的证据。因为她经常生病，所以学习落了下来，却从来没有赶上去。上学对她来说是段丢人的经历。

> **凯思琳：** 我记得有很多次被老师点名，而我不知道答案，我觉得非常尴尬，孩子们嘲笑我。同学们曾经在操场上叫我"笨蛋"。

学校越让她反感，她就越发地逃避。她经常生病和在学习上的失败就像鸡生蛋、蛋生鸡的问题一样，形成了急剧的恶性循环。

凯思琳的天赋是艺术。她有很好的视觉感和设计感。比如，小时候，她常常重新装饰自己的房间、绘画，但是她没能在学校里继续发展这项技能，学校对她来说充满了焦虑。

> **凯思琳：** 我记得，高中时有一次，老师让我设计他们排练的校园剧的布景。我们之前做过一次设计类的家庭作业，他很喜欢我的作品。但是，我告诉他"不行"。我其实是想做的，但我真的太害怕了，以至于做不了。

在某些科目上，凯思琳确实没有什么天资。但是，她本可以绕开自己的弱点，充分发挥自己的优势，不过她没有。成绩差的创伤导致她逃避一切。

6. 一旦找到了自己的模式，制订一个计划去改变它。 在最基本的层面上，这涉及采取措施克服逃避，开始面对挑战，而非逃跑。认识到自己的真正天赋，接纳自己的不足，在可以发挥自身长处的领域努力。

想清楚你可以如何在自己最有能力的领域谋求发展。为此你可能需要从事一个新的职业，也可能只需要在当前职业领域稍稍改变一下方向。

为了达成目标，你需要做些什么？列举出需要在未来做出改变的行为。制订一个改变的时间表。第一步是什么？不要再找借口，让自己不再逃避，并甘冒失败的风险，这是成功的必经途径。

给自己布置小的任务。我们相信老话所说的，"千里之行始于足下"。设置一个可执行的金字塔阶梯，一步接着一步地向上爬，把每一步都设计得合理、可实现。从一个你可以胜任的任务起步。如果你从一个过难的任务开始，就不太可能成功。

你有潜力，但还没有真正发挥它。因为你过多地逃避，所以你可能在学习上真的有欠缺。在自己的领域中，你可能要从头开始，学习基本技能，甚至可能要回到学校继续深造。

将进步归功于自己、奖励自己、鼓励自己，认可自己的进步。

因为凯思琳的强项是她的视觉和设计能力，她给自己制订了一个成为电视布景设计师的目标。奇怪的是，虽然这是她的主要兴趣所在，但是她却从未朝这个方向做过努力。相反，她做的是管理者的角色，比如调度和人事管理。这个领域要用到的是她的组织和管理能力，而这些正是她的弱点。在她充满嫉妒地看着布景设计师们工作的同时，她在处理自己的管理任务时却频频出错。

凯思琳是从观察布景设计师开始的。为此，她在下班后仍然留在工作单位。她慢慢地开始与设计师们建立起了联系，成了一名志愿者。与此同时，她开始上设计类课程，学习基本技巧。最终她受聘成了一位设计师的学徒。这使她在短期内工资有所降低，但是凯思琳知道她正在努力上升的过程当中。

她在可以利用到自己视觉设计能力的任务上集中精力，做出了全方位的努力，并让他人来承担管理任务。她不再让自己去做注定失败的事情。

我们知道这是改变过程中困难的一环，但是你必须得推自己一把。随着事业开始有所起色，其产生的积极的效果就足以支撑你走下去了。整个过程就会变成一个可以自我维系的积极循环。直面逃避几乎总是可以给生活带来显著的积极影响。

开始是最难的，之后就会变得更简单。

7. 写一张卡片，用以克服自己的失败蓝图。一步步照着计划执行。 认识到自己的失败陷阱以及你逃避的历史记录，但同时也要列举出你有潜力获得成功的证据。给自己下达指令去践行通往成功的下一个小步骤。提醒自己继续逃避的后果。

以下是我们和凯思琳一起写的卡片。

失败陷阱卡片

现在，我心里充满了失败感。这是一种熟悉的感觉，我一辈子一直都有这种感觉。在我的一生中，我一直避免为了获得成功而冒险。在我一生中，我一直忽略自己的设计天赋，尽管老师曾经指出来过，我也喜欢设计类的课程，也能在课上取得不错的成绩。我反而去追求我并不擅长的事儿，让自己注定失败。

我的逃避开始于童年生病和孤单的时候。学业落下以后，没人帮我赶上来，也没人注意到。小时候，逃避可以帮我应付过去，但是现在，逃避对我没有任何好处了。

但是现在，我已经走上了正轨，我在试着成为一名布景设计师，我有了一个很好的成功机会。我现在只需要让自己集中精力在这条路上走下去，聚焦于自己正在进步的这个事实。

不要再次开始逃避，那只会把我再次引入失败之中。我的下一步是什么？这才是我该做的事，致力于进行下一个步骤。

随着你开始改变，将每一次小的成功都归功于自己，把它们加到卡片上。

8. 邀请所爱之人参与到这个过程之中。 试着建立起一个对抗而非支持自己失败陷阱的人际关系氛围。如果你的父母或伴侣打击或批判你，采取反击。在你一步步地着力改变的时候，寻求支持和鼓励。如果你的伴侣非常成功，那么强调你自己也需要获得成功，即便你并不需要一份赚钱养家的工作。

写在最后

如前所述，失败陷阱往往和其他性格陷阱相关。为了能够真正打败失败陷阱，你可能也需要同时处理其他的问题。布莱恩必须要着手解决他的自我缺陷陷阱，帕梅拉也需要着手处理她的情感剥夺陷阱。阅读专门讲解相关性格陷阱的章节，同时着手克服它们。

克服有些性格陷阱能为你带来极大的成就感，失败陷阱正是其中之一。眼下充满了羞耻和不安的一大生活领域可以转变为一个增强自尊的源泉，但是你必须得愿意去战斗，愿意堵住逃避的去路，充分发掘自己优势领域。

Reinventing
Your
Life

第 14 章

"我总是按你们说的做"：屈从陷阱

──○ **卡尔顿**：30 岁，总是把他人需求放在自己的需求之前。

卡尔顿首先给我们留下深刻印象的是他看起来焦虑、迫切地要取悦他人。无论我们说什么，他都会想法子去同意。大多数患者在第一次见面时，至少都会花些时间了解我们，判断我们是否是他们想要的那种治疗师，但是卡尔没有，他似乎更关心我们对他的看法，以及他是不是我们想要的患者。

卡尔顿结婚了，有两个小孩。你可能会叫他妻管严。他的妻子艾丽卡要求很高。他努力让妻子满意，但却似乎极少成功。家里的所有决定都由艾丽卡来做。给孩子们设定边界让卡尔觉得为难。每次管教孩子，他自己都会觉得内疚。他在父亲开办的纺织企业里工作，虽然他从没想要在父亲的厂里工作，但是他选择了顺从，因为那是他必须要做的。他并不喜欢自己的工作。

卡尔顿感觉自己的生活陷入了困境。他因为抑郁而开始治疗。他有时梦想着逃到一个新的地方，成为他想成为的人。

⊶玛丽艾伦：24 岁，感觉自己陷入了婚姻的困境，丈夫跋扈专横。

玛丽艾伦给我们的第一印象是，在她快乐的表面之下，有一丝怨气在发酵。她迅速进入自我防御状态，似乎预期着我们会试图操控她。

治疗师：听起来你对自己的婚姻相当不满意。
玛丽艾伦：你是在告诉我应该离婚吗？

我们发现自己变得很小心，不说任何可能会让她误读为要操控她的话。

玛丽艾伦在自己还是个青少年的时候就结婚并生下第一个孩子了。她现在已经结婚七年了，有两个孩子。

玛丽艾伦：我最大的问题就是丈夫丹尼斯，他很挑剔。我总是东奔西跑地伺候他，感觉像个奴隶。如果他想要什么东西，他会要求我立刻照办。不仅如此，他对每件事都有特定的要求。如果不能完全合他的意，他就大发雷霆。他会变得很讨厌，喋喋不休、没完没了。昨天，因为我晚了十分钟叫他起床，他冲我大喊大叫好几个小时。

玛丽艾伦觉得和丹尼斯一起生活简直让人无法忍受。更糟糕的是，丹尼斯不允许她离开家人，和自己的朋友在一起。有一次，丹尼斯发现她偷偷溜出去见朋友，就打了她。之后不久，她就决定开始心理治疗。

玛丽艾伦觉得自己生活在令人绝望的不幸之中，但是她害怕如果她想要离开，丹尼斯不知道会做出什么事来。此外，她觉得应该为了孩子而留下来。让玛丽艾伦更震惊的是，她和丹尼斯的关系与她和父亲之间的关系是如此相像。事实上，她当初结婚的最主要原因就是为了避免和父亲住在一起。现在，和丈夫住在一起似乎更糟糕。

卡尔顿和玛丽艾伦都有屈从陷阱。他们让别人操控自己。

屈从问卷

这个问卷可以测量你的屈从陷阱有多强。请使用下列计分标准回答以下问题。

计分标准

1 分：完全不符合我

2 分：基本不符合我

3 分：有点儿符合我

4 分：部分符合我

5 分：基本符合我

6 分：完全符合我

即使总分不高，但如果你在某些问题的评分达到了 5 分或 6 分，那么这个性格陷阱可能仍然适用于你。

表　14-1

得分	问题描述
	1. 我让别人控制自己
	2. 我害怕如果我不屈服于别人的愿望，他们就会报复、生气或拒绝我
	3. 我觉得生命中的重大决策都不是自己做的
	4. 我很难要求他人尊重我的权利
	5. 我经常为取悦别人和获得别人的认可而担忧
	6. 我不惜一切代价去避免冲突
	7. 比起回报，我对他人付出更多
	8. 我能深切地感受别人的痛苦，所以常常到头来是我在照顾身边的人
	9. 当我把自己放在第一位时会感到内疚
	10. 我是个好人，因为我更多地想到别人，而不是自己
	你的屈从陷阱总分（把 1 ～ 10 题的所有得分相加）

屈从问卷得分解释

10 ～ 19 很低。这个性格陷阱大概对你**不**适用。

20～29 较低。这个性格陷阱可能只是**偶尔**适用。

30～39 一般。这个性格陷阱在你的生活中是个**问题**。

40～49 较高。这对你来说肯定是个**重要**的性格陷阱。

50～60 很高。这肯定是你的**核心**性格陷阱之一。

屈从的体验

在很大程度上，你会从控制的角度来看待这个世界。你生命中的其他人看起来总是能掌控一切，而你自己则感觉被身边人所操控。你屈从的内核是这样一个信念：自己必须取悦他人，必须取悦父母、兄弟姐妹、朋友、老师、恋人、配偶、老板、同事、孩子，甚至陌生人。十有八九，取悦人这一原则的唯一例外（你唯一不认为有义务去取悦的人）就是你自己。别人想要的东西才是第一位的。

卡尔顿和玛丽艾伦的生活中有一个共同主题，即感觉自己的人生陷入了困境。屈从的感觉是沉重压抑的，生活在这种感受之下是一种负担。总是要满足别人的需求这个责任太重了，让人精疲力竭。生活失去了很多乐趣和自由。屈从会剥夺你的自由，因为你的选择受别人的控制。你的关注点不在自己身上，不是"我想要什么，我想有什么感受"，而是"你想要什么，以及我做什么才能让你对我满意"。

屈从夺走了你对自己想要什么、需要什么，以及自己是谁的清晰感知。从小时候起，父亲就逼迫卡尔顿加入家族生意，他选择了屈从，尽管心里知道自己并不想做商人，但是他也不知道自己想做什么。他从未采用过恰当的方式去弄明白这一点。你是被动的，默默接受生活的安排。

卡尔顿： 我就是觉得在生活中得不到我想要的东西，我不知道如何才能得到。

治疗师： 你感觉自己所能得到的一切都是别人设计好了给你的。你没有去追求自己想要的东西。

你觉得自己无法改变生命中任何事件的进程。你感觉被自身境遇所困、被命运裹挟。你不是个行动的主体，而是个被动的反应者。你觉得自己什么也做不了，解决不了自己的问题。你只是在等待并期望着一切都会奇迹般地突然好转。

你可能自认为是那种容易相处的人。因为你附和、急于讨好，又倾向于避免矛盾冲突，自然能与别人相处融洽。你认为自己是个乐于妥协的人。你甚至可能将此作为自己的一个优点：你有灵活性，可以适应和多种不同的人相处。但是，你很难给别人的要求设定边界。当别人向你提出不合理的要求时，比如请你做超出工作范围的事，你的回应是"好的"。与此同时，你又觉得极其难以开口去请别人改变他们的行为，无论他们的行为给你造成了多大困扰。

同样地，你可能因为自己可以服务于他人、有能力帮助他人、关注他人的需求而感到骄傲。没错，支持他人的能力是自我牺牲类型的人的一个长处。你可能已经发展出了堪称典范的帮助他人的技能，甚至可能从事助人的行业。但是，你的弱点之一是常常不清楚自己想要什么。对于自己的需求，你经常保持沉默，不能坚定地表达。

屈从降低了你的自尊感。在与人交往中，你不觉得自己应当享有每个人都该拥有的正当权利。每个人都有这个权利，除了你自己。在一次婚姻治疗中，艾丽卡陈述了卡尔顿的这个问题。

艾丽卡： 那天晚上，卡尔顿让我非常生气。

治疗师： 发生了什么？

艾丽卡： 我们出去吃饭，卡尔顿的食物端上来的时候是凉的，但是他不肯让服务员拿回去重做，而是把食物留下来吃掉了。然而，他一整个晚上都在跟我抱怨这件事。

卡尔顿： 那看起来只不过是一件非常小的事，不值得大动干戈。

我们经常会在屈从的患者嘴里听到这样的论调：他们不去争取自己想

要的，因为自己的愿望看起来太微不足道。但是，当你最终把所有微不足
道的愿望都加在一起，留给你的就是一个几乎不曾被满足过的人生。

我们第一次向卡尔顿指出他的屈从时，他辩解说自己并非屈从，只是
脾性随和。但是，比起脾性随和，卡尔顿更加被动。脾性随和的人在某些
领域仍会有明确的态度，并且会坚决地表达自己的感受。在小事上，他们
不会发表意见，但在重大事件上，他们通常会表达自己的看法。他们也会
坚定地维护某些东西。如果是屈从的人，则几乎在任何情况下都不会有强
烈的意见。无论大事小事，无论有多重要，屈从的人不会有强大的自我
感。压抑的愤怒是另一道线索，表示你其实是屈从，而非脾性随和。

因为缺少强大的自我感，缺少对自己是谁的认知，你可能会有在操控
你的人面前迷失自我的危险。你太沉浸于满足别人的需求了，以至于开始
将自己与他们混为一谈。你与他们之间的边界变得模糊。你可能会把别人
的目标和想法误认为是自己的，可能会采纳别人的价值观，可能会丧失自
我。你也可能屈从于某个群体，特别是领导者魅力超群的群体。你甚至可
能会在一定程度上被邪教组织⊖所吸引。

在工作中，我们发现了屈从的患者允许别人控制自己的两个主要原
因。第一个是，他们因为愧疚而屈从，或者因为想要减轻别人的痛苦而屈
从。第二个是，他们因为预期会被拒绝、报复或抛弃而屈从。与这些原因
相对应的是两种屈从类型。

屈从的两种类型

1. 自我牺牲（因内疚而屈从）

2. 顺从（因恐惧而屈从）

卡尔顿因为内疚而屈从，他想得到认可，想让所有人都喜欢他。获得
认可是他最主要的动机，此外，卡尔顿能深切地感受到别人的痛苦。当他

⊖ 在中国环境内，也应当包含传销组织。——译者注

感知到别人正在承受痛苦，他就会去照顾人家。他努力去满足别人的需求，一旦他觉得自己没有做到，就会感到内疚。内疚让他觉得非常难受，而自我牺牲能够帮他避免内疚。

另一方面，玛丽艾伦因为恐惧而屈从。她顺从是因为害怕受到惩罚。她的恐惧是相当现实的：丹尼斯冷酷、跋扈、专横。但让人奇怪的是，玛丽艾伦为什么在会刚刚逃离了屈从于父亲的命运之后，又陷入了屈从于丈夫的困境之中。在婚姻里，玛丽艾伦重演了童年时的屈从。

自我牺牲

自我牺牲者会觉得要为别人的幸福负责。小时候，你可能为父母、兄弟姐妹或其他亲近的人的身体或情绪健康承担了太多责任。比如，你的父亲或母亲可能有慢性疾病或者抑郁症。成年以后，你就认为照顾别人是自己的责任。在此过程中，你忽略了自己。

你的自我牺牲是一种美德，但是做得过度了。照顾别人有许多令人钦佩的地方。

> **卡尔顿：** 我可能是在自我牺牲，但是我做了很多好事。我所有的朋友遇到问题时都来找我讨论。我母亲生病的时候，只给我打电话，是我带她去看医生，满足她的需求。而且，我在一家流浪汉收容所做志愿者。我也是绿色和平组织和国际特赦组织的成员。像我这样的人，让世界变得更美好。

你富有同情心，这可能是你天生性情的一部分。你对他人的痛苦感同身受，并且想替他们缓解痛苦。你努力解决问题，把一切变得更好。

这里有一点非常重要，那就是你的屈从多数是自愿的。你小时候所屈从的那个人并没有强迫你去做他（她）想要的事。相反，因为他们处在痛苦中或格外脆弱，所以你觉得他们的需求比你自己的需求更重要。

虽然，与其他类型的屈从者相比，自我牺牲者稍稍没有那么气愤，但是你一定也会有一些愤怒情绪。在你的生活中，付出与回报不对等，你的付出比回报要多得多。虽然从你那里获益良多但没有给予足够回报的人并不一定应该被指责，但几乎可以确定你也会有一些愤怒，哪怕你可能不承认心有怨怼。

你的性格陷阱主要从内疚的情绪中汲取力量。每当你把自己放在第一位的时候，就会内疚。每当你因为要克制自己而愤怒时，就会内疚。每当你无法减轻痛苦时，也会内疚。内疚驱动着你的屈从陷阱。

每当你暂时跳出屈从的角色，就会感到内疚。每次你感到内疚，就会返回自我牺牲的状态。很大程度上为了减轻内疚感，你会重新振作精神，继续屈从，再一次埋藏自己的愤怒。若要做出改变，你必须得学会忍耐这种内疚感。

在与妻子的关系中，卡尔顿展现出了这种愤怒加内疚的模式。他时时刻刻都在努力取悦她，但是他越努力，她就要求得越多。当然了，她的要求让他愤怒。然而，每当卡尔顿觉得愤怒，他就会立刻感觉内疚，然后加倍努力地取悦妻子。就这样，他在对妻子愤怒和因为自己的愤怒而内疚的两种情绪之间来回切换。

顺从

顺从是屈从陷阱的第二种形式。你不由自主地顺着屈从的程序走。无论事实上你是否有选择的空间，你感觉到自己似乎别无选择。小时候，你可能为了避免被父母惩罚或抛弃而屈从。父母威胁说要伤害你、不爱你或不关注你。在屈从的过程中有强制的成分。你几乎一直是愤怒的，即使你自己没有意识到。

玛丽艾伦是顺从型的屈从者。在童年和青少年期，玛丽艾伦的父亲是严厉的。

玛丽艾伦： 我出门的时候，他一定要知道我要去哪儿。我回来的时候，他必须得知道我都去过哪里。直到 17 岁，他才允许

我约会，这比别人都晚很多。他不许我化妆、穿紧身衣
服，工作日的晚上也不许我出门，周末也必须早早回家。
非常受罪。

治疗师： 你违反规定时会怎样？

玛丽艾伦： 他罚我不准出门，或对我大喊大叫。有的时候他会打我。
我恨他。

她觉得自己家就像个监狱一样。表面上，她顺从了父亲，因为她害
怕，但是心里充满了愤怒。

如果你的屈从属于这一型，那么你会有一个错误观念：你赋予逼迫你
屈从的人比实际上更强大的力量。无论现在让你屈从的人是谁（丈夫、妻
子或父母）实际上对你都没有多少控制力。你拥有结束屈从的能力。可能
有一些情况是例外（比如你的老板），但即使是在那种情况下，你仍然拥
有比你想象的更多的控制权。你可能不得不离开那个人，但是不管怎样，
你的屈从都是**可以**被终结的。你并不一定要和控制或虐待你的人在一起。

曾经，作为一个孩子，你的屈从确实是被迫的。和驱使你的成年人相
比，你是依赖且无助的。孩子无法承受被惩罚或抛弃的威胁。你那时的屈
从是有适应的意义的，但是成年以后，你不再需要依赖他人，不再无助。
作为成年人，你可以有自己的选择。你必须意识到这一点才能开始改变。

愤怒的作用

虽然你可能为人随和，但也会感受到许多强烈情绪的重压。特别是愤
怒的情绪，会在一次又一次地因为别人的需求而放弃自己的需求之后，逐
渐积聚。当你的需求长久得不到满足，愤怒在所难免。你可能会觉得自己
被利用、被控制、被占便宜，你也可能会觉得自己的需求不重要。

虽然你可能长期处于愤怒之中，但是更可能仅仅隐约地意识到自己的
不满。你可能都不会用愤怒这个词来形容自己。

卡尔顿：艾丽卡坚持要让我在去吃饭的路上顺便接她，让我觉得有点儿烦。我得绕很远的路，而且她离地铁站很近。

你相信，对别人表达你的愤怒是危险的、错误的，所以你否定、压抑这样的感受。

听到这样的说法，你可能会觉得惊讶，但是愤怒是健康的人际关系的重要组成部分。它是出现问题的信号，表示对方可能正在做不合理的事情。理想状态下，愤怒会驱使我们坚定表达、纠正问题。当愤怒产生这种效果的时候，是有适应性价值的、有帮助的。但是，因为你通常会克制怒火、抑制坚定的自我表达，所以忽略了身体的自然信号，没能纠正问题。

你往往意识不到自己是通过什么方式向他人表达愤怒的。你可能会因为一些看起来很小的事情明显地过度反应。玛丽艾伦的举止通常是平静被动的，但当女儿凯西晚饭迟到了十分钟时，她突然就被激怒了。她的勃然大怒震惊了女儿，也同样震惊了自己。

玛丽艾伦：凯西走进来的时候，我正站在门边。突然，我开始对她大喊大叫起来。我以前从来没有像那样对她吼过。我简直不敢相信。她看着我，像是惊呆了，然后就哭了起来。我赶紧跑过去，跟她说对不起。我记得那个时候我就在想，我真的需要去接受治疗了。

这种情况绝非罕见，猛烈而突然的暴怒发作不仅会让对方惊讶，也会让屈从者本人感到同样惊讶。这种积压的愤怒，放在触发它的情形中来看，通常是挺过分的。

虽然你有时可能会直接地表现出自己的愤怒，但是更常见的情况是，你会用一种变相的方式间接地表达：即消极抵抗的方式。你用一些微妙的方式报复别人，比如拖延、迟到，或者在背后讲人闲话。你可能只是下意识的行为。在被别人追问的时候，你会否认自己旨在表达愤怒。比如，经过仔细分析发现，玛丽艾伦对女儿大发雷霆事实上是因为她在生老板的气。

> **治疗师：** 那会儿你为什么对凯西那么生气？
>
> **玛丽艾伦：** 因为下班回家晚了，我急着赶在丹尼斯回家之前做好晚饭，凯西本该帮我的，但她也晚了。我下班回家后，情绪特别不好。老板又让我加班。

原来，玛丽艾伦的老板要求她加很长时间的班。她从未曾向老板直接表达自己的不满，也没有恰当地维护自己的权利。相反地，她经常上班迟到、错过工作任务的截止日期。她通过这样的方式报复老板，但这是间接的方法。她的老板不确定这是怎么回事儿，也不明白她的迟到是恶意的。

消极抵抗行为（例如拖延、在背后讲闲话、同意做某事却不做、找借口等），都有一个共同特征，那就是让人恼火，但别人很难明确消极抵抗的人是不是故意想要惹恼他们。

无论是通过治疗，还是因为其他原因，屈从的人有时会变得更坚定地表达自己。但是当他们这么做的时候，他们往往会感受到强烈的愧疚。这正是屈从陷阱的一部分，让你相信表达自己的需求是错误的。你最好能学会忍耐这种愧疚，继续坚定表达。在你变得更加坚定自信以前，愤怒对你来说会一直是个严重的问题，即使你时常意识不到它的恶果。

"我永不让步"：反抗者

屈从者一般在扮演被动角色时更轻松自在。但是，有些有屈从者学会了用反击的方式来应对。他们不顺从，而是扮演了一个完全相反的角色。他们变得咄咄逼人、飞扬跋扈。通过反击，他们对屈从的感受做出了过度补偿。

与卡尔顿和玛丽艾伦不同，反抗者更倾向于表现得仿佛只有他们自己才重要，只有他们才有需求。如果你属于这种情况，那么你应对屈从问题的办法是扮演一个咄咄逼人、目空一切、以自我为中心者的角色。你反抗，但尽管如此，你内心的感受和其他屈从者是一样的：你觉得自己没有那么重要，并且别人才是事实上的掌控者。你的咄咄逼人只是一张面具，你带着它时有一种虚伪感。你被逼到坚定自信状态的极端，甚至貌似有些傲慢。人们可能会指责你专横、控制欲太强。在虚张声势的外衣之下，你实际上感到被威胁。

对反抗者来说，愤怒一触即发。事实上，你可能大部分时间都很烦躁，并且可能很容易暴怒发作。在童年或青少年时期，父母试图让你顺从时，你的回应方式是不听话、不守规矩。你可能曾经有过乱发脾气的问题，或者在学校里有过行为问题。你当下可能仍然在面对权威人士时有问题。你很容易失态，用不恰当的方式表达愤怒情绪。你总是在对抗权威：很难容忍任何你认为是属于外界控制的东西，例如任何建议、命令、压力或要求。

典型的反抗者终生都和父母有矛盾。他们似乎永远也不会把这些矛盾抛诸身后，步入成年人的角色。某种程度上来说，他们仍然保持叛逆期青少年的状态，去追求与父母愿望相反的职业或人际关系。

反抗者事实上并没有比其他的屈从者拥有更多自由。他们并没有自由地选择自己的兴趣或人际关系，相反地，那些选择是由他们反抗的对象替他们做出的。通过对不遵守规则的执念，他们其实和遵守规则的人一样被规则所困。他们就和那个笑话里的笑点一样："青少年为什么会过马路？""因为有人告诉他们不要过。"

——○ **罗丝**：19 岁，严格控制饮食以至于患上了厌食症。

有些人通过过度自我控制来代偿屈从感。因为觉得自己在生活的许多方面都没有控制权，所以他们着意控制自己的某些方面。罗丝的情况正是如此，她患上了神经性厌食症。她节食，直到自己变得极瘦，同时坚持认为自己仍然太胖。

了解她的家庭时，我们发现她母亲一直控制她，把她当孩子对待。罗丝习惯性地忽略自己的需求，遵从母亲的期望。

> **罗丝：** 我一直是个"好孩子"，总是很听话。我家没人会相信我会惹麻烦。
>
> **父亲：** 确实是这样的。要说有什么问题的话，那就是她一直太完美了。

罗丝过于频繁地压抑自己的需求，以至于她已经不知道自己的需求是什么了。她在辨识自己的感受方面有很大困难，觉得自己的很多内心状态都让自己很费解。

罗丝觉得自己唯一可控的领域，唯一她可以自己掌管的领域，就是她的体重。她极严格地控制着自己的体重。在她要吃多少东西这个问题上，罗丝一直在和母亲较劲。食物成了罗丝和母亲争夺控制权的战场。她通过厌食症的症状反抗母亲，不自觉地重演着自己的屈从陷阱。

屈从陷阱的起源

1. 父母试图掌管或控制你生活的方方面面。

2. 当你不按照他们的方式做事时，家长就会惩罚、威胁你，或对你发火。

3. 在如何做事方面，如果你和家长持不同意见，他们就会和你冷战、在情感上疏离，或者干脆不理你。

4. 小时候，家长不允许你自己做选择。

5. 因为父（母）亲长时间不在身边或者个人能力不足，导致你最终承担起了照顾其他家人的责任。

6. 父（母）亲总是向你诉说他们的个人问题，导致你总是扮演聆

听者的角色。

7. 如果你不做家长想要你做的事，他们就会让你觉得内疚或自私。

8. 你的父母仿佛殉道者或圣徒一样，无私地照顾其他人并否定自身需求。

9. 小时候，你觉得自己的权利、需求或观点没有被尊重。

10. 小时候，你不得不对自己说什么、做什么十分小心，因为你担心父（母）亲的焦虑或者抑郁倾向。

11. 你经常生父（母）亲的气，因为他们没有给你其他孩子拥有的自由。

小时候，身边的人迫使你屈从。这个人可能是父母、兄弟姐妹、同龄人或者其他人。但是，如果屈从是你的主要性格陷阱，那这个人很有可能就是你的父亲或者母亲，因为在小孩的生活里，父母是最重要的人。

小时候，你对自己的屈从可能只有一个模糊的认识。你可能感觉到自己对父母亲不满，或者感觉被压制。甚至到成年以后，你可能仍然没有意识到你童年时期的屈从有多严重。有时，通过治疗，有此性格陷阱的患者会开始了解屈从的过程，理解到小时候自己是有多么屈从。他们往往会很生气。如果这发生在了你身上，有一点很重要，那就是你要明白促使父母让孩子屈从的动机有很多种。

最坏的情况下，有虐待倾向的父母会出于自私的目的而让孩子屈从，比如玛丽艾伦的父亲。这样的父母试图通过惩罚或收回对孩子的爱来保持对孩子的绝对控制。孩子为了生存下去必须屈从。

玛丽艾伦： 那天晚上，我观察了我父亲和我女儿。我看着他们，我知道他过去就是那样对我的。他让我女儿一遍又一遍地提出离开餐桌的请求。他不喜欢我女儿要求离开餐桌的方式。她才只有四岁呀！我女儿一直在哭，她越哭，他就越冲她大喊大叫。

如果生养你的父母虐待子女、吸毒酗酒、有精神问题，或者有其他严重问题，你可能被这种极端的方式所强迫、不得不屈从。这种父母将自己的需求放在第一位，先于孩子的需求，而且缺乏同理心。他们给孩子造成巨大的伤害。如果你有这样的家长，那几乎可以肯定你会有严重的屈从陷阱。你也许可以考虑通过心理治疗来克服它。

下述情况属于中等程度的屈从陷阱：每当你彰显个性的时候，父亲或者母亲可能会批评或者训斥你。卡尔顿的遭遇就是如此。每当卡尔顿提出任何诉求，父亲就会说他软弱、自私。

卡尔顿： 如果离开父亲的公司、自己出来的话，我真的不知道自己想做什么。

治疗师： 有没有什么是你小时候就喜欢的，对你有特殊意义的？

卡尔顿： 有过。小时候我喜欢弹钢琴，但是我父亲不喜欢。他认为那不够男人。他嘲笑我，不让我上钢琴课。他想让我参加体育活动。他经常强迫我参加运动队的选拔，但我从没被选上过。他常常因为我是个糟糕的运动员而十分生气。

卡尔顿的父亲想要一个符合自己想象的儿子。每当卡尔顿抗拒的时候，父亲就批评他。这样一段时间后，卡尔顿认识到，如果他有自己的需求，那就说明他不好。这种感觉一直跟随着他，所以后来，他长大成人以后，每当他想要坚定地表达自己，他就会开始强烈地自我批判。

卡尔顿娶了一个和父亲很相似的妻子。艾丽卡对卡尔顿应该怎么样也有她自己的想法。如果卡尔顿偏离了她的期待，她就会斥责他。同样地，若是卡尔顿坐下来弹钢琴，她就会抱怨，并逼迫他在工作上更积极进取。卡尔顿虽然对艾丽卡很生气，但他并不表现出来。相反地，他总是会表示歉意、温顺地服从。他对待别人也同样如此。卡尔顿容许别人操控自己，因此由他父亲早期给他造成的屈从陷阱得以延续。

卡尔顿自我牺牲的另一个起源是他与母亲的关系。卡尔顿童年的相当一部分时间里，母亲都生病卧床。她抑郁且需要很多的照料。

> 卡尔顿：我试着陪伴她、哄她开心。她总是情绪很低落。我会为了陪
> 着她而不出去玩。我记得，坐在她房间里的时候，我能听
> 到其他孩子在外面玩的声音。
>
> 治疗师：你会为她做什么？
>
> 卡尔顿：哦，读书给她听，或者聊天。给她拿吃的，想办法让她吃
> 东西。
>
> 治疗师：要放弃和朋友一起出去玩，那对你来说一定很难吧。
>
> 卡尔顿：哦，我记得当时并不太在意。

卡尔顿没有对母亲产生特别多的愤怒情绪，因为她并没有强迫他为她
牺牲。因为她需要，所以他就那样做了。但是，在内心深处，他有很强烈
的被剥夺的感觉。

卡尔顿和玛丽艾伦的故事只阐释了几种形式的童年时期发生的屈从。
由于屈从是十分常见的性格陷阱，我们想再多讲几种。

> ──○ 莎伦：24岁。她是个"乖乖女"，母亲和丈夫告诉她做什么，她
> 就做什么。

莎伦的父母看起来是出于好意，但是，对她太过度保护了。母亲想要
保护她，让她免于承受因做出任何错误决定而产生的后果。

> 莎伦：母亲替我做了所有的决定。然后，像个乖乖女一样，我都听她
> 的。她决定我和谁交朋友、和谁约会、去哪所学校上学、穿
> 什么衣服、玩什么游戏，所有你能想到的事情，都由她替我
> 决定。

母亲控制她，但是所用的方式很微妙。当莎伦反抗并表达自己的意愿

时，母亲会通过暗示她没有能力为自己做决定来打击她的自信。

除了屈从，她也发展出了依赖陷阱（见第 10 章）。她无法做决定是依赖和屈从陷阱两者的共同反映。作为一个成年人，莎伦仍然让别人替自己做所有的决定。她的丈夫安东尼非常不满。

> **安东尼：** 她一点儿主意也没有。总是由我来决定去哪里吃晚饭、看什么表演、到哪里度假、在家里做什么。当我们和一群朋友坐在一起决定晚上做什么的时候，最后说"好吧，我们去看电影吧"的那个人永远也不会是莎伦。当我问她想做什么的时候，她总说，"我无所谓，你想做什么都行"。
>
> **莎伦：** 嗯，我真的无所谓，我没有什么偏好。

就像与母亲的相处一样，当莎伦提出建议的时候，丈夫就会嘲笑她。每当这种时候，她就退缩回屈从的外壳。

> ——**威廉：** 37 岁。小时候，他为酗酒的母亲扮演了家长的角色。

威廉花了很多时间照顾他的酒鬼妈妈，这对于有酗酒父母的子女来说是非常普遍的。很小的时候，他就养成了自我牺牲的习惯，以此作为维系与母亲情感依恋的一种方式：通过保全母亲，他得以确保自己可以拥有一个母亲。他照顾着自己的母亲，是个被"父母化"了的孩子。

> **威廉：** 我去买东西、做饭。她因为宿醉无法去工作时，我给她的老板打电话，撒谎替她打掩护。有很多次我跟他们说我在学校生病了，而实际上，我只是待在家里照顾母亲。我努力地让她不再喝酒。我把她的苏格兰威士忌藏起来，计算她喝了多少酒。我曾经在临睡前在酒瓶上做记号。我乞求她去寻求帮助。
>
> **治疗师：** 没有人试着帮你吗？

威廉： 没有。我的阿姨和叔叔有时会问问，但是我会说谎，告诉他们一切都很好。我知道他们并非真的想帮忙。

成年以后，威廉仍然努力拯救他人。他是一名医生。他学会了建设性地将自己的自我牺牲天赋应用在工作中。

在个人生活中，威廉的问题更多。他与他人是互相依赖的关系。他的模式是，找到非常需要照顾的人，尤其是酗酒的女人，然后与她们建立一种需要他自我牺牲的关系。他通过参加酗酒父母子女互助小组克服了这种自我伤害式的行为模式。他与现任女友的关系要健康一些。他能够坚定表达自己的需求，并且在这种时候，女友会给他回应。威廉正在认识到，对他来说，建立起一种自己的需求也能被满足的关系要更健康。

也许你在这些故事中读到了自己的影子，也许你的故事有所不同。可能导致屈从陷阱的童年经历不止一种。最重要的因素是，由于当时一些你控制不了的原因，你被迫屈从。然而此时此刻，尽管成年后你的处境已然改变，你仍然在通过顺从或自我牺牲的形式继续屈从于身边的人。

潜在伴侣身上的危险信号

1. 你的伴侣专横跋扈，希望凡事都按照他（她）的方式进行。
2. 你的伴侣有很强的自我意识，在多数情况下都明确地知道自己想要什么。
3. 当你表达不同意见或满足自身需求时，你的伴侣变得烦躁或者愤怒。
4. 你的伴侣不尊重你的想法、需求或权利。
5. 当你按照自己的方式做事时，你的伴侣会不高兴或者疏远你。
6. 你的伴侣很容易受伤或伤心，所以你觉得自己必须照顾他（她）。
7. 因为你的伴侣酗酒或者脾气不好，你不得不小心翼翼地谨言慎行。

---

8. 你的伴侣能力不足或情绪不够稳定，所以你不得不承担大部分事务。

9. 你的伴侣不负责任或不可靠，所以你不得不过度地负责或者被依靠。

10. 因为多数时候你没有强烈的喜好，所以多数决定你都让伴侣来做。

11. 如果你要求按照你的方式行事，你的伴侣会让你觉得内疚或者指责你自私。

12. 你的伴侣易于伤心、焦虑或抑郁，所以最终你总是以倾听为主。

13. 你的伴侣需要很多照顾，依赖你。

你会从触发你性格陷阱的伴侣身上感受到最强烈的吸引和依恋。这种情感对于你来说非常激烈，因为它们解锁了你童年时期屈从的感受。一次又一次地，你将自己的恋爱关系转变成童年时期屈从的重演。甚至哪怕你是反叛型的屈从者，哪怕你选择了愿意被你支配、控制的消极被动型的伴侣，这样的互动过程仍然是屈从的一种形式。

顺从型的屈从者的一个普遍模式是选择具有主导性和侵略性的人来恋爱，比如领导者。由于自身的被动性，你需要一个更强大的人，需要有人告诉你该怎么做、怎么想。你可能会依赖他人替你做决定。由母亲为她做所有决定的莎伦就是这种情况。她一直是个"乖乖女"，完全是父母想要的女儿的样子：她很有礼貌、听话、在学校表现好、是个完美的女儿。莎伦结婚的对象也正是父母想要的那种男人。现在她是个完美的妻子。

莎伦： 我想我也许并不是真的对所有的事情都那么满意，但是如果我说出来的话，安东尼会生气。他真的会很不高兴。

治疗师： 安东尼生你的气又怎么样呢？

莎伦： 哦，一想到他会生气，就让我非常害怕。他要是决定不想再和我在一起了怎么办？

莎伦觉得自己完全依赖于丈夫。即使分开几个小时，她也觉得焦虑。为了避免他生气，她要把每件事都做对。她最害怕的是他发火以后可能会抛弃她，她确定自己永远都不可能独立生存。她完全地屈从。她的依赖性维持着她的屈从性，她的屈从性反过来也维持着她的依赖性。

如果你是自我牺牲型的人，那么你可能会被依赖型的、需要照顾的伴侣所吸引。你急着满足他们的需求，你可能在努力地保全或拯救他们。屈从的人有时会选择自恋型的伴侣，这样的伴侣需求很多却很少给予回报，而且也不在意别人的感受。你更习惯扮演一直付出的角色。如果你是反抗型的屈从者，那么你可能会选择比你屈从度更高的人，这样你就可以成为掌控者。

屈从陷阱

1. 多数时候，你让别人得偿所愿。

2. 你太过急于讨好，为了被喜欢和接纳，你愿意做任何事情。

3. 你不喜欢公开反对别人的意见。

4. 当别人占据支配地位时，你感觉更舒服。

5. 为了避免冲突或者愤怒，你愿意做任何事情。你总是妥协。

6. 在很多情况下，你不知道自己想要什么或者更喜欢什么。

7. 你并不明确自己的职业决策。

8. 最终总是你去照顾所有人，几乎没有人会做你的倾听者或者照顾你。

9. 你桀骜不驯，当别人告诉你该做什么时，你会自动说"不"。

10. 你无法去说或者做任何会伤害到别人情感的事。

11. 你经常置身于让自己感到困窘的，或者自己的需求得不到满足的情境中。

12. 你不想让别人觉得你自私，所以走向了另一个极端。

13. 你经常为了别人而牺牲自己。

---

14. 在工作中或者家里，除了自己分内之事外，你经常承担额外的责任。

15. 当他人遇到麻烦或痛苦时，你会非常努力地让他们感觉好些，甚至为此而损害自己的利益。

16. 你经常因为别人告诉你该做什么而感到生气。

17. 你经常感到被欺骗，因为自己的付出比得到的多很多。

18. 当你为自己提要求时，会感到内疚。

19. 你不会维护自己的应得权利。

20. 你通过间接的方式来抗拒做别人想让你做的事情。你拖延、犯错误或者找借口。

21. 你和权威人士合不来。

22. 在工作上，你不会请求升职或加薪。

23. 你觉得自己不完整，因为你妥协太多。

24. 别人说你不够有雄心和侵略性。

25. 你贬低自己的成就。

26. 你很难在谈判过程中强势。

这些是你在工作和恋爱中要避免的隐患。 即使你找到了一个想和你平等相处的伴侣，你可能仍然会去寻求一些方式来强化自己的性格陷阱。即使你拥有了一个给你提供平等参与机会的工作，你也可能会扭转它，直到它符合你扮演屈从角色的条件。

不管你塑造的是哪种人际关系，都一定会有愤怒在潜藏发酵。愤怒的聚积会威胁到屈从式关系的稳定性。在交往的初始阶段，你压抑愤怒、避免矛盾。这有助于保全这段关系，但却难以为继。几年之后，愤怒可能会上升到让你反抗的程度，然后完全打破这段关系的平衡，或者你会在关系中后撤、报复。通常在性生活方面也会遇到困难。另外，随着时间的推移，你可能会有所成长并发展出更强大的自我感。如果你变得更坚定自信，不愿再屈从，那么这段关系只有两个选择：要么有所改变以适应你更高的成熟度，要么就此结束。

在工作中

由于屈从陷阱会对你的工作生活造成巨大影响，我们就花一点儿时间来讨论一下这方面的问题。

屈从者，尤其是自我牺牲型的屈从者，往往会选择助人行业的工作。你可能会是一名医生、护士、家庭主妇、老师、牧师、治疗师，或者其他治愈者。你被服务于他人的行业所吸引是自然而然的。你因为屈从陷阱而失去了很多，但它给你的馈赠之一是使你对他人的需求和痛苦异常敏感。十有八九，你在做一份可以充分发挥你照顾他人能力的工作。

虽然你可能比较低调，但是你可能会是某个有权势的人的左膀右臂，你致力于服务此人，此人也认为你非常有用。在许多方面，你就是老板们想要雇用的那种人。你听话、忠诚、需求很少。你可能极少要求加薪。你努力讨好所有人，尤其是你的上司，你无法给自己的自我牺牲量设置上限。这就是卡尔顿和艾丽卡的婚姻咨询中的一个例子。

艾丽卡： 另一件让我很生气的事是，卡尔顿不肯和我一起去度假。他不肯向父亲请假。六年了，我们从没一起度过一次假。

卡尔顿： 你就是不懂。办公室里他们太需要我了。我知道爸爸会失望的。我只是不能那样让他失望。

卡尔顿虽然想去度假，虽然因为无法多陪伴家人而为难，但是，他的工作总是优先于自己的愿望。

你可能是个老好人。你赞成老板或同事的意见，可能并非是因为你认为他们正确，而只是为了讨好他们。海伦就是如此。

──◦**海伦：** 34 岁。屈从妨碍了她在工作中充分发挥自己的潜力。

海伦在一家大公司担任中层管理职位。她在商学院时成绩极好，但是在商界却不如同学们升职快。

海伦更倾向于说同事愿意听的话，而不是她认识到的事实真相，尤其是在面对权威人士时更是如此。即使在她有很重要的东西需要提出的时候，她也避免提出建议或反对意见。因为在该表达的时候保持沉默，她的许多有价值的意见和想法都没有人知道。

当上级询问她项目进展时，她会给出过于乐观的估计，因为她想取悦他们。同时她又会接受过量的工作。所以，她经常处于无法兑现自己承诺的境地，也就不足为奇了。

海伦有主见，只是不会大声表达，但是很多屈从的人和海伦不同，他们会觉得自己在工作相关问题上缺乏主见。让他们去评论某事时，他们根本弄不清自己是什么观点。既有依赖陷阱又有屈从陷阱的莎伦就是这样。她不会自己独立思考，只会简单地同意团体的意见。虽然她是个工作很努力的员工，但她的工作却不带有任何她个人的印记。

> **莎伦：** 那天在办公室，我真是一团糟。我必须去决定是否要在我给安全委员会的报告中加入某几个图表，而老板那天又不在。我差点惊恐发作。
>
> **治疗师：** 你是如何做出决定的？
>
> **莎伦：** 我向我能找到的每一个人寻求建议。真的快把我弄疯了。我问了一个人，觉得他们说得有道理，但是我再问下一个人时，他们会给出完全不同的答案，但也很有道理。
>
> **治疗师：** 听起来好像整个过程只是让你更加困惑。

在公司里，莎伦缺乏一种自己是个专业人员的清晰身份感。这降低了她的工作质量。她觉得很不满，公司里别人工作没有她做得多，但是升职却比她快。

在工作中，你可能过于消极被动了，这影响了你晋升的机会。你缺乏取得进步的主动性和雄心。你回避需要自己独立采取行动的领导者角色。让你感觉最舒服的是有一个权威人士可以指导和引领你。

—○ **凯瑟琳**：30 岁。她在学校成绩不错，但无法独立工作。

凯瑟琳在一家小事务所做律师。她在法学院时，有良好的学习表现，那时她和担任她导师的教授联系紧密。但一离开学校，她就开始遇到麻烦。她的工作需要更强的自主性和自我导向能力，而她没有。

> **凯瑟琳**：我知道我应该自己接案子，但是我发现自己回避这样做。我真的最好赶紧把这件事处理好。我正面临着巨大的产出压力。

太习惯于屈从的消极被动，凯瑟琳还不大适应刚刚得到的独立。

—○ **伊丽莎白**：28 岁，在工作中过分低估自己。

伊丽莎白展示了屈从性影响工作晋升的另一个特征。她供职于一家广告机构，是负责为广告活动写提案的六人小组中的一员。她很聪明，很有想象力。但是，她有明显的低估自己重要性的倾向。

> **伊丽莎白**：我工作努力，为团队贡献了很多，但是我不够自信，不喜欢成为大家关注的焦点。就像那天，当格莱格抢走了我的蛋糕粉创意的功劳时，我却说不出口，无法澄清真相。
>
> **治疗师**：我以为你会自己去展示蛋糕粉的创意。
>
> **伊丽莎白**：到最后一刻，我还是让格莱格做了。并且，最后功劳都是他的了。

而且，伊丽莎白也不是强硬的谈判者，她太容易退让。甚至在面对下级时，她也不够强硬，因为她太努力地要讨好他们了，无法树立适当的权威感。他们的工作达不到标准时，她还表扬他们，给他们太多自由。她自己承担了很多本该分派出去的冗长乏味的工作。当下级提出不合理的要求时，她感到很难说"不"。自然而然地，人们会利用这种情况。

你必然会为自己在工作上的屈从而生气，但极少直接表达愤怒。你把愤怒憋在心里。压抑会增加而不是减少你的愤怒，使你更容易通过自我伤害的方式来表达愤怒。

你可能会发现自己长时间地抑制愤怒情绪，然后突然以一种通常被认为是不适当的形式爆发出来。你可能在界定自己能从老板那里接手多少工作量方面有困难。你可能让愤怒在暗地里发酵一段时间，然后在某次会议上大发雷霆，或者在面对客户或下级时过于咄咄逼人。这样的行为是很不专业的，会破坏你的个人形象。

但是，最可能发生的情景是你会通过消极攻击的办法来表达愤怒。卡尔顿就是这样做的。

卡尔顿： 父亲给我的工作太多了。他利用了我愿意多做事的意愿。

治疗师： 你告诉过父亲这样的工作量太大了吗？

卡尔顿： 没有。他应该知道。当着他的面，我说还行，但是从我说话的方式当中，他应该看得出来那并不是我的本意。

卡尔顿会通过隐秘的方式制造麻烦。他不会直接表达愤怒，但会通过行为表现出来。他会绷着脸不高兴地在办公室里走动。他在父亲背后向其他员工抱怨，并鼓励他们去申诉。他拖延，然后道歉，或者为自己无法完成工作寻找借口。

工作中的反抗者

反抗者会表现出截然相反的模式：他们专制跋扈、控制欲强。

──○蒂莫西：43 岁。他对老板卑躬屈膝，却对下属蛮横霸道。

在工作中，你可能对一些人屈从，然后发泄到另外一些人身上。蒂莫西就会这样做。他在一家大商场管理男装部。他向总经理屈从，不停地想得到总经理的认可，但却徒劳无功。

蒂莫西：总经理似乎是由于什么原因而不喜欢我。他有时让我很尴尬。那天他在一些顾客和职员面前训斥了我。他命令我站在那儿叠衣服，像个卑微的店员一样。

治疗师：你是怎么做的？

蒂莫西：我按他说的做了，站在那儿，叠衣服。

这样的事情自然会点燃怒火。蒂莫西将自己的怒火发泄在销售人员和其他下级雇员身上。

蒂莫西：我在部门里就像一个暴君。我会厉声给出指令，他们最好赶紧就做。如果他们搞砸了，整个部门都会听到我大声的斥责。

治疗师：那是报复。你对待他们的方式比你老板待你的方式还糟糕。

蒂莫西走了两个极端。一方面，他卑躬屈膝、急于诌媚；另一方面，他又苛刻暴躁。一方面，他看起来毫无脾气；另一方面，他的脾气又完全失控。

以下是改变屈从陷阱的步骤。

改变屈从陷阱

1. 理解自己童年期的屈从。感受自己内心屈从的孩子。

2. 列举出工作中和生活中你屈从或者牺牲自己来满足他人需求

的日常情境。

3. 开始在生活的多个领域形成自己的喜好和意见：电影、食物、休闲时光、政治、当前有争议的话题、时间利用等。了解自己和自己的需求。

4. 列一个清单：你为他人做了什么或给予了什么，他们为你做了什么、给予了你什么。有多少时间是你在倾听他们的想法？有多少时间是他们在倾听你？

5. 停止消极攻击。系统性地督促自己坚定表达：把自己需要什么、想要什么说出来。先从简单的要求开始。

6. 练习请求别人来照顾自己，寻求帮助，讨论自己的问题，试着达到付出和得到之间的平衡。

7. 尽量避免和太过于以自我为中心或者自私到不在意你的需求的人交往。避免单方面付出的关系。改变或者脱离让自己感觉陷入了困境的关系。

8. 练习面对他人，而非一味忍让。如果觉得生气，尽快用恰当的方法表达出来。当别人难过、受伤或生你气时，学着去适应。

9. 不要过分地合理化自己取悦他人的倾向。不要再告诉自己那真的没有关系。

10. 回顾过去的人际关系，明晰自己选择控制型或需求过多照顾的伴侣的模式。列出自己需要避免的危险信号。如果可能的话，尽量回避那些会让你产生强烈的爱情化学反应，但自私、不负责任，或依赖你的伴侣。

11. 当你找到一个关心你的需求、询问并重视你的意见、足够强大到可以挑起半边天的伴侣，给这段感情一次机会。

12. 在工作中更积极进取，将自己的功劳归功于自己。不要让别人占你便宜。去要求自己应得的晋升或者加薪。将一些责任分派给他人。

13.（适用于反抗者）试着不要和别人唱反调。试着搞清楚自己
　　想要什么，如果你想要的和权威人士的说法一致，仍然照着
　　执行。

14.做一些卡片，随时提醒自己。

1. 理解自己童年期的屈从。感受自己内心屈从的孩子。屈从陷阱包
含着强烈的情绪，一部分的原因是童年期的情绪很强烈。与成人相比，孩
子更难通过认知来调节情绪，所以童年期的情绪有一种原始力量。当屈从
陷阱被触发时，这些情绪也会被释放出来，你会被愤怒、内疚、恐惧等负
面情绪所占据。

　　一般情况下，你会努力避免性格陷阱被强烈地触发。你努力避免体验
这些痛苦的感觉。你否认和压抑自己的感受。然后，在自己也不知道是怎
么回事的情况下，你表现出盲目的屈从。在人际关系中，你反复扮演屈从
的角色。为了改变，你必须愿意去了解和容忍一些痛苦。

　　感受内心屈从的孩子的最好的办法是通过意向练习。从现实生活中屈
从的体验开始。花点时间，闭上眼睛，回想你曾有过同样感受的画面。试
着想起记忆深处的童年。不要勉强回忆某个场景，仅仅是让它自然浮现。
你和谁在一起？父亲还是母亲？是你的兄弟姐妹或者朋友吗？

玛丽艾伦：那天晚上，我故意对丹尼斯不理不睬，但他甚至都没有
　　　　　发现。

治疗师：你是生他的气了吗？

玛丽艾伦：生气？我一直试着告诉他一件事，但他根本不听。他一直
　　　　　打断我，说着他自己的事。所以我决定一句话都不和他
　　　　　说了，但他甚至都没注意到。

治疗师：我们来做一个关于这个的意向练习吧。闭上眼睛，回想一下
　　　　　那天晚上发生的事，丹尼斯不听你说话。你可以做到吗？

玛丽艾伦：可以。我已经回到了那个场景里，试着让丹尼斯听我说话。

治疗师: 好的。现在,让小时候有同样感受的画面浮现。

玛丽艾伦: 嗯(停顿)。我想到了父亲。我在试着跟他说话,舞会那天晚上所有的女孩都会在外面待到很晚,但是他不听。他只是一直冲着我喊,跟我说他的女儿永远也不可能在外面待那么晚。我崩溃到想要尖叫。

这样的意向练习会激起大量的情绪。结果可能会让你很吃惊。试着接纳自己的感受,并且学习它所传达的东西。你可能会发现,自己对迫使你屈从的人有强烈的愤怒感。试着忍耐这种愤怒的体验。这种愤怒是属于健康的你的那部分,非常有用。它在告诉你,你需要改变与他人相处的方式。愤怒可以帮你意识到你内心里想要一些不同,想要改变和成长的那部分。让自己意识到自己有这些感受的一种重要途径就是愤怒。愤怒可能是你唯一的线索,告诉你其实自己还有其他想要的东西。

通过意向练习,可以回溯自己屈从陷阱的历史。追溯它是如何在童年期发展形成的。注意自己的人生经历是如何强化性格陷阱的、是如何导致你不可避免地采取了屈从式的人际交往模式的。持续努力,直到你对自己的早期家庭生活有更合理的理解。最后,我们希望你可以体会到由自己童年遭遇带来的悲伤或者愤怒,但同时,不再把这些早期体验作为自己必须屈从的证据。

2. 列举出工作中和生活中你屈从或者牺牲自己来满足他人需求的日常情境。开始观察自己,成为自己的观察者,站在自身之外,维持一种不带偏见的观察视角。观察屈从的每个事例。列出一些对你来说困难的情境的清单。那应该都是一些你想要学会处理的情景。

这是玛丽艾伦列出的清单样例。

"不屈从" 的步骤

1. 告诉送报人,下雨的时候把报纸送到门口。

---

2. 跟售货员说我不需要帮助。

3. 除了零花钱以外，不要再给孩子们更多的钱。

4. 在我需要上课的早晨，让丹尼斯开车送孩子们去学校。

5. 告诉爸爸，在我面前，他不可以再批评孩子们。

6. 给自己一天时间，做自己喜欢做的事儿，比如购物、在公园里看书、去见朋友等。

7. 告诉桃乐茜（朋友），轮流接送孩子时，她没有完成她的任务，我很生气。

8. 告诉丹尼斯，他在别人面前批评我时，我有什么样的感受。

9. 告诉丹尼斯，当我没做错任何事时，或者在别人面前时，他不可以批评我。

10. 当丹尼斯和我一起去买沙发时，说出我自己的喜好，而不仅仅是只听他的。

3. 开始在生活的多个领域形成自己的喜好和意见：电影、食物、休闲时光、政治、当前有争议的话题、时间利用等。了解自己和自己的需求。这涉及改变你的关注焦点。开始注意自己想要什么、有什么感受，而不是把所有精力都投入到弄清楚别人想要什么、有什么感受上。想一想你自己更喜欢什么。

治疗师： 那天晚上你们两个看了哪场电影？

卡尔顿：《无罪推定》。

治疗师： 你喜欢吗？

卡尔顿： 呃，我不知道。也还好。艾丽卡喜欢。我真的没想过。

治疗师： 嗯，现在想想看。

卡尔顿： 嗯，有点儿牵强。

治疗师： 以至于你不喜欢？

卡尔顿： 不是，我喜欢。这电影让我一直很有兴趣，一直猜测凶手是谁。

让自己成为你观点的来源，而不是身边的人。

4. 列一个清单：你为他人做了什么或给予了什么，他们为你做了什么、给予了你什么。有多少时间是你在倾听他们的想法？有多少时间是他们在倾听你？看看自己在人际关系中付出与回报的比例。选择最重要的人际关系：恋人、配偶、孩子、最好的朋友、父母、老板。给每段关系列一张清单，上面画一张两栏的表格，一栏写"我为这个人付出了什么"，另一栏写"这个人给予了我什么"。这可以帮你立刻看出这些关系是如何失衡的。

玛丽艾伦：我列了一张关于丹尼斯和我的清单。（她把清单递给我。）

治疗师（读清单）：这很有意思。你给予丹尼斯的清单上一共有32项——"倾听他工作中的烦恼""给他买衣服""给他做饭""给他取干洗的衣服""给他买礼物""给他洗衣服"等。丹尼斯给你的清单上只有一项——"经济安全"。

玛丽艾伦：对的。我明白。怪不得我很生气。

我们最终的目标是让你在人际关系中建立平衡。我们不是想让你停止付出，但是你需要不再过度付出，不再付出超过自己的意愿和掌控权之外的量。我们也想让你收获同等的回馈：被对方关心、倾听、支持和尊重。

5. 停止消极攻击。系统性地督促自己坚定表达：把自己需要什么、想要什么说出来。先从简单的要求开始。要想有所改变，你必须愿意试验新的行为方式，更坚定地表达自己的需求。你必须愿意改变自己与他人相处的方式。

改变你对待别人的方式会随之改变你对他们的感受。例如，当你用坚定自信的方式处理与某人的关系以后，就很难再觉得害怕他了。最重要的是，行为的改变会影响你对自己的想法和感受。积极的行为改变会带来自信和自尊，建立一种掌控感。

下一步就是开始表现得更加自信。我们知道这对你来说并不容易。正因如此，你才应该慢慢来。从对你来说相对简单的情景开始展现坚定自信，然后慢慢进阶到更困难的情景。

拿出你之前写好的自己会屈从的情境的清单。用以下等级选项来评估每一项对你而言的难易等级。

难度等级

> 0 非常容易
>
> 2 有点儿困难
>
> 4 一般困难
>
> 6 非常困难
>
> 8 感觉几乎不可能

以下是玛丽艾伦对自己清单上项目的评估。

表 14-2

我可以采取的"不屈从"的步骤	难度
1. 告诉送报人，下雨的时候把报纸送到门口	2
2. 跟售货员说我不需要帮助	3
3. 除了零花钱以外，不要再给孩子们更多的钱	5
4. 在我需要上课的早晨，让丹尼斯开车送孩子们去学校	4
5. 告诉爸爸，在我面前，他不可以再批评孩子们	7
6. 给自己一天时间，做自己喜欢做的事儿，比如购物、在公园里看书、去见朋友等	4
7. 告诉桃乐茜（朋友），轮流接送孩子时，她没有完成她的任务，我很生气	5
8. 告诉丹尼斯，他在别人面前批评我时，我有什么样的感受	7
9. 告诉丹尼斯，当我没做错任何事时，或者在别人面前时，他不可以批评我	8
10. 当丹尼斯和我一起去买沙发时，说出我自己的喜好，而不仅仅是只听他的	4

努力做到清单上的每一项，从相对简单的开始，慢慢过渡到更困难的。以下是一些你可以遵循的指导原则。

记住你的目标是完成这些项目。不要让屈从陷阱拉着你偏离目标。例如，当玛丽艾伦完成了她清单上的第七项（告诉朋友桃乐茜她因为轮流接送孩子的事很生气）时，她必须不断提醒自己，她的目标是表达自己的愤怒，而**不是**让桃乐茜喜欢自己。不要被屈从者永恒的潜在动机分散了注意力，那就是讨好他人。

不管对方怎么做，冷静地反复重申自己的观点。如果对方攻击你，**不要立刻采取防御姿势**。请不要迷失在自我保护中，坚持自己的观点。例如，以下是我们和玛丽艾伦做的角色扮演的一部分，让她练习如何就轮流接送孩子的事和桃乐茜对峙。我们扮演的是桃乐茜。

玛丽艾伦： 桃乐茜，有一件事我一直想和你沟通。我因为轮流接送孩子上学的事感到气愤。过去五个星期的每个周二，你都让我替你去接。一周接两次，对我来说真的太难了。

治疗师（扮演桃乐茜）： 我真不敢相信你这么小气，跟我提这事儿！

玛丽艾伦： 如果你想的话，可以说我小气，桃乐茜，但是一周接两次，对我来说真的太难了。

简单直接，不要长篇大论。如果你说得简短且切中要害，那么对方能听进去的概率要大很多。使用"我"这个词，讲你自己的感受。（有趣的是，很多屈从的人会在谈论自己的感受时，会回避使用"我"这个词。他们不会说"你打断我让我生气"，而是说"就这样被打断，人们会生气的"。）说出自己的感受是坚定表达的一个很重要的组成部分。它其实也是一个很实际的事情。没有人能和你争辩你的感受。如果你说，"我是对的，你是错的"，别人可以反驳；但是如果你说，"当你那样做时，我感到气愤"，没有任何人可以反驳。没有任何人可以说，"不对，你没有感到气愤"。通过表达自己的感受，你同时也展现了你的感受是重要的。

用不少于一周的时间来完成一个难度级别里的条目。反复练习其中每一个条目，直到你掌握了这个难度级别为止。如果这个条目只能练习一次，那么就用生活中具有相同难度的项目来替代。

为了把练习的精神扩展到生活的各方各面，当你在生活中遇到相关情境时，请自发地采用坚定表达的行事方式。试着把每一个需要你坚定自信地行事的场景都当作是提升自己能力的信号。

6. **练习请求别人来照顾自己，寻求帮助，讨论自己的问题，试着达到付出和得到之间的平衡。**要求别人给予你更多。谈论你自己。很多屈从的患者告诉我们，如果他们花"太长时间"谈论自己，就会开始焦虑，然后他们会转而谈论对方。当你也因此感到焦虑时，要明白谈论自己是可以的。你可以谈论自己遇到的困难，并寻求帮助。你会发现，这会让你和别人走得更近。如果有人就是不想听，那么是时候重新评估一下他们在你生命中的重要性了。

7. **尽量避免和太过于以自我为中心或者自私到不在意你的需求的人交往。避免单方面付出的关系。改变或者脱离让自己感觉陷入了困境的关系。**刚开始做治疗师的时候，我们的倾向是努力帮助患者维持生命中的所有人际关系。如果患者已婚，我们就本能地想要努力维持婚姻。如果患者有一段恋情，我们会本能地想要维持这段感情。但是，我们现在不再认为应该付出一切代价来维持这些关系。有一些关系就是太伤人了，并且改变的希望太小。

你的生命中将有那么一些人会拒绝去适应你平衡人际关系的努力。如果你结婚了，或者那个人是你的家庭成员，那么你可以给他们很多机会去改变。但是，如果经过你最终的分析，他们不会改变，那么你必须从这段关系中后撤一步。你也许甚至不得不去终结这段关系。

卡尔顿的婚姻得以幸存。随着他变得越来越坚定自信，艾丽卡刚开始的时候曾猛烈抵抗，但是在某种程度上，她也欢迎如此的改变。在她心里，她很高兴看到卡尔顿变得越来越强大。同时在某种程度上，卡尔顿对她的过分要求加以限制也让她觉得如释重负。她觉得更安全、更从容。

但是，玛丽艾伦的婚姻就没能幸存。丹尼斯不能接受她的成长。他太看重自己的控制者角色了。最终，玛丽艾伦离开了他。她在工作，同时也在上学。她开始和新的对象约会。

8. **练习面对他人，而非一味忍让。如果觉得生气，尽快用恰当的方法表达出来。当别人难过、受伤或生你气时，学着去适应。**你必须学会适当地、建设性地表达自己的愤怒。不要继续受愤怒的摆布，你必须学会善用愤怒来提升自己的人际关系。

这里有几个可以供你参考的方法。其基本原理是：**无论对方做什么，保持冷静的态度重述自己的立场**。不要让对方诱使你进入防御攻击状态。坚持自己的观点。

保持冷静，不要大喊大叫。冷静比大喊大叫更强有力。喊叫是心理上被打败的标志。不要进行人身攻击，只简单地说明他们做了什么让你难过的事。

如果你和对方的关系大体还不错，但是你想说一些负面或批评性的话，那就先说一些积极的方面，努力给对方灌输一种开放性的态度来面对你即将要说的话。只有当人们处于接纳的状态下，才有可能倾听。如果对方生你气了，就会进入防御状态从而忽略你。从积极的方面说起，有利于提高倾听方的接受度。

例如，在练习一项较困难的坚定表达的条目时（"告诉艾莉卡不要在别人面前训斥我"），卡尔顿是用这样一句话来开头的："艾丽卡，我知道你爱我。"说一些积极且真实的话，不要随意编造。接下来，要注意你批评的对象不是对方的这个人，而是对方的行为。卡尔顿没有对艾丽卡说"你是个冷漠的人"，而是告诉她希望她能停止某些行为："你有时会在别人面前批评我。"明确地提出你希望对方改变哪些行为是很重要的。当你能清晰地描述出你所想要的具体的行为上的变化时，对方答应的可能性会更大。最后，以积极的态度结尾。卡尔顿用这样一句话结束了他的请求："我非常感谢你能站在这儿听我说这些话。"

选择合适的时机。不要选在你们中的任何一方情绪很激动的时候说，等到大家可以冷静地讨论这个问题的时候。另外，不仅仅要在语言上坚定自信，在躯体语言和语音语调上也要如此。直视对方的眼睛。如果有需要的话，先对着镜子练习坚定表达，然后再实际应用。

9. **不要过分地合理化自己取悦他人的倾向。不要再告诉自己那真的没有关系**。是时候在与别人的交往中表达自己的偏好了。每次有机会的时候都尝试。从小事开始，逐步进阶到更重要的事情上。

卡尔顿： 这听起来可能有点儿奇怪，但是，我真的认为，通过治疗，
我真正开始改变的那一刻是那天晚上，艾丽卡问我晚饭想
吃什么，牛排还是汉堡。我开始准备告诉她无所谓，但是
我没有那么做，而是选择了牛排。

权衡利弊，决定自己的偏好。做出一个选择，并且大声说出来。

10. 回顾过去的人际关系，明晰自己选择控制型或需求过多照顾的伴侣的模式。列出自己需要避免的危险信号。如果可能的话，尽量回避那些会让你产生强烈的爱情化学反应，但自私、不负责任，或依赖你的伴侣。写一张清单，列举你生命中所有最重要的人际关系。这些关系的共性是什么？你需要回避的危险信号是什么？你被专横跋扈的伴侣所吸引吗？你是否过度融入伴侣的生活以至于没有独立的自我？你被欺负威胁你的人或者让你内疚的人吸引吗？你被需要你照顾的、无助的、依赖型的人所吸引吗？

你所发现的共性正是你所要避免的。我们知道这对你来说会很难，因为正是这种伴侣才是最吸引你的。和他们在一起，爱的化学反应很强烈，但是你无法维系这样的感情。你需要为此付出的代价太大了。长远来看，你会愤怒、不开心。你最好还是选择平等的感情，即使爱的化学反应会稍弱一些。

11. 当你找到一个关心你的需求、询问并重视你的意见、足够强大到可以挑起半边天的伴侣，给这段感情一次机会。如果你拥有一段良好的感情，对方认同在感情中要平等，那么，给这段感情一次机会。即使这让你感觉陌生，也要这样做。屈从者常常过早地放弃好的恋情，借口就是他们不再感兴趣了、这段感情感觉不对、缺了点儿什么或者没有足够的爱情的化学反应。只要你能感觉到化学反应，即使只有中等程度，也要给这段感情一次机会。随着你更加适应自己的新角色，浪漫的感觉可能也会变强。

12. 在工作中更积极进取，将自己的功劳归功于自己。不要让别人占你便宜。去要求自己应得的晋升或者加薪。将一些责任分派给他人。在工作中应用你全部的坚定表达的技巧，修正过去让你屈从的情况。你在老板

面前不够坦率并且在事后消极攻击吗？你为了下属牺牲自己的利益吗？你允许同事和对手不尊重自己吗？纠正这些情况。虽然，一开始可能会有些害怕，但是你会发现，坚定自信的感觉很好，这会给你动力继续。不要太过激进，但要争取自己应得的。

13.（适用于反抗者）试着不要和别人唱反调。试着搞清楚自己想要什么，如果你想要的和权威人士的说法一致，仍然照着执行。如果你是反抗者，请从外界影响（那些你着力反抗的人和事）中把自己解放出来。从自己的内心出发，去寻找自己的观点和方向。你并不比其他屈从者更了解自己，也并不比他们更自由。只要你的决定仍然取决于他人，那么你也是同样的压抑、愤怒。请给自己赞同权威人士观点的自由。

遵照执行所有其他的改变步骤。你也需要学会更坚定自信，而不是过于争强好斗。试着平衡生活中的付出回报比例，这样，你的付出与回报就相等了。

14. 做一些卡片，随时提醒自己。遇到困难的时候就使用卡片。卡片可以提醒你：自己有坚定表达的权利。这是卡尔顿写的卡片，主题是拒绝不合理的要求。

自我牺牲卡片

当别人让我做不合理的事情时，我有权利说"不"。如果我说"可以"，只会让自己生对方的气，也生自己的气。我可以接受说"不"所带来的内疚感。即使我让对方有点儿痛苦难过，那也是暂时的。如果我对他们说"不"，他们会尊重我。我也会尊重自己。

这是玛丽艾伦写的一张卡片，主题是她和丹尼斯的关系。

顺从卡片

我的愿望是重要的。我值得被尊重。我不需要容忍丹尼斯待

> 我不好。我值得被更好地对待。我可以维护自己的权利。我可以冷静地要求他尊重我，不然的话我们的对话就到此为止了。如果他不能成长到在这段感情中给予我平等的权利，那么我可以结束这段感情，找一个更符合我需求的人。

随身携带卡片。当性格陷阱被触发或者需要坚定表达时，把卡片拿出来读一读。卡片可以有效地帮助你从对此只有理智上的理解缓慢转变为情感上的接纳。

写在最后

在努力改变的过程中，认可点滴的进步是很重要的。在适当的时候，给自己记上一笔功劳。如果你忘记了沿途奖励自己的进步，那么，改变会变得更加困难。试着不时回头看看自己已经走了多远，而不是一直盯着前方还有多少路要走。只要你做出了改变，无论大小，都请为自己骄傲。每当自己从屈从陷阱中踏出一步，都要给自己应得的认可。

记住，屈从陷阱很强大，它拥有你此生全部回忆的力量，它曾被无数次地重复，它的正确性曾被无数次地肯定。你会觉得屈从才是对的，这个陷阱是你整个自我认知和世界观的中心，有着顽强的生命力。即使它对你的生活产生了负面影响，也只有紧紧抓住它不放才能让你感到舒适和安心。所以，请不要因为改变的缓慢而气馁。

人们很容易因为屈从而责怪自己。玛丽艾伦说："我真懦弱没用，这让我恨自己。"但是，这样的态度只会妨碍自己去努力改变。试着思考一下当初是什么让你产生了这个性格陷阱。小的时候，它的出现是十分重要的，如果没有它，你可能无法渡过当时的情感困境。虽然它曾经对你是有所帮助的，但是现在却正在伤害你，所以是时候放弃它了。是时候慢慢放弃自我否定和自我挫败，并且重新掌控自己的生活了。

Reinventing
Your
Life

第 15 章

"永远都不够好"：苛刻标准陷阱

——○ **帕梅拉**：40 岁。她想在个人生活和工作中都做到完美，并因此压力很大。

帕梅拉是传说中的女超人，无所不能。她是个医生，某常青藤大学麻醉科主任。她不仅擅长医疗领域最难的工作之一（麻醉），还同时主持着一个大型研究项目。她获得过政府和私人机构的研究津贴、在顶级期刊上发表过论文、经常出差到世界各地的专业会议上发言。她一年赚超过 20 万美元$^{\ominus}$。

她同时也是一个完美的妻子和母亲。她的丈夫克雷格是某大公司的总经理，几乎每周她都要参加或者组织一些商务社交集会。即便如此，她仍坚持陪伴孩子们，每天都一定会花时间和他们在一起。她每天都花时间锻炼身体，是个优秀的网球运动员。她的家里整洁无瑕，房子周围的花园也种植得很完美。帕梅拉跟我说，她很遗憾不能自己打理花园。

$\ominus$ 本书英文版出版于 1993 年。——译者注

治疗师： 所以，你是个在生活中努力做到一切的人。

帕梅拉： 是的，我觉得我也确实都做了。但唯一的问题是，我做了太多的事情，以至于自己一片混乱。一直都得不停地做、做、做。

治疗师： 听上去你有点儿吃不消了。

帕梅拉： 是有点儿。我没有在享受生活。你可能会认为，一个人像我这样拥有了很多东西，至少应该对生活有点儿享受，但是我没有。事实上，我一直觉得非常抑郁，不堪重负和抑郁。这就是我为什么要来心理治疗。这已经严重到了我都不想起床的地步了。

治疗师： 你实际上已经停止做事了吗？

帕梅拉： 当然没有。我仍然什么都做，仍然会起床。什么也没改变。但是可能是因为我刚刚过了 40 岁，我想要从生活中得到更多的东西，我想要给自己留出一些时间。

───○ **凯斯：** 42 岁。他对成功的不懈追求正在摧毁他的身体健康。

凯斯在他所做的事情上也很成功。他是纽约一家重要电视台的新闻播报员。他长相很好，散发着一种微弱的优越感。他用一种随意的方式，小心地告诉我自己的成就。他很出名、认识不少名人、在电视台里有权威、有钱、和漂亮的模特和女演员约会。但即便如此，凯斯仍然觉得不满意。他想要更多。他动力十足。

治疗师： 你为什么来心理治疗？

凯斯： 跟你说实话，我并不想来。我来这里的唯一原因是，我的医生说我的肠易激综合征和头痛是由压力引起的。我必须学会放松。

治疗师： 所以你想治好肠易激综合征和头痛，然后其他一切都保持不变？

凯斯： 是的。我不会停止拼搏向前的。

苛刻标准问卷

填写这个问卷可以测量你的苛刻标准陷阱有多强。请使用下列计分标准回答以下问题。

计分标准

1 分：完全不符合我

2 分：基本不符合我

3 分：有点儿符合我

4 分：部分符合我

5 分：基本符合我

6 分：完全符合我

即使总分不高，但是如果你在某些问题的评分达到了 5 分或 6 分，那么这个性格陷阱可能仍然适用于你。

表　15-1

得分	问题描述
	1. 我无法接受做第二名。我必须在大多数事情上都做到最好
	2. 我什么事情都做得不够好
	3. 我努力把每件事情都做到完美
	4. 任何时候，我都必须展现出自己的最好状态
	5. 我有太多要完成的事儿了，以至于没有时间放松
	6. 我的人际关系不好，因为我太拼命强迫自己努力
	7. 因为给自己的压力太大了，我的健康受到了损害
	8. 当我犯错误的时候，应该受到严厉的批评
	9. 我非常好胜
	10. 财富和地位对我来说非常重要
	你的苛刻标准陷阱总分（把 1 ~ 10 题的所有得分相加）

苛刻标准问卷得分解释

10 ~ 19 很低。这个性格陷阱大概对你**不**适用。

20 ~ 29 较低。这个性格陷阱可能只是**偶尔**适用。

30 ~ 39 一般。这个性格陷阱在你的生活中是个**问题**。

> 40 ～ 49 较高。这对你来说肯定是个**重要**的性格陷阱。
>
> 50 ～ 60 很高。这肯定是你的**核心**性格陷阱之一。

苛刻标准的体验

最主要的感受是压力。你永远也不能放松、享受生活。你一直为了获得成功而拼搏、拼搏、再拼搏。不管做什么，无论是学习、工作、运动、爱好、约会还是性爱，你都拼命要做到最好。你必须要有最好的房子、最好的汽车、最好的工作、赚最多的钱、看起来最帅或最美。你必须得有完美的创造力，同时还有完美的条理性。

这个性格陷阱是用旁观者的视角来命名的。是我们，而不是帕梅拉或者凯斯，觉得他们的标准严苛。有苛刻标准性格陷阱的人，通常在他们所从事的领域很成功，但这种成功是旁人眼中的成功。别人认为你已经有很多的成就了，但是你觉得这是理所当然的。那不过是你一直以来对自己的期待。

像凯斯有肠易激综合征和头痛一样，躯体压力症状是十分常见的。你可能有高血压、溃疡、结肠炎、失眠、疲劳、惊恐发作、心律失常、肥胖、腰痛、皮肤问题、关节炎、哮喘或者许多其他健康问题。

凯斯： 就好像我的身体在告诉我不能这样做了。我不能这样拼了。

治疗师： 迟早会支撑不住的。

对你来说，生活只有做事。生活就是要一直工作或者有所成就。你总是把自己推到极限的边缘，永远也没有机会休息一下、停下来享受一下。一切都变成了痛苦的体验，甚至包括那些比较有乐趣的活动，比如游戏或游泳。帕梅拉和克雷格在一次婚姻治疗中讨论了这一点。

帕梅拉： 打网球的时候，我并不能真正放松。就好像我在看着自己打球，焦虑地要让每一击都完美。当我打不好的时候，我就特别恼火。

治疗师： 所以，甚至玩乐也是一项工作。

克雷格： 是的。由于这个原因，我真的不愿意和她打球。她对待比赛太认真了，也太紧张了。每场比赛好像都生死攸关。如果输了，她会很沮丧。她真的不是个好的运动员。

苛刻标准会导致各种负面情绪。你无时无刻不因为无法达到自己的标准而对自己感到挫败和恼怒。你可能长期觉得愤怒，当然也会感到较高水平的焦虑。你执迷于下一件必须做好的事情。你焦虑的一个重要主题是时间：你有太多事情要做，时间却太少。你总是很在意时间，常常有时间压力。你常常为生命的残酷和自己所取得成就的空虚而感到抑郁。

你可能会问为什么要如此逼迫自己。即使已经筋疲力尽了，你仍然在加速去承担越来越多的责任，而不是慢下来。就好像你相信，你所做的这些事中总会有那么一件能最终给你带来满足感。你意识不到自己处理事情的方式会导致真正的乐趣也变得无法实现。无论你想要成就的是什么，必然都会产生相同的效果，导致相同的沉重的压力。

凯斯： 我一直在想，如果我达到自己想要的程度，就会满意了。

治疗师： 但不管你得到了什么，新的工作、新的女朋友、新的车还是新的旅行，你仍然会采取那些相同的苛刻标准。事实上真正需要改变的是那些标准。

你相信成功的可能性，觉得只要自己一直努力，就能够达到绝妙的完美状态。虽然你可能不会觉得自己真的很成功，但是你会觉得自己在进步，离目标越来越近。进步的感觉让你可以一直坚持下去。你想象着这条路会有一个终点，那时你就可以放松、享受生活。你幻想着在未来的某一时刻自己可以获得解脱。

> **治疗师：** 是什么让你得以保持这种疯狂的节奏？为什么没有停下来呢？
>
> **帕梅拉：** 这个问题，我自己也想了很多。我想是因为我总能看到黑暗尽头的曙光，那时我就可以放松，并且拥有我想要的。我感觉自己正在靠近那个目标。

但是，那种你希望在努力过后所获得的平静状态一直没有到来。即使这种状态曾经出现过，你也会再找到一些其他的苛刻的目标去让自己达成。你的性格陷阱就是这样自我强化的。在你的内心深处，如果自己没有在拼命，就会觉得不舒服。这种不舒服可能不会让你开心，但却是你熟悉的，是你已知的"魔鬼"。

苛刻标准性格陷阱，至少有三种常见的变体。你可能有不止一种，事实上也可能三种都有。

三种苛刻标准

1. 强迫型
2. 成就取向型
3. 地位取向型

强迫型

强迫型是指必须把一切都打理得井井有条型的人。你是那种会注意每一个微小细节、害怕犯哪怕一丁点儿错误的人。如果任何事不是刚刚好，你就会觉得挫败和沮丧。

> **凯斯：** 我和莎伦的约会简直是一场灾难。当我们到达剧院的时候，我们距离剧院的中心至少有六个座位那么远。我特别恼火，以至于几乎无法集中注意力观看表演。

治疗师： 那真是太遗憾了。我知道要腾出时间来看这场演出对你来说很重要。你不能尽兴，真是太遗憾了。

无论凯斯去到什么地方，任何细节都逃不过他的眼睛。座位必须是完美的，食物必须是毫无瑕疵的，房间的温度也必须是刚刚好。当然了，每次都会有一些方面不够完美，他就是无法安下心来，然后享受一切。

凯斯因为周遭的环境让自己失望而生气，但是并非所有强迫型的人都对周遭的环境生气。有些人会对自己生气，可能对自身的责怪多于对环境的不满。帕梅拉就是这样。和凯斯一样，她也是强迫型的，但是她的愤怒大多数是针对自己的。

治疗师： 你的晚餐聚会如何？
帕梅拉： 还行，但是米饭有点儿煮过头了。我因为米饭的事对自己很生气。

帕梅拉想到晚餐聚会时，就会紧紧盯住那个没有做好的小细节。她因为没有把这个细节做好而责备自己。

强迫式的自我控制是常见的。事实上，这一类人的核心问题就是控制。当你感觉生活的一些方面失控的时候（例如，因为脆弱或屈从），强迫就是一种应对方式，它会让你得到掌控感。

成就取向型

这就是所谓的工作狂。你一周工作七天，每天工作 16 个小时。你过分看重成就，不惜牺牲自己的其他需求。你必须是最好的。

帕梅拉： 上大学的时候，我记得有一次，我整晚都睡不着，因为一直担心在微积分课上会拿 B。我在想，如果拿了 B，我就不能作为毕业生代表在毕业典礼上致告别辞了。我真是特别生自己的气，怎么就把这堂课搞砸了。

区分苛刻标准陷阱和失败陷阱是很重要的。失败陷阱是一种和同龄人相比你失败了、低于平均值的感觉。苛刻标准陷阱是一种你至少已经达到了平均值，但却无时无刻不在追求达到更高的、完美主义的要求的感觉。有失败陷阱的人可能会尝试一项任务，然后想："我什么都做不好，我搞砸了。"有苛刻标准陷阱的人会尝试同样的任务，然后想："我做得还可以，但我可以做得更好。"

> **帕梅拉：** 并不是说我觉得自己会失败。我知道自己会做得很好。我害怕的不是失败，我害怕的是仅仅达到中等水平，不能够脱颖而出。

苛刻标准性格陷阱有时会导致一种失败感。如果你的严苛标准实在是太高了，以至于你完全不可能接近这一标准，那你可能会觉得自己没用，是个失败者。可能是因为离自己的目标太远了，所以觉得自己什么也没有达成。

许多工作狂长时间处于烦躁或者充满敌意的状态下。这就是 A 型人格。A 型人格的人会对比他们做得好的人或者阻碍他们实现自己野心的人非常恼怒。或者，如果这种阻碍是内在的，他们就会生自己的气，觉得自己还不够努力，或者在某事上做得还不够好。他们会感到一种持久的、内在的烦躁感。

你的成就取向可能没那么严重。在你的生活中，工作和玩乐可能只是有一点点失衡。你无法真正放松，但是至少你的生活并不仅仅只有工作。你会把其他活动也变成奴役自己的工作，任何形式的活动，可能是装饰房间、购买衣服或者打折商品，或者是兴趣爱好和体育运动，总之，可以是任何事情。

地位取向型

地位取向型是指过度强调获得认可、地位、财富、美貌，是一种虚幻的自我。这通常是一种反击的形式，用来补偿核心的缺陷或社交孤立感。

如果你有过度的地位取向，那么无论你做什么，永远都不会觉得足够好。当你无法达到自己的高期望值时，你倾向于自我惩罚，或者觉得羞愧。你陷入了一种要积累越来越多的权力、金钱、声望的无尽挣扎之中，然而那永远也不足以让你对自己感到满意。

> **治疗师：** 这很有趣，但是即使你被一个如此私密的派对邀请，并且你带去了像你所说的"最漂亮的女人"，你听上去一直都觉得不开心。
>
> **凯斯：** 晚餐时，他们给我们安排的座位让我觉得很沮丧。那明显表示，我们并非是真正的圈内人。

凯斯永远都不觉得满意。他从来也没有发自内心地觉得自己确实是有价值的。他感觉自己有很强的驱动力去追求更高程度的成功，但是无论他得到了什么，在内心深处，他仍然为自己感到羞愧。

地位取向也可能是一种对情感剥夺的补偿。你可能会用权力、名声、成功、金钱来填补情感的空虚，用地位来替代真正的情感联系。然而，地位是永远也不够的。有一个患者南茜，就是这样，她嫁给了一个有钱却没有爱的男人，她的大部分时间都花在买东西上。她拥有一切最好的东西。她会一个人坐在自己的大房子里，被她的所有物所包围，然后她想要知道自己到底缺失了什么。

苛刻标准有四种常见的起源。

苛刻标准的起源

1. 父母给你的爱是有条件的，前提是你必须要满足较高的标准。
2. 父母中的一方或者双方给你做出了榜样，他们拥有高且不平衡的要求标准。

> 3. 你的苛刻标准的产生是为了补偿自己的缺陷感、社交孤立感、
>   剥夺感或失败感。
> 4. 当你无法达到很高的期望值时，父母中的一方或者双方羞辱
>   或者批判了你。

在有条件的爱的环境下长大是第一个常见的起源。父母可能只有在你成功或者完美的时候才会给你爱、认可或关心。这就是帕梅拉的经历。

帕梅拉： 对他们来说，我就好像不存在一样，除非我得到了什么奖或者拿到了最高分。我记得当我被告知当选为在毕业典礼上致告别辞的毕业生代表时，我的第一个想法就是跑回家告诉父母，那样他们会很开心的。大多数时候他们看起来好像对我漠不关心。

由于你获得的爱是有条件的，你的童年都花在了一场要赢得父母的爱的赛跑上。这场比赛无穷无尽，路上几乎没有多少鼓励。有一次，我们让帕梅拉给出一个她童年时期的图景。

帕梅拉： 我一直朝着我家的房子跑啊、跑啊，但是房子却在不断后退，我跑得越快，房子就退得越远。

或者，你的父母可能非常有爱，当你达到他们的高期望值时，他们会给你大量的爱和认可。最重要的是，达到某种要求，比如说学习成绩、美丽、地位、受欢迎度或者体育运动，成了你赢得父母的爱、尊重，可能甚至是吹捧的最有效的方式。你的父母可能因为你的成功而将你高高供起。

你的父母可能是你苛刻标准的榜样。他们自己就是完美主义者、有条理的、地位取向的，或者具有高成就的。你学会了他们的态度和行为。这种起源通常是很惊人的，因为家里面没人知道他们的标准其实是如此之

高。他们觉得自己很正常，和其他人一样。

帕梅拉： 在我开始治疗之前，我从没有真正想过我的标准是不现实的。我从没有觉得父母是完美主义者。我一直认为他们不过就是有着一般正常标准的普通人。直到我开始更仔细地去看待这件事时，我才意识到我母亲必须保持房间的完美，家里从来没有过一丝杂乱。如果我走进去，在桌子上留下一张纸，五分钟之内，母亲就会让我把它放回该放的地方。并且，我父亲在工作上也极度追求完美。他有自己的公司，不管是什么事，甚至是挂一个标志，他都得亲力亲为，还必须做到完美。他总是在工作。

从来没有人跟帕梅拉说过"你必须做得非常好"。她完全是通过模仿榜样、观察她的父母学到的苛刻标准。如果你的父母自己就有很高的标准，他们一定已经或微妙或直接地向你传递了那些高标准。

父母的高期望值在许多专业人士居住的富足的近郊区特别常见。父母越专业，孩子受到这些压力影响的可能性就越大。整个文化圈都支持对高成就的期望。但是，我们也见过不少来自工人家庭的有苛刻标准陷阱的患者。有苛刻标准的父母可能是技工、收银员、画家或音乐家，他们可能来自各个社会阶层。

我们也有一些患者的苛刻标准源自试图超越自己童年期的环境。你可能觉得自己不如自己的同伴，或者觉得自己的父母不如别人，然后尝试通过高成就或高地位来代偿。凯斯的情况就是如此。凯斯成长于工人家庭社区，并因此感到羞愧。凯斯上的学校里大多数都是工人家庭的孩子，但是他嫉妒那些来自城里更富足地区的有钱学生。

凯斯： 我觉得我家的情况不够好。我想像那些有钱的孩子一样。我想要他们所拥有的东西。很早以前我就决定了，我一定会得到那些有钱的孩子所拥有的东西。

凯斯围绕着提升自身的社会阶层而计划了自己的整个人生。他的苛刻标准是一种针对羞愧感的反应，这种羞愧感是由于自己家庭的社会孤立所带来。

苛刻标准也可能与其他性格陷阱紧密相连。例如，你可能会有情感剥夺性格陷阱。小时候，你发现对自己成就的表扬，可以在一定程度上弥补爱的缺失。成功可以是一种与他人建立联结的策略。不幸的是，它通常只是一种代替真正的关心和理解的苍白的替代品。

父母可能激励了你。凯斯的母亲觉得自己曾属于一个更高的社会阶层，但是下嫁了一个社会地位比她低的人。她通过凯斯而间接地满足了自己对地位的需求。结果导致凯斯一直也无法放松。母亲总是在他身后影响着他。有一次，他给了我们这样一个关于母亲的影像。

> **凯斯：** 我躺在床上准备睡觉，我一直可以听到她的声音，没完没了。她在说，"你最好赶快行动起来，你有很多要做的事。你写完作业了吗？你不需要练习网球吗？你不需要给朋友打电话吗？"

虽然，有苛刻标准性格陷阱的人在成年后通常都非常成功，但是他们的童年记忆极少会关注成功所带来的感受。事实上，他们更加可能记得的是缺陷感、被排挤感和孤独感。无论他们多么努力地尝试，都极少能获得他们想要的尊重、赞赏、关注或者爱。

> **帕梅拉：** 我有很多记忆是关于在学校里拿到最棒的成绩回到家，我甚至都没有因此得到过一点点注意。必须得做到超乎寻常的优秀，我才可能得到关注。

在帕梅拉家里，做得很好就等同于做得一般般，极少会有表扬。当我们问这些患者，他们是否是完美主义者时，他们说"不是"。当我们问他们的父母是否是完美主义者时，他们也说"不是"。按照他们的标准，他们离完美差得还很远。

父母要么是在孩子做得很好的时候没有给予表扬，要么就是在孩子无法满足他们的期望值时收回对孩子的爱。

> **凯斯：** 我上大一的时候，没有收到学校最好的兄弟会的入会邀请。我母亲就一周没和我说话。

另一个患者告诉我们，当她在学校里拿到低于 A 的成绩时，母亲会突然停止拥抱和亲吻她。

你可能有很多关于失败的清晰记忆。我们曾有这样一位患者，他的父亲常常在他和兄弟们打体育比赛输掉的时候嘲笑他。家庭关注的全部重点都在竞争上，在必须成为最好的上。他和兄弟们会为了比较谁是最坚强的那个孩子而打架。虽然他成了一名优秀的运动员，但是他的记忆中却只有失望和压力。可能还会有那些非常努力拼搏，但是无力达到那高不可攀的标准的记忆。

如果你的父母在你无法满足他们的期望的时候，对你采用了羞辱或者批判的态度，那么你几乎肯定还会有一个自我缺陷性格陷阱。

苛刻标准性格陷阱

1. 你的健康正在由于日常生活的压力（比如工作过度）而受到伤害，而不仅仅是由于不可避免的特殊生活事件。

2. 工作和娱乐是不平衡的。生活就像是无止境的压力和工作，没有任何乐趣可言。

3. 你的全部生活似乎都围绕着成功、地位和物质。你似乎已经失去了和内心深处的自己的联结，不再知道什么能让自己真正感到快乐。

---

4. 你把过多的精力花在了保持生活的井然有序上。你花了太多
   的时间去列清单、整理生活、做计划、打扫清洁和修补东西，
   而没有足够的时间去创造或者放手。

5. 你和他人的关系正在受到损害，因为太多的时间都被用在了
   达到你自己制定的标准上，比如工作、获得成功等方面。

6. 你让在你身边的人感到能力不足或紧张，因为他们担心自己
   无法达到你的高期望值。

7. 你极少停下来享受成功，也极少会享受成就感。相反地，你
   只是简单地去进行下一项等待完成的任务。

8. 你感到不堪重负，因为你在试图去做太多的事，好像永远都
   没有足够的时间去完成已经开始的事情。

9. 你的标准实在是太高了，以至于你把很多活动都当作义务或
   者折磨，而不是去享受过程本身。

10. 你十分拖延。因为你的标准导致许多任务都让人觉得不堪重
    负，所以你会回避它们。

11. 你经常感到烦躁或者挫败，因为身边的人和事不能满足你的
    高要求。

苛刻标准的一个基本问题是，你失去了和天然的自我之间的联系。你太过于关注秩序、成就、地位，以至于不会去照顾自己基本的生理、情绪和社会需求。

帕梅拉： 有时候我觉得自己就像个机器，好像我并不是真正活着的。好像我被开启了自动模式。

让生活值得继续的事情，比如爱、家庭、友谊、创造力和乐趣，都被排在了对完美的过分追求之后。

克雷格： 我们到了自己的夏日避暑别墅，我和孩子们都换上了泳装，到湖里去游泳。我们在一边笑一边打水，玩得很开心。与此同时，帕梅拉在屋里打扫卫生、打开行李、然后不知道在做什么。我们一直喊她出来游泳。她一直说，"就一分钟，就一分钟"，然后一直也没出来。

苛刻标准让你付出了很多代价。你正在放弃生命中许多快乐和自我实现的机会。

你得到的回报是以成功为度量的。不管你选择在哪个领域让自己达到完美，你都可能都是那个领域里最优秀的人之一。如果我们去观察任何一家机构的高层人员，都有很大的概率会找到有苛刻标准的人。不然的话，哪还会有别人的愿意花那么多必需的时间和精力去爬到高层呢？还有谁会愿意在生活的那么多其他方面做出牺牲呢？如果你去读名人的访谈，就会一直听到他们的完美主义、献身精神、对细节的关注、如何鞭策自己和他人。

但是，你不会停下来享受自己的成功。一件事完成后，你就会把注意力转到下一件事上，而你刚刚完成的这件事则看起来毫无意义。并且，有些时候你的成功也是毫无意义的。这时你就会开始追求细节的完美。从大局来说，你厨房的抽屉整理得完美无瑕或者孩子们的房间非常整洁，真的有关系吗？你的约会对象是整个房间里最漂亮的，或者你穿的衣服是最好的，真的重要吗？你得了99分，而不是100分，有关系吗？

你的亲密关系几乎一定会受到妨碍。你可能想要拥有最完美的伴侣，没法将就。凯斯认为完美的那个女人是如此的漂亮、有天赋、成功，所以许多其他男性也在追求她。她对凯斯一点儿兴趣都没有。

一旦你开始一段感情，就会变得极度挑剔、要求高。你期待其他人（尤其是和你最亲近的人，比如配偶或孩子）也符合你的标准。并且在无意识的情况下，你可能会因为他们没有满足你设定的标准而贬低他们。当然了，因为这些标准在你眼里并不高，你会觉得自己的期望值是正常的、合乎情理的。

你可能会被同样具有苛刻标准的完美主义型的伴侣所吸引，或者你也可能会被完全相反的、轻松自在型的伴侣所吸引。你也许会选择一个可以平衡你高压生活的人，他（她）可以帮你找回你所失去的东西。这样的关系可以成为一种放松和享受的渠道。

你可能几乎没有多少时间和自己所爱的人在一起。如果你是单身，你会忽视朋友和恋人。如果你已结婚，则会忽视家人。你就是没有那个时间。你太忙于工作、整理房间、提升自己的地位。你一直认为，你总会找到时间去放松、找对象、陪伴配偶和孩子。然而与此同时，时光飞逝而过，你的情感生活仍是一片空白。

当你花时间和所爱之人在一起时，你也习惯于用同样高压的、严苛的方式行事。帕梅拉每天都安排和孩子们在一起的时间，但是她并不享受这段时光，孩子们也不。

克雷格： 帕梅拉总是因为各种事情说孩子。我觉得她给他们太多压力了。看看我们的女儿凯特。她有头痛和胃痛的毛病。她才三年级，就已经开始担心在学校的表现了。

苛刻标准通过这种方式逐代传递。你的父母传给了你，你又传给了你的孩子。甚至你和孩子在一起的时间也都花在逼迫他们上了。你不会停下来欣赏他们。这剥夺了你的快乐，也导致了他们的不快乐。

对于有苛刻标准陷阱的人来说，在接手一项大工程后无法正常开始是并不罕见的。拖延症患者也常常是有苛刻标准的人。你期待自己所达到的水平太高了，以至于压力巨大。你越对某个项目寄予重望，越容易延迟它。在某一刻，你甚至可能会崩溃，停止运转。你无法再忍受必须满足自己的那些高期望值的想法。

因为苛刻标准，你极少感到满足。对自己高标准的不懈追求使你失去了体会积极情绪的机会，比如爱、平和、快乐、骄傲、放松。与此相反，你感到烦躁、挫败、失望，当然还有压力。是时候该清醒地认识到你的苛刻标准在让你付出何种代价了。真的值得吗？

以下是改变你性格陷阱的步骤。

改变苛刻标准

1. 列举出你在哪些领域的标准可能是不平衡或苛刻的。

2. 列举出你每天试图达到以上标准的益处。

3. 列举出你在这些领域如此拼命的坏处。

4. 试想一下，如果没有这些压力，你的生活将会是怎样的景象。

5. 去了解自己性格陷阱的起源。

6. 考虑一下，如果你把自己的标准降低25%，会产生什么效果。

7. 试着量化你花了多少时间来维持自己的标准。

8. 试着从生活平衡的人那里获取共识或客观意见，由此来决定什么是合理的标准。

9. 逐步改变你的日程或者行为，以满足自己更深层次的需求。

---

1. 列举出你在哪些领域的标准可能是不平衡或苛刻的。根据强迫型、成就取向型、地位取向型的分类，你的清单可能会包括：把东西整理得井井有条、清洁、工作、金钱、物质享受、美貌、运动能力、人气、地位或者名望。让你持续感受到压力的可以是生活的任何方面。

2. 列举出你每天试图达到上述标准的益处。这些益处几乎一定会与你成功的程度相关。这些是通过拥有秩序、成就和地位而获得的好处。这些好处可能是骄人的。我们的文化会奖励有苛刻标准的人。以下是凯斯的清单。

我的苛刻标准的好处

1. 我可以买我想要的东西。

> 2. 我觉得自己很特别。
>
> 3. 人们嫉妒我，想要我所拥有的东西。
>
> 4. 我可以拥有几乎任何我想要的女人。
>
> 5. 我出入于理想的社交圈。

表面上，凯斯似乎拥有很多。但是，他所拥有的一切并不能让他开心。他不享受其中的任何一样。他永远不满意。他总是在盼望着下一次购物、下一个女人、下一次社会等级的提升。没有任何东西可以满足他。

以下是帕梅拉的好处清单。

> **我的苛刻标准的好处**
>
> 1. 我赚很多钱。
>
> 2. 我差不多达到了自己领域里的顶尖水平。
>
> 3. 我得到过很多奖项和奖品。
>
> 4. 大多数时候我的房子看起来都很完美。
>
> 5. 我家里的一切都运转得井然有序。
>
> 6. 作为麻醉师，我的水平很高。

是的，好处是相当大的。帕梅拉成就了很多，理应感到骄傲。但是，事实上她仍然不开心。相反，她感受到要维持这种表现的持续压力。

对你来说可能也是一样。你可能看似从高标准中获益不菲，但实际上你不快乐。当你为了拥有纤尘不染的完美房间而把自己累得精疲力竭，并且怨恨每一个碍你事的人，那又有什么好处呢？如果你没有时间享受快乐和爱，那么就算是最高级的工作又有什么好的？当你筋疲力尽无力去享受，就算是创造出了舒适的环境又有什么用？

3. 列举出你在这些领域如此拼命的坏处。坏处指的是所有的恶果，你一路走来牺牲掉的所有东西，可能包括你的健康、快乐、放松的愿望和心境。在你列清单的时候，想想你的情感生活质量：苛刻标准如何影响了你和家人、所爱之人，还有朋友的关系。

这是帕梅拉的坏处清单。

我的苛刻标准的坏处

1. 我疲惫不堪。
2. 我没有任何乐趣可言。
3. 我的婚姻受到了影响。
4. 我给孩子太多压力。我不享受和孩子们在一起的时光。他们似乎怕我。
5. 我放弃了很多亲密的友谊。
6. 我一点儿时间也没留给自己。

凯斯的坏处清单有两项。

我的苛刻标准的坏处

1. 我的健康正在受到损害。
2. 我不快乐。

现在，你需要衡量一下好处和坏处，决定什么是最有意义的。好处让一切都值得吗？或者，坏处是明显超过好处吗？

4. **试想一下，如果没有这些压力，你的生活将会是怎样的景象。**有时，当你处于压力之下，当你感到熟悉的驱动力时，停下来想象一下，如果能放开一些压力，那将对你的生活意味着什么。坐好、放松，闭上眼睛，让这样的图景自然浮现。你可能会做其他哪些对生活真正更重要的事情？当凯斯做这个练习的时候，他意识到了，被别人看到自己和那个完美的女人希拉在一起，并没和贝丝在一起的快乐那样令人愉悦。

凯斯： 那天晚上，我和希拉一起参加晚餐聚会，却在不停地想贝丝。我知道和希拉一起去才是对的，她比贝丝更好看，更有钱。别人看到我和希拉在一起才更好，但是我却一直希望我那时是和贝丝待在一起，那样的话会更有趣。

这样的练习会帮助你认识到你生活中的缺点是和苛刻标准直接相关的。如果你降低了自己的标准，就可以消除很多这类的缺点。

5. 去了解自己性格陷阱的起源。你的苛刻标准是怎么开始的？父母给你的爱是有条件的吗？父母是苛刻标准的榜样吗？如前所述，这个性格陷阱很可能是与童年时期的其他性格陷阱紧密相连的。你的苛刻标准陷阱很可能是另外一个更核心的性格陷阱的一部分，比如自我缺陷陷阱、社交孤立陷阱，或者情感剥夺陷阱。

6. 考虑一下，如果你把自己的标准降低 25%，会产生什么效果。首先，我们必须先着手解决一下伴随苛刻标准一起出现的非黑即白式的思维方式。你相信所有的事情要么是完美的，要么是失败的。你无法想象可以把一件事情做得仅仅是还可以。如果从 0 到 100 来评分，如果你的表现不是 100 分，而是 98 或者 99 分，对你来说，那就等于 0 分。你必须学会把某件事情做到 80 分或者 70 分可能也是很好的。你仍然可以为你的工作而骄傲。在完美和失败中间有一条很长的灰色地带。

帕梅拉： 那天晚上，我在为晚餐聚会自制意大利千层面。克雷格的父母会过来。嗯，我使用的是商店里购买的现成酱汁，因为对我来说自制酱汁真的很难。我整晚都感到愧疚，别人一旦夸奖我千层面做得好，我就感到愧疚，好像我并不应该得到这样的夸奖。我真的在努力把这个事情做好。我不停地告诉自己，晚餐聚会很美好，从全局来看，用了商店里购买的现成酱汁也没有关系。

如果你可以接受稍低一点儿的标准，而不是坚持达到完美，你仍然可以在职业发展、财务成功、赞扬、社会地位等方面获得许多相同的回报，且不必付出如此沉重的代价。在这些回报上，你需要做出一定程度的牺牲。但是，你因此而得到的好处，比如更小的压力、更健康的身体、更多时间放松、心情更愉悦和更好的人际关系，要远远大于这些牺牲。

7. 试着量化你花了多少时间来维持自己的标准。 你可以使用时间管理技巧。做一个时间表，在上面给你每天必须要做的项目分配时间。在该项目的规定时间之外，不允许自己花额外的时间去做它，并且当限定的时间结束的时候，必须接受自己做到什么程度就是什么程度。

帕梅拉在发表期刊论文的时候使用了这个技巧。她给了自己六个小时来写这篇论文。

> **帕梅拉：** 六个小时结束的时候，就是它了。这篇论文必须就保持那个样子了，不能再去修改它了。对我来说那挺难的。还有那么多我仍然想做的事情。但是，想起了孩子，我就没有去进一步修改这篇论文。花时间和他们在一起更重要。

你在决定要在每一个项目上花多少时间的时候，一定要考虑该目标对你的整体幸福感有多重要，然后，给生活中最重要的领域分配最多的时间。有苛刻标准的人经常会失去判断力，所有任务都变得同等重要。你可能会在预订机票上和写一个重要报告上花同样多的时间。你可能会根据自己需要花多少时间才能完美地完成某项任务来分配时间，而不考虑这项任务对你的生活质量到底有多大影响。

帕梅拉估计需要 20 个小时来写出一篇完美的论文，但是她的家人比论文对她来说更重要，所以她决定给家人更多的时间，减少写论文的时间。

通过这个过程，我们希望你能学习到我们不值得为完美付出**任何代**价。你可以在达到完美之前就停下来，并且生活可以像从前一样继续，而且只会更好。给每项任务分配合理的时间，然后，接纳自己在分配的时间内所能够做到的程度。不然，你用来做事情的时间会不断增长，并且你的生活会迅速失控。

8. 试着从生活平衡的人那里获取共识或客观意见，由此来决定什么是合理的标准。这是我们为有苛刻标准的患者所提供的服务之一。我们可以提供更客观的合理标准方面的意见，或者帮助患者想清楚如何得到更客观的意见。你也要这样做，这很重要，因为你感觉不到那些失衡的标准其实是不平衡的。在这点上，你不能相信自己。问问其他人，他们觉得什么样才是合理的。如果在你的生命中，有些人看起来过着相对较平衡的生活，或者有些人虽然似乎有着较高的标准，但仍然能够享受生活，问问他们花多少时间工作、放松、陪伴家人、和朋友在一起、锻炼身体、度假和睡觉。试着努力描绘出一个更加平衡的生活的结构图。

9. 逐步改变你的日程或者行为，以满足自己更深层次的需求。逐渐改变自己的生活，直到能够达到这种更平衡的结构。帕梅拉和凯斯都尝试了这种做法。帕梅拉非常好地使用了时间管理技巧。她限制了自己在医院工作的时间，并且把研究项目上的一些任务交给了部门里的一个助理教授。她学会了如何分派任务。她开始花更多的时间陪伴丈夫和孩子。她开始徒步旅行，花更多的时间参加户外运动，虽然，你可能也想到了，她必须忍住，不在这些事情上追求完美。

> **帕梅拉：** 一旦我开始在工作上放开了一点儿，我立刻发现，生活变得
> 更美好了。我变成了一个更快乐的人。所有人都更开心了。
> 这就是让我继续前进的动力，也是帮助我继续放手的原因。

帕梅拉随身携带这样一张卡片来提醒自己："我可以降低自己的标准，而不觉得自己是个失败者。我可以把事情做到中等水平，并且对此感觉良好，不需要一直努力做到完美。"

对凯斯来讲，改变的意义非凡。那意味着他要完全改变自己对什么事情是真正重要的看法。遇见贝丝是最主要的催化剂之一。凯斯真的爱上了

贝丝，这让他自己也惊讶不已。

> **凯斯：** 和贝丝在一起，感觉如释重负。我发现自己只想和贝丝在一起度过安静的夜晚，就做做饭，或者去看一场电影。那些社交场面，我也没有那么在乎了。

帕梅拉和凯斯都向我们展示了取舍的过程。放下你对完美秩序、成就或者地位的追求，以换取更高质量的生活以及与所爱之人之间更令人满意的感情生活。

Reinventing
　Your
　　Life

第 16 章

"我可以得到任何我想要的东西"：
权利错觉陷阱

──○ **梅尔**：43 岁。他的妻子威胁说要离开他。

在见到梅尔之前，我们就发现自己对他有些恼火了。我们第一次打电话的时候，他问我们周四晚上有没有时间。我们告诉他说，我们只在周一到周三晚上工作。他问："所以，那我没有可能周四过来了？"我们又告诉他一遍，我们周四晚上不上班。我们给他约了一个下一周周一的时间。在我们周一见面前，他又给我打了两次电话。他想知道："有没有什么办法可以让我周四过来？对我来说那会好很多。"

我们第一次的会面，梅尔迟到了 20 分钟。他走进我们办公室后，做的第一件事就是评论说，让他周一来对他来说有多不方便。"我过来要穿过整个城市。"他说。他在沙发上坐下来，发现不舒服。"我可以挪动一下沙发吗？"他问。

我们问他为什么来参加治疗。

梅尔： 是我妻子凯蒂。她威胁我说，如果我不来治疗，她就离开我。我不想让她离开。

治疗师： 她为什么威胁说要离开？

梅尔： 她发现我又有外遇了。

治疗师： 所以你之前也有过？

梅尔： 是的。这是她第二次发现了。

治疗师： 这是你第二次有外遇吗？

梅尔： 不是（笑）。这是我的一个小习惯。只和一个女人在一起，我就是无法感到满足。

随着时间的推移，我们发现，凯蒂威胁要离开梅尔，还有其他的原因。在一次婚姻治疗会面中，凯蒂谈过。

凯蒂： 我再也受不了。所有事情都必须要遂他的心意，我受够了。他就像一个被宠坏的孩子，一切都必须要按照他的想法来。

梅尔似乎不能理解凯蒂的行为。"她对所有事都这么小题大做！"他抱怨说。

──◦妮娜： 30 岁。她保不住任何一份工作。

我们第一次的会面，妮娜同样也迟到了。"对不起，"她说，"我有迟到的毛病。"

治疗师： 嗯，不如我们从你为什么来参加治疗开始吧。

妮娜： 嗯，我丈夫雷蒙想让我找一份工作。我们现在经济有困难。

治疗师： 你想找工作吗？

妮娜： 不想。说真的，我认为这么多年过去了，他还要让我去工作，非常不公平。这真的让我很烦恼。

治疗师：但是，听起来，似乎你还是在找工作。

妮娜：是的，我在找。我的意思是，我没有选择。我们真的经济有困难。问题是我找不到工作。并且说实话，我之前上班的时候，也没办法保住任何一个工作。

治疗师：问题出在哪里？

妮娜：我猜可能是我觉得工作无聊。我也真是懒得去做他们要求的各种事。

妮娜给我们一种孩子气的印象。似乎她来的真正目的是让我们站在她那边，反对她丈夫，并且说服他，她不应该去工作。

治疗师：你觉得你丈夫有可能会愿意跟你一起来参加治疗吗？

妮娜：会的。那样就太好了。我希望你可以和他谈谈，让他明白。我真的不适合工作。

治疗师：嗯，如果你想让他知道这个，你得自己告诉他。

当一切都清楚地表明我们不会采取她想要的方式进行干预时，妮娜变得暴躁起来。"你为什么要这样对我？"她问。

权利错觉问卷

用这个问卷测量你的权利错觉陷阱强度。请使用下列计分标准回答以下问题。

计分标准

1分：完全不符合我

2分：基本不符合我

3分：有点儿符合我

4分：部分符合我

5 分：基本符合我

6 分：完全符合我

即使总分不高，但是，如果你在某些问题的评分达到了 5 分或 6 分，那么这个性格陷阱可能仍然适用于你。

表 16-1

得分	问题描述
	1. 我无法接受别人对我说"不"
	2. 当我得不到自己想要的东西时会生气
	3. 我是特别的，不应该受到一般规定的约束
	4. 我把自己的需求放在第一位
	5. 我很难让自己停止喝酒、吸烟、暴饮暴食，或者其他问题行为
	6. 我无法约束自己去完成无聊的或者程式化的任务
	7. 我会冲动和感情用事，然后导致自己陷入麻烦
	8. 如果无法达到某个目标，我很容易受挫并放弃
	9. 我坚持要求别人按照我的方式做事
	10. 我无法为了实现长远的目标而放弃眼前的即时满足
	你的权利错觉陷阱总分（把 1～10 题的所有得分相加）

权利错觉问卷得分解释

10～19 很低。这个性格陷阱大概对你**不**适用。

20～29 较低。这个性格陷阱可能只是**偶尔**适用。

30～39 一般。这个性格陷阱在你的生活中是个**问题**。

40～49 较高。这对你来说肯定是个**重要**的性格陷阱。

50～60 很高。这肯定是你的**核心**性格陷阱之一。

权利错觉的体验

权利错觉有三种，每种都有自己独特的体验。这三种类型相互重叠，你可能会有不止一种。

三种权利错觉

1. 娇惯型权利错觉

2. 依赖型权利错觉

3. 冲动型

娇惯型权利错觉

你认为自己是特别的。你要求高，有控制欲，想让一切都按照你的想法进行。当别人不同意时，你就会愤怒。

凯蒂： 因为我想上这门课，而他不想让我上，所以我们一直在吵架。

梅尔： 我下班回家的时候，她就不在家了。

凯蒂： 你到家半个小时以内我就会回来。

梅尔： 但是你就不能给我做饭了。

凯蒂： 梅尔，一周就一个晚上。我们可以点外卖或者出去吃。

梅尔： 你不明白。我工作很辛苦。这关系到我的舒适度。（大喊）我的舒适度对我来说很重要！

你没有同情心，也不关心别人的感受。这导致你不体谅别人，也许甚至有虐待倾向。

你对一般的社会规范和习俗漠不关心。你认为自己凌驾于规则之上。你相信，虽然别人违反社会规则时应当受到惩罚，但你却不应该被惩罚。你不认为你应该为自己的行为付出正常的代价。

梅尔： 对不起我迟到了。我在等那个混蛋从拖吊区把车开走，然后我好停在那里。

治疗师： 你把车停在了拖吊区？

梅尔： 是的，但没关系。我是借的我连襟的车。他有医生车牌[⊖]。即使我被开了罚单，也有理由可以避免挨罚。

因为有权利错觉，你毫无愧疚之意地攫取自己想要的一切。你认为自己可以设法以某种方式逃避其他人在同等情况下会蒙受的不良后果。你觉得自己可以侥幸逃脱或者操控局面，这样就不必承担后果了。

依赖型权利错觉

如果你是依赖型的权利错觉者，则会觉得自己有权利依赖别人。你将自己放在柔弱、无能、需要照顾的位置上，期望别人强大且能照顾你。

你的这种权利感差不多和孩子对待父母的态度一样。那是你的权利，人们亏欠你的。

妮娜： 雷蒙真的生我气了，因为他发现我把买食物的钱偷偷用来买衣服了。

治疗师： 你为什么要那样做呢？

妮娜： 嗯，他削减了我买衣服的开销。真让我烦心。那我该怎么办啊？继续穿那些破烂的旧衣服吗？

治疗师： 我知道了。他减少了你买衣服的预算，因为你们两个人有经济困难。

妮娜： 嗯，他应该把事情处理得更好而不应该出现这种情况！

像妮娜一样，你可能期望别人给自己提供经济保障。你让别人为自己的日常事务和许多决定负责。

你更有可能会消极被动，而不是积极进取。当别人不能照顾你时，你感觉自己是受害者。你气愤，但很可能会控制自己。你用另外的方式表达

⊖ 医生可以在紧急情况下违反交通规则而不受法律惩罚。——译者注

自己的不满，比如噘嘴、消极抵抗行为、疑病症⊖、抱怨，还有偶尔孩子气的闹脾气。

你不一定会觉得自己特殊。事实上，你可能会非常努力地去讨好和迁就，但是仍然觉得自己有权利去依赖。你的权利感基于你认为自己脆弱的事实。你需要帮助，别人则必须提供给你。

冲动型

这是一种一生之中长期在控制自己的行为和感受上有困难的模式。你在冲动控制方面有问题。你按照自己的欲望和感受行事，而不考虑后果。

你容忍挫折的能力不足以帮助你完成长期的目标，特别是枯燥或者程式化的任务。你缺乏组织性和架构性。你散漫、无纪律。

> **妮娜：** 嗯，我没能得到那个旅行社的工作。
>
> **治疗师：** 哦。所以你最终还是去那边了。发生了什么？
>
> **妮娜：** 事实上，我没能完成申请流程。他们想让我填完那些我理解不了的长长的表格，还要写许多文书。我找不到任何愿意真正帮我一步一步做完的人。我想，如果申请过程就是这样的话，我一定也不会喜欢这份工作。这不是我想去工作的那种地方。

像妮娜一样，你可能有拖延倾向。最后去做的时候，也是漫不经心或者消极抵抗的。你就是无法让自己专注和坚持。甚至即使是你自己想要坚持某事，对你来说也很困难。你在即时满足和长远满足的选择上有点儿问题。

你在延迟即时满足上的障碍可能会表现为成瘾性，例如暴饮暴食、吸烟、酗酒、吸毒或者强迫性的性爱。但是，有成瘾问题，并不表示你一定有这个性格陷阱。成瘾性只是诸多表现之一。成瘾性必须是一个更广泛的自控、自律问题的组成部分之一时，才说明你有权利错觉陷阱。

⊖ 由于心理问题而总是怀疑自己生病。——译者注

你可能做不到控制自己的情绪，尤其是愤怒。虽然你可能会有抑郁，但愤怒是你最主要的情绪。你无法用成熟的方式表达愤怒，而是像个暴怒的孩子。你感到不耐烦、急躁、愤怒。

> **凯蒂：** 他大喊大叫的样子，是如此让人难堪。他不管我们在哪里、谁在听。他会突然之间开始尖叫。我们可能是在公共场所、朋友家，任何地方都可能。
>
> **梅尔：** 没错。我生气的时候想让大家都知道。
>
> **凯蒂：** 而且，我跟你说，这很奏效。为了让他闭嘴，他想要什么我都给他。每个人都是如此。

你任性地表达自己的愤怒。你觉得自己应该有发泄任何情绪的自由。你不考虑对别人的影响。

你的愤怒和冲动控制问题使你处于危险之中。极端情况下，你难以自制的冲动问题可能会导致犯罪行为。但更常见的情况是，这个问题以暴躁、发脾气或者其他不恰当行为的形式出现。

> **妮娜：** 为了周五的聚会，我买了漂亮的新裙子。
>
> **治疗师：** 你是怎么做到的？我以为雷蒙不会再给你钱买衣服了。
>
> **妮娜：** 嗯，如果你发誓不告诉他，事实上，是我偷的。很容易的。我就偷偷地把裙子带进了试衣间，然后偷偷塞进包里。
>
> **治疗师：** 你打算怎么向雷蒙解释？
>
> **妮娜：** 哦，他不会注意到的。不管怎么说，这其实是他的错，因为他不肯给我钱。

雷蒙到底还是发现了这条裙子的事。他特别生气，以至于他告诉妮娜他想尝试分居。这是妮娜最不想要的。她冲动地行事而不顾忌后果。在本能冲动和采取行为之间，她必须学会加入思考的步骤。

和许多其他压抑自身需求的性格陷阱不同，权利错觉陷阱涉及对自身需求的过度表达。你缺少正常程度的自我约束。别人会适当控制和约束自己，你则不然。

多数有权利错觉的患者不会因为自己的行为方式而感到痛苦。这一点可以把权利错觉陷阱和本书中的其他性格陷阱区分开来。我们从未见过任何一个来找我们的患者说，他（她）由于自认为应当拥有诸多权利或自觉特殊而感到痛苦。

但是，我们的许多患者都有有严重权利错觉感的伴侣。这就是权利错觉者出现在治疗中的最常见的方式：作为我们某个患者的伴侣。（我们经常会邀请患者的伴侣也来参加一些治疗会面。）直白地说，更多时候，你是导致别人需要心理治疗的人，而不是主动来寻求治疗的那个人。

只有当你无法再逃避权利错觉所引起的严重不良后果时，你的生活才会变得痛苦，例如，你因为无法正常完成任务而真的丢掉工作的时候，或者当你的配偶威胁说要离开你时。只有那时，你才会承认别人对你的行为不满意，而且你的权利错觉是个问题。你终于意识到，这种性格陷阱是有代价的，它真的能破坏你的生活。

权利错觉的起源

权利错觉可以通过三种相当不同的方式发展起来。第一种方式涉及家长设置的界限感过于薄弱。

起源一：薄弱的限制

薄弱的限制是权利错觉最明显的起源。这些父母未能在孩子身上践行足够的管教和控制。这样的父母以各种各样的方式娇惯、宠溺孩子。

1. 娇惯型权利错觉

孩子可以在任何时候得到任何想要的东西。这可能包括物质

需求或者可以随心所欲。其实是孩子在控制父母。

2. 冲动型权利错觉

父母没有教给孩子承受挫折的能力。他们没有被迫负责任或完成既定任务。这可能包括家务劳动、完成学校功课。父母允许孩子逃脱不负责任本应该带来的恶果。

父母也没有教会他们控制冲动。父母允许孩子按本能冲动行事（比如愤怒）而没有充分施予不良后果。父母双方或其中之一可能本身就在控制情绪和冲动上有障碍。

当我们讨论限制时，我们指的是合理的规则和结果。梅尔和妮娜小时候父母都没能设置合理的限制。从某种意义上说，他们从小就被父母培养成了有权利错觉的人。他们两个都是在被娇惯和宠溺的、自由放任的、宽容的环境中长大的。他们从来都不知道什么是合理的限制。

父母是自控和自律的榜样。失控的家长也会产生失控的孩子。

梅尔： 是的，我猜我父亲过去常常用同样的方式在家里大发雷霆。他总是发脾气，对我们大喊大叫。我跟他很像。

凯蒂： 那你母亲呢？他母亲完全是个没有主意的人，他父亲说什么，她都接受。

梅尔： 是的。我猜他们两个谁都不是良好行为的典范。

在梅尔家，他父亲可以表现得像孩子一样。当成年人无法控制他们自己时，自然就不大可能会控制好孩子。通过家长的自我控制，我们才能学会自我控制。我们对待自己的方式就是父母对待我们的方式。当父母可以给我们提供清晰明确、始终如一、合理的限制时，那么我们就会学会给自己同样的限制。

在薄弱的限制下长大的患者，小时候通常都没有学会相互的概念。父母没有教会你，为了得到某样东西，你必须有所付出。相反地，他们向你传递的信息是，他们可以照顾你，而你不需要做任何事来回报。

梅尔和妮娜有一个有趣的共同点：在他们家里，梅尔是唯一的男孩，妮娜是唯一的女孩。

> **妮娜：** 我是最小的，是唯一的女孩。我母亲特别想要一个女孩。她生了三个男孩才有了我。小时候，我得到了所有我想要的东西。我就像一个小公主，并且所有人都照顾我，我的父母和哥哥们。

某些孩子，比如独生子女、家里最小的孩子、家里唯一的男孩或者女孩，可能更容易有这个性格陷阱。这是因为他们更可能会被纵容。

起源二：造成依赖的纵容

依赖型权利错觉的起源是父母过度纵容孩子导致孩子依赖父母。父母替孩子承担日常事务、选择和困难的任务。成长环境太过于安全和受保护、对孩子的期待过低，以至于孩子开始要求一定要这种级别的呵护。

依赖陷阱和依赖型权利错觉陷阱的区别在于程度。父母允许你依赖的程度越高，你越是被过度保护且要什么有什么，那么你就越接近依赖型权力错觉陷阱。如果你属于这种类型，则应当同时阅读一下依赖陷阱那章。

起源三：作为对其他性格陷阱反击的权利错觉

对于我们的大多数患者来说，权利错觉是对其他性格陷阱的一种反击或者是过度补偿，通常包括自我缺陷陷阱、情感剥夺陷阱、社交孤立陷阱。这种情况的权利错觉的起源请参阅相应性格陷阱的章节。

如果你的权利错觉是为了应对早年的情感剥夺而发展出来的，那么，小时候你很可能是在某些重要方面被欺骗或者剥夺了。也许父母冷漠、对你不够关怀，所以你遭受了情感剥夺。你通过权利错觉来反击。或许你经历了物质贫困。你身边的其他家庭富有，但是你却相对贫困。你想要得到那些你得不到的东西。现在，作为成年人，你确保自己可以得到一切。

幼年时，你的权利错觉可能是一种适应性的、健康的应对方式。权利错觉也许给你提供了一种摆脱童年时的孤独以及缺乏爱、关心和关注的渠道。或者它给你提供了一种摆脱物质贫困的方法。但问题是你做得太过了。成年后，你太过害怕被再次剥夺或者欺骗，以至于你变得高要求、自恋、控制欲强。你开始把最亲近的人越推越远。在确保自己的需求一定要得到满足的同时，你恰恰把那些最能满足你需求的人给推开了。

为什么有些被剥夺的孩子发展出了权利错觉作为一种应对方式是个很有意思的问题。他们是怎么想到这个策略的呢？我们相信是有若干因素在起作用。首先，是孩子的脾性。有一些孩子更具进取性。他们的性格让他们用一种更积极的方式回应，而不是屈服于剥夺感。

另外一个因素是家庭是否允许孩子反击。情感剥夺的父母可能会允许孩子在非情感方面提过分的要求。第三个因素是，孩子是否在某些方面有天赋，孩子是不是特别聪明美丽或者有天分。孩子可以通过这样的天赋来获取关注，来达到补偿的目的。至少在那个方面，孩子的部分需求可以得到满足。

愤怒是促使一个人发展出权利错觉来应对剥夺的另外一个因素。极度的愤怒可以成为一个强大的动力，推动人们克服童年时期的状况。那给他们纠正在他们眼中的不公平之事的决心。

虽然权利错觉在多数情况下是针对情感剥夺的反应，但是它也可以是对其他性格陷阱的反应。自认为有缺陷或者不受社会欢迎的人当然也可能会通过自我感觉特殊来代偿。如果你内心的感受是"我低人一等"，你可以通过说"不，我是特殊的，我比所有人都好"来反击。

挫折耐受力和冲动控制这两方面的问题也可能是反击屈从感的的形式

（虽然这通常并不是冲动的起源）。在这种情况下，孩子被过度地约束和控制了，并在此后表现为反抗规则和反对情绪自控。

伴侣选择中的危险信号

以下是你的伴侣选择受到性格陷阱所驱动的信号。也就是说，你选择了会强化你权利错觉的人。

娇惯型权利错觉

你被这样的伴侣所吸引：

1. 牺牲他们自己的需求来满足你。

2. 允许你控制他们。

3. 害怕表达他们自己的需求和感受。

4. 愿意容忍虐待、批判等。

5. 允许你利用他们。

6. 没有强大的自我意识，允许自己通过你来生活。

7. 依赖你，并且接受依赖他人的代价，即被他人所主宰。

依赖型权利错觉

你被有胜任力的、愿意照顾你的强大的伴侣所吸引（见第10章的依赖陷阱）。

冲动型权利错觉

你可能会被做事有条理的、自律的、强迫症型的伴侣所吸引，这样他（她）就可以弥补你杂乱邋遢的倾向。

总之，你会被支持而非挑战自己权利错觉的伴侣所吸引。梅尔和妮娜两人之前的许多恋爱关系都可以证明这一点。结婚以前，梅尔和其他热情慷慨的女人交往过，他待她们不好、欺负她们，妮娜也和其他强势的男人交往过。

也许，如果你观察一下自己的人生，会发现自己也是如此。你的大多数人际关系都遵循这一模式。他们让你可以重演童年时期的权利错觉。

当然，我们也可以说，能接受和你在一起的人，他们的行动也在受自己的性格陷阱的影响。一个巴掌拍不响。

以下表格列举了每种权利错觉的人最常见的生活模式。

娇惯型权利错觉陷阱

1. 你不在乎身边人的需求。你不惜牺牲他们的利益来满足自己的需求。你伤害他们。

2. 你可能会虐待、羞辱或贬低身边的人。

3. 你很难对身边人的感受进行共情。他们觉得你不理解或者不关心他们的感受。

4. 你可能会从朋友身上获取的多于你的付出。这会导致一种不平衡，对别人不公平。

5. 在工作中，你可能因为不能考虑他人的需求和感受，或者无法遵守规定而被解雇或降职，等等。

6. 你的伴侣、家人、朋友或者孩子可能会离开你、怨恨你，或者切断和你的联系，因为你虐待他们，对他们不公平或者自私。

7. 如果你欺诈或者触犯法律，比如逃税、商业诈骗，就可能会陷入法律或犯罪方面的麻烦。

8. 你永远也没有机会体验到无私赠予他人的快乐，或者拥有真正平等互惠的人际关系所带来的快乐。

---

9. 如果你的权利错觉是一种反击，那么你一直也没有让自己去面对和解决背后潜藏的性格陷阱问题。你真正的需求一直未被正视。你可能会持续感到自己被情感剥夺、有缺陷，或者不受社会欢迎。

依赖型权利错觉陷阱

1. 你一直都未能学会照顾自己，因为你坚持认为别人应该照顾你。

2. 你不公平地侵害了亲近的人把自己的时间用在自己身上的权利。你的需求让身边的人筋疲力尽。

3. 你所依赖的人，可能最终会再也受不了你的依赖和要求，或者因此十分愤怒，然后离开你、解雇你，或者拒绝继续帮助你。

4. 你所依赖的人可能会死亡或者离开，然后你就会无法照顾自己。

冲动型权利错觉陷阱

1. 你从来不去完成为在事业上取得进步所必需的任务。你是个习惯性的低成就者，并且最终会因为自己的失败而感觉自己无法胜任。

2. 身边人可能会最终受够了你的不负责任，而切断与你之间的关系。

3. 你的人生一片混乱。你无法充分地约束自己，以致没有方向，也没有条理。因此你陷入了困境。

4. 你可能有成瘾性的问题，例如药物、酒精成瘾或者暴饮暴食。

5. 在生活的几乎所有方面，缺乏自律都在妨碍你实现自己的目标。

6. 你可能没有足够的钱买到你生活中想要的东西。

7. 你可能会与学校里、工作上或者警方的权威人士发生冲突，
因为你无法控制自己的冲动。

8. 由于愤怒和暴躁，你可能使得自己的朋友、伴侣、孩子或者
老板都疏远了你。

对你来说，仔细考虑一下这些性格陷阱是很重要的，因为你改变的动力可能比较小。

对于权利错觉陷阱来说，改变的动力是个大问题。和其他性格陷阱不同，你的权利错觉并不会让你感到痛苦，反而似乎感觉很好。痛苦的是你身边的人。

治疗师： 梅尔，你必须让凯蒂追求自己的事业。你现在的所作所为并不公平。

梅尔： 凭什么呢？我为什么要做你说我应该做的那些事呢？我喜欢现在的样子。我喜欢凯蒂以我为中心。

梅尔的观点很容易理解。确实，他为什么要改变呢？从表面上看，他的性格陷阱看起来对他有益无害。同样地，如果可以让别人替自己做事，妮娜为什么要费心学习自己做事呢？

当我们治疗有权利错觉的患者时，我们总是在寻求可以撬动他们的杠杆。他们为什么应当改变？这个性格陷阱是如何在工作和个人生活上对他们自身造成伤害的？

仔细思考这个性格陷阱让你损失了什么。

改变权利错觉

在写这一章的时候，我们一直在讨论自己有一种徒劳的感觉。我们知

道几乎没有哪个有权利错觉陷阱的人会阅读这一章。有这个陷阱的人绝少想要改变。他们通常不会阅读自助书籍。他们抗拒参加治疗。相反地，他们把自己的问题都归咎于他人，努力保持不变。

如果你是一个例外，如果你是一个正在读这本书的权利错觉者，这很可能是因为你的性格陷阱事实上已经让你付出了沉痛的代价，以至于你无法再忽略这个问题了。你的配偶已经要求离婚，你的爱人即将抛弃你，或者你即将丢掉自己的工作。发生了一些事把你抛入了危机。

我们明白，本章之前讨论的许多与权利错觉相关的模式，对你来说无关紧要。你可能根本不在乎，比如你的权利错觉对他人而言并不公平。你并不在乎自己正在给他人带来痛苦。你以自我为中心，只关心自己。这对动力的提升是大为不利的。

我们把讲如何改变的这一节拆分成了两个部分。第一部分写给有这个性格陷阱并且想要改变的人。

但是，我们相信，阅读这一章节的大多数人是受权利错觉者所累的人。也就是说，你自己并没有权利错觉，你阅读本章是为了理解某个有权利错觉的人，比如你的恋人、配偶或者父母。

我们也包含了专门写给你的部分。

帮助自己克服权利错觉问题

以下是改变你的性格陷阱的步骤。

帮助自己克服权利错觉问题

1. 分别列举不接受边界限制的优点和缺点。这对激励自己去改变至关重要。

2. 直面自己用来回避边界限制的借口。

3. 列举你的边界限制问题在日常生活中的多种表现形式。填写

"限制表格"。

4. 针对每一种情境，做卡片以帮助自己战胜权利错觉和自律方面的问题。

5. 在努力改变的过程中，寻求反馈。

6. 尽量对身边的人进行共情。

7. 如果你的性格陷阱是一种反击，试着理解深层次的核心性格陷阱。采取相关的改变技术。

8. 如果你有自律问题，请根据你对每一个任务的厌烦或挫败感的高低程度，做一个层级列表。慢慢努力从底层开始向上练习。

9. 如果你有情绪控制困难，建立一种"暂停"机制。

10. 如果你有依赖型权利错觉，依据任务的难易程度，做一个层级列表。逐渐开始做那些你让别人替你做的事情。开始向自己证明你是可以胜任的。

1. **分别列举不接受边界限制的优点和缺点。这对激励自己去改变至关重要**。在缺点方面，一定要列举：你给他人带来的伤害、朋友和家人会离开你的可能性、被解雇或者得不到升职的可能性、受到法律惩罚的可能性，等等。如果你有冲动问题，一定要考虑到，如果你无法更好地忍耐挫败感，那么就可能永远都无法实现自己的人生目标。**切记要包括所有你已经经历过的不良后果。**

这是梅尔整理出的清单。

我的权利错觉的优点和缺点

优点

1. 我可以按照自己的方式行事，我喜欢这样。

2. 我可以得到我想要的，比如金钱、女人、舒适的享受。

3. 通过发火，我通常都可以让别人按照我的意愿行事。

4. 我可以控制大多数人，我喜欢这样。

5. 我自我感觉很特殊。

6. 我是特别的，不需要遵守规则。

缺点

1. 凯蒂在威胁要离开我。

2. 别人总是生我的气，或者回避我。

3. 在工作中，别人害怕我，他们不喜欢我。

4. 我没有多少好朋友。许多人没多久就开始生我的气，不再和
   我交往。

你可能注意到了，也可以预见到，梅尔的"缺点"清单里没有任何条目提到他给别人带来的痛苦或者他的权利错觉的不公平性。这将是未来心理治疗想要达到的成果。

想象那些坏事正在上演的图景，以让结局感觉更真切。想象你的爱人抛弃了你，你丢掉了工作。例如，妮娜"缺点"清单上的一项就是"雷蒙可能会离开我，我将不知道如何照顾自己"。

治疗师： 闭上眼睛，想象一下，那将会是什么样的图景。

妮娜：（停顿）我看到自己在打电话，给妈妈、给朋友，试图让他们为我做事情。真丢脸，我感觉自己在乞求。那让我气愤，生雷蒙的气，但是无论我有多生气，也没有办法找回他。

试着在不良后果发生以前，就理解到权利错觉会带给你的危害。在冲动和行动之间，加入思考。

2. **直面自己用来回避边界限制的借口。** 列一张借口清单。针对每一个借口，写出为什么它只是一种文饰，而并不是真正合理正当的。开始反驳维系你权利错觉的想法。

这是梅尔在治疗过程中收集的一些借口。

权利错觉的借口

人们应该接受一个完完整整的我。

我没有在伤害任何人。

每个人都在小题大做。

我是特殊的，那是我应得的。

我永远也不会被抓到。

我会照顾我自己，别人也可以照顾他们自己。

把我的愤怒完全发泄出来是健康的。

如果我在操控他人时足够聪明，那我就会得到我想要的。

妮娜的借口更多地集中在她的缺乏自律上。

冲动的借口

如果无聊，为什么还要做？

我永远可以以后再补。

我明天再做。

我可以用自己的天赋对付过去。

别人可以替我做，而且可以做得更好。

雷蒙永远也不会真的离开我。

做自己想做的事，生活才会更有乐趣。

我没办法，我就是这样的。

你的借口帮你否认现实的情况。如果你继续这样，你将会为自己的权利错觉和冲动受到惩罚。你在阅读本书的这件事本身就表示问题已经出现。不要让你的借口掩盖了自己性格陷阱所带来的不良后果。

3. 列举你的边界限制问题在日常生活中的多种表现形式，填写"限制表格"。我们想让你列举一张清单，这个清单具体地展现了性格陷阱对你生活的影响方式。请求朋友和家人的协助。他们会很乐于接受向你指出这些问题的机会。

考虑到生活的不同方面，比如在家里、和配偶、和孩子、在工作上、在车上、在饭店和旅馆里、和朋友。针对每个方面，填写限制表格。这将给你一个机会把自己的期待值和社会规范基准进行比较。

正常社会规范背后的基本原则是相互性，或相互交换。对此最好的描述是这条黄金法则："己所不欲，勿施于人"。

以下是一个限制表格的样例，是梅尔针对"和凯蒂一起选电影"这个情境而填写的。

表　16-2

生活领域	我的权利错觉	正常社会规范	我的方式的不良后果
和凯蒂一起选电影	逼着凯蒂看我选的电影	相互性：找一个我们俩都喜欢的电影	凯蒂不会经常和我一起出去；她一整晚都会生我的气

我们预期这一步骤会费时颇久。这是因为我们想让你针对生活中所有因权利错觉而造成问题的每一个方面都填写一份限制表格。有的方面可能是不易察觉的，可能不会即刻显现。例如，当梅尔去一家餐厅时，房间的温度必须是刚刚好，桌子必须在刚刚好的位置上，等等。他的权利错觉已经渗入了生活的方方面面。

如果你在接受治疗，你的治疗师可以帮你做这些评估。就像我们说过的那样，家人和朋友也可以帮忙。询问他人很重要，因为你很多时候可能并不知道自己表现出了权利错觉。

4. 针对每一种情境，做卡片以帮助自己战胜权利错觉和自律方面的问题。 现在我们想让你与自己的性格陷阱做斗争。一旦当你遇到了限制表格上列举的任何一个情境时，按照正常的社会规范去行事，而不是按照权利错觉的、冲动的，或者散漫的方式。

卡片是有帮助的。针对每个情景做一张卡片。在情况发生以前，利用它来让自己做好准备；在情境发生时（如果可能的话），用它来提醒自己。

在写卡片时，记住以下要点。

写权利错觉卡片

1. 感知身边人的需求，试着理解他们的感受，使用同理心。

2. 以互惠、公平和平等为原则来指引自己对待他人的举动。

3. 问问自己，你眼下的需求是否重要到要去冒承担不良后果（例如与朋友疏远、丢掉工作）的风险。

4. 学着忍耐挫败感，那是达成你长远目标的途径。就像俗话说的那样："没痛苦，就没收获。"

这是梅尔为"被其他女人吸引"的情境写的卡片样例。

一张权利错觉卡片

　　我知道，现在我被这个女人所吸引，并且我开始计划如何能跟她上床，但是这样做会让凯蒂非常生气，非常受伤。我不想让凯蒂随便和人上床，所以我也不应该这样做。和这个女人上床，不如我和凯蒂的婚姻来得重要。如果我继续随便和人上床，一定会失去她。我爱凯蒂，想一辈子和她在一起。

梅尔已经到达了要失去凯蒂的边缘。这种可能性是非常大的，使用卡片帮助保持了这种紧迫性。梅尔对凯蒂的爱是驱使他改变的动力。

给每种情境列一个清单，记录自己有多少次是按照正常社会规范行事，又有多少次是按照性格陷阱的方式行事。这个清单可以作为你进步的客观记录。

5. 在努力改变的过程中，寻求反馈。让你信任的人参与到你改变的努力中是很重要的。问问朋友、同事和所爱之人自己做得怎样。他们观察到了哪些改变吗？他们觉得你在哪些方面仍待提高？

权利错觉是你整个人如此庞大的一个构成部分，以至于你很难注意到它。别人可以更容易地看到它。获取反馈有助于你更清晰地认识自己。

同样地，反馈也可以帮助你逐步理解社会对正常的言行举止的预期。人们一般会为他人做什么？公平、平等的关系究竟意味着什么？人们在正常情况下会遵循什么规范？不断探索这些问题。让自己明确地理解大多数人已经知道的东西：社会的隐性规则。

6. 尽量对身边人进行共情。缺乏同理心在强化权利错觉陷阱上起着重要的作用。

> **凯蒂：**仿佛梅尔不能够理解那会怎样伤害我。他认为他可以出轨，并且那不是什么大事。无论我怎样哭，似乎都没什么用。
>
> **治疗师：**你的痛苦并不能阻止他。
>
> **梅尔：**我就是不明白这有什么大不了的。你为什么要这样小题大做？

梅尔真的会忽视别人的感受。大多数有娇惯型权利错觉的人都是这样。以自我为中心是他们一直以来的人际方式，以至于他们基本上不知道自己是如何影响他人的。他们缺失了人与人交往中的整个方面。

在社交场合中，别人的反应是一则重要提示，可以帮助我们决定该怎么做。梅尔与他人的互动中没有这些提示。他是在真空的环境中运作的。他无法识别自己是否跨越了合理的边界。他只是以为，如果他自己感觉良好，那就没有问题。

在夫妻治疗中，我们通过做映射练习来帮助人们学习同理。映射是一种积极倾听。它由两部分组成。首先，你回述自己听到的对方说的内容。然后，你描述对方看起来有怎样的感受。

> **凯蒂：**我开始对他在家里到处对我发号施令的样子感到非常生气。如果我们在看电视，他想吃东西，他就让我去拿。如果我让他等到广告的时候我再去拿，他就开始急躁。
>
> **治疗师（对梅尔）：**你可以就此进行映射练习，然后回应吗？
>
> **梅尔：**你说的是，我在家里支使你太多，我们看电视的时候，我让你给我拿东西吃。然后你是什么感觉？你生气了。

开始关注别人，练习倾听他们的抱怨和问题。试着理解当你不顾及他们的需求时，他们有什么样的感受。用心去共情他人，且不带有防御反击的态度。

7. 如果你的性格陷阱是一种反击，试着理解深层次的核心性格陷阱。采取相关的改变技术。 如果你的权利错觉是针对另一个性格陷阱的应对方式，例如情感剥夺、自我缺陷，或者社交孤立，遵循我们在本书相关章节推荐的相应改变技巧。除非你解决了最本质的性格陷阱，否则改变对你来说非常困难。

对你来说，改变的一个主要方面是去感受和了解自己的弱点。你的权利错觉是一种激烈的反击，这样你就不必体验由自己的弱点带来的痛苦了。如果你不去体验深层的剥夺感、缺陷感或者社交孤立感，你将不能改变。

你的权利错觉是非黑即白的。要么你得到一切你想要的，要么你就是被剥夺的；你要么是完美的，要么就是有缺陷的；要么就是被崇拜的，要么就是被排斥的。你需要学会，是有中间状态的，你可以通过一种正常的方式来满足自己的需求。

找到更多满足自己核心需求的恰当方式，尊重他人的权利和需求的方式。你不需要为了得到自己想要的东西而如此要求苛刻，如此充满控制欲和权利错觉。放弃你的反击。开始注重亲密关系，注重设法通过与他人的亲密关系来满足自己的需求。学着向别人请求想要的东西，而不是要求、强令。试着对自己更加诚实。用更开放的心态接纳自己。学会表达自己，而不是试图掩盖、隐藏，或给人留下深刻印象。

我们知道这对你来说会很难。你害怕自己会非常脆弱、裸露无助、无法满足自己的需求，或者无法被他人接纳。但是你会发现，这并不是必然结果。事实上，你的人生可以变得更加有所收获。找到与你的深层次的性格陷阱相关的章节，并遵照执行其中的改变技巧，这会帮助你掌控这个过程。

8. 如果你有自律问题，请根据你对每一个任务的厌烦或挫败感的高

低程度，做一个层级列表。慢慢努力从底层开始向上练习。这是一种学习自律的方式。我们希望你给自己设置任务，并且强迫自己去完成。

我们知道这对你来说会有困难。有时会无聊，有时也会令人沮丧，但是想象自己在参加训练。你在提升自己的挫折耐受力。为了让自己继续努力，提醒自己那有什么长远的好处。

列一张待完成的任务清单，从有点困难到极度困难。用以下标准来衡量清单上所有项目的难度。评估这个项目对你来说将会有多困难。例如，完成工作申请表可能对大多数人来说都不困难，但是对妮娜来说却非常困难。

难度等级

> 0 非常容易
> 2 有点儿困难
> 4 一般困难
> 6 非常困难
> 8 感觉几乎不可能

例如，以下是妮娜列出的层级列表。

表 16-3

需要自律的任务	难度
洗碗	2
每周购买生活必需品一次	3
每周锻炼身体两次	4
每天看招聘广告	5
做家庭消费记录	5
打电话安排工作面试	6
去参加工作面试	7
填写工作申请	7
将每周所有的家庭日常开销花在家庭用度上，而不是用在自己身上	8
完成一个职业培训项目	8

试着每周至少完成层级列表中的一个项目。你也可以选择把某些项目当作自己日常生活的一部分。在完成所有的项目以后，养成一种习惯，每周都坐下来设定目标。保持成果，不要再回复到原来的、散漫的方式。

9. 如果你有情绪控制困难，建立一种"暂停"机制。 暂停技巧对于愤怒管理格外有效。当你快要发泄愤怒的时候，它可以帮助你在发脾气之前停下来，从当时的情境中抽身出来。当你找回自控力以后，就可以理性地决定是否要表达自己的愤怒。

我们想让你做的是，学会利用自己心头升起的怒火作为信号，提示自己着手实施控制策略。用以下标准来评估你的愤怒。

愤怒等级

> 0 一点儿也不愤怒
>
> 2 有点儿愤怒
>
> 4 中度愤怒
>
> 6 非常愤怒
>
> 8 极度愤怒

按 0 ～ 8 评分，一旦你的愤怒达到或超过 4，就启动暂停程序。我们想让你给自己找个理由，离开当时的情景。（你可以跟对方说类似这样的话："抱歉，但是我需要自己单独思考一会儿。我们过一会儿再讨论这件事吧。"）如果无法离开，那就自己默数。一直数到你的愤怒值低于 4。

当愤怒值达到可控范围内以后，花些时间仔细思考，在那种情况下，你想要如何回应。你可能会决定要表达出愤怒，但是请用合适的、坚定的方式。在表达过程当中，要冷静、有节制，不要攻击对方。阐明对方**做了**什么让你不高兴了。

但是，你也可能通过反思后决定不去表达愤怒。毕竟，曾经有过多少次你勃然大怒而事后又后悔呢？

10. 如果你有依赖型权利错觉，依据任务的难易程度，做一个层级列表。逐渐开始做那些你让别人替你做的事情。开始向自己证明你是可以胜任的。 我们希望你培养自己的能力。也就是说，我们想让你解决背后潜藏的依赖陷阱。

写一张清单，分别列举操控身边的人来照顾自己的优点和缺点。那如何影响你的自我意识？那如何影响你身边人的生活？

对妮娜来说列举优点是容易的：请别人帮自己把事情做了，而且别人做得比她自己做得更好，并且她得到了自己想要的。对她来说，面对缺点更难。

妮娜： 我觉得自己落后于所有人。比我岁数小一半的人都能做的事，我仍然做不了。我是说，青少年都能找到工作、学东西。

这个性格陷阱会导致自尊心的巨大缺失。你无法与同辈人的成长保持一致。你的依赖是他人的沉重负担，也是对自己的巨大伤害。

取得亲近的人的帮助，请他们逐步停止为你做一切事情。请那些正在强化你性格陷阱的人参与进来，并且逐步对自己的人生负起责任。这些是十分重要的。

做出一个任务的层级列表，并且慢慢地从易到难完成列表上的任务。先做相对容易的任务，一步步往上做，直至最困难的层级。建立一种掌控感和胜任感。

你有两个性格陷阱：依赖和权利错觉。两个你都需要解决。所以你同时也要遵照执行依赖陷阱那一章列出的改变技巧。

以下是帮助他人克服权利错觉的一些指导方案。

帮助你认识的人克服边界限制的问题

1. 找到你对他有影响力的地方。你有什么他重视的东西？你的尊重？金钱？工作？爱？

2. 为了引起他的改变，你愿意做到什么程度？你愿意离开你的伴侣吗？解雇这个员工吗？

3. 和这个有权利错觉的人沟通，采取一种非攻击性的方式提出你的控诉。问他（她）是否知道你的感受。他（她）愿意努力改变吗？

---

4. 如果他（她）愿意，和他（她）一起完成本章中上述的那些改变步骤。

5. 如果他（她）不愿意，告诉他（她），如果不尝试改变，会有什么后果。试着准备一个不良后果层级体系，开始逐个实施，直到有权利错觉的人愿意合作。试着理解改变对他（她）来说很难，但要保持坚定。

6. 记住，让有这个性格陷阱的人改变往往是不可能的。如果你对他没有足够的影响力，你很可能不会成功。你决心要推着他（她）改变并贯彻到底，就要做好准备承受相应的代价。写一张清单，列举你冒着产生冲突以及有可能结束你与他（她）之间的关系的风险而争取改变的优点和缺点。在考虑好前因后果的情况下，做出选择。

梅尔和妮娜都属于权利错觉者当中难得可以改变的那种。是什么让他们有所不同呢？他们的伴侣当然是其中一个因素。他们两个都有想要离开他们的伴侣，而且他们的伴侣也都是他们所真爱的。爱是一种影响力。

不要再等待你有权利错觉的伴侣去自发改变了。是你必须得改变。你必须学会驾驭自己的伴侣。学会驾驭有权利错觉的伴侣是一项你有可能掌握的技能。大致说来，这个技能就是设定边界。权利错觉者是自恋的。他们缺乏同理心，爱责备他人，他们觉得自己有权利得到比自己付出的更多的东西。**他们永远也不会给自己设定边界**。你得替他们设定边界。

当凯蒂刚开始治疗的时候，她相信只要梅尔能够理解他的出轨给她带来了多大伤害，他就会停下来。她一直向他展示自己的痛苦。

凯蒂： 我难以理解。我永远也不会那样去伤害他。我受不了看到他那样受伤。我是说，有过那么几次，我几乎都有自杀的念头了。我就是不能理解，他怎么能看到自己在伤害我还继续出轨呢。

凯蒂必须明白，她的痛苦永远也不能阻止梅尔。你也必须明白这一点。向权利错觉者展示痛苦基本上永远都不会有用。

你应该做的反而是设定边界。利用任何你所拥有的影响力。当凯蒂告诉梅尔，如果他不来参加治疗，她就离婚，她在利用自己的影响力来设定边界。当然，凯蒂的工作并不是就此完成了。这才只是个开始。在整个治疗过程当中，梅尔都在试图尽可能地避免任何改变。他一直试图指责凯蒂，让她成为让步的一方。

凯蒂得不断地坚持自己。她必须学会说"你的行为是不可接受的"，而且要说到做到。她必须在他们生活的每个方面设立边界，从告诉他"如果你再出轨，我就会离开你"，到"如果你把脏衣服扔在地板上，而不是放进脏衣篮里，我就不会洗"。凯蒂必须不再让梅尔用愧疚感来操控她。她必须不再为过自己的人生而征得他的许可。当她想要和朋友出去玩，或者上夜校，就应该放手去做，不管梅尔怎么说。

这并不是说凯蒂要对梅尔刻薄。而是说，她学会了用一种冷静克制的方式对待他。事实上，凯蒂变得更温和了。这是因为，在这段感情当中，她的付出和回报开始变得平衡了，所以她感觉不那么生气了。

在内心深处，梅尔想让凯蒂给他设定边界。这让他感到更安全，也更安心。而且他开始尊重凯蒂，这也是他想要的。

写在最后

研究表明，患者来参加治疗的时候越痛苦，他们改变的可能性就越大。为了你着想，我们希望你有一些痛苦。我们希望你能够找到一些理由去克服自己的权利错觉。在这样做之前，你永远也无法充分发挥自己在爱和工作上的潜能。

Reinventing
Your
Life

第 17 章

改变的哲学

七个基本假设

改变是个艰难的过程。每天，我们都能看到患者在挣扎着克服根深蒂固的习惯。我们自己也经历着同样的成长过程，我们看着自己的朋友和家人为此经历了多少的挫折。

我们知道自助书籍，包括这一本，可能都把改变说得比实际上更加简单。我们多希望能有一种方式可以让你完全准备好去面对成长的起起伏伏。我们想让你明白，改变的过程具有许多的不确定性。患者总跟我们说，这个过程是"进一步，退两步"的。在你试图改变时，可以预料到必然遇上许多障碍。第5章描述了不少障碍，并且给出了解决方案。

在我们的改变策略背后，有这样一套原理，它包含着几个基本假设。我们没有任何方法可以证明这些信念，但是我们发现，如果我们相信它是真的，那么，改变会变得更加容易。第一，我们相信**每个人都有想要快乐和成功的一面**。这一点有时也被称作自我实现。我们推断，那个有益健康的自己已经被多年的忽视、屈从、虐待、批判和其他打击掩埋了起来。改变的过程意味着重新唤醒这一面，并且给它希望。

第二，我们推测，**有这样一些基本的"需求"或欲望，一旦它们得到了满足，多数人都会觉得更快乐**：与他人交往和联结的需求；独立自主的需求；自我感觉受欢迎、有能力、成功、有吸引力、有价值、在同辈人中做得还不错的需求；向他人表达自己的需求和感受、维护自身权利的需求；拥有愉悦、乐趣、创造性，追求兴趣、爱好或从事某些活动来自我满足的需求；帮助他人，表示关心和爱的需求。本章稍后会详细讨论这些需求。

性格陷阱疗法的第三个核心假设是，**人们可以做出根本性的改变**。有人对此表示怀疑。他们相信，基本人格在童年期就已经定型，甚至早已由遗传基因决定，成年期不大有可能再产生重大人格改变。我们坚决反对这一观点。我们每天都会看到有人在做出根本性的改变。但是，我们承认，改变核心模式是极度困难的。我们天生的脾气秉性，还有早年的家庭和朋辈经历，都会产生非常强大的阻碍改变的力量。然而，虽然我们的童年经历会给改变造成巨大障碍，但并不会完全消除其可能性。早年经历的破坏性越强，要想改变性格陷阱，就要付出越多的努力，也需要更多的他人的支持。

第四个假设是，我们都有强烈的抵制核心改变的倾向。这一观点有着重要的含义，它意味着，**若非着意决定去改变，那么，我们基本不可能会改变核心性格陷阱**。大多数人都是在按照自动模式运行，不断重复同样的思考、感受、理解和行为习惯。这样的模式会让人感到熟悉和安心，除非付出全方位的、刻意的、持续的努力，否则就基本不大可能会改变；如果我们坐等根本性的改变自发出现，那基本上一定不会发生。我们注定要重复过去的错误以及父辈和祖辈的模式，除非我们付出刻意的、长期的努力去改变。

第五个假设是，多数人都有回避痛苦的强烈愿望。这有利也有弊。好处是，大多数人都会为能带来愉悦感和满足感的体验所吸引。坏处是，**我**

们会回避引起痛苦的情境和情绪，哪怕直面这些情境可能会促使自我成长。回避痛苦的欲望是改变的最大阻碍之一。为了改变核心性格陷阱，我们必须愿意直面痛苦的回忆，即使它会唤起悲伤、愤怒、焦虑、内疚、羞耻和困窘难堪等情绪。我们必须愿意面对那些我们之前由于害怕失败、拒绝和羞辱而一直回避的情况。除非我们去面对这些痛苦的回忆和可怕的情境，不然我们就注定会重复自我伤害的模式。大多数人都会因为痛苦而退缩，许多患者会选择停止治疗。有的人会沉迷于酒精和药物，以逃避这些情绪感受。为了改变，我们必须决心面对痛苦。

第六，**我们不相信任何一种改变的技巧或方法可以适用于所有人**。我们相信，最有效的改变方法是融合了多种策略的。性格陷阱治疗法汲取了认知疗法、行为疗法、经验疗法、内心的孩子疗法、心理分析疗法和人际关系疗法中的技巧来帮助你改变。因为我们融合了多种有效的促进改变的方法，所以我们相信，相较于其他只使用了一到两种干预技巧的疗法，性格陷阱疗法能够帮助到更多的人。我们强烈建议你去寻找会结合多种疗法的治疗师和治疗方法，而不是那些只会使用一两种方法的人。尽管我们并不指望性格陷阱疗法可以帮助到所有人，但是我们希望，比起单一技巧的治疗手段，性格陷阱疗法可以更成功。

给自己一个愿景

最后一个针对改变的假设是关于树立个人愿景的。改变并不仅仅是消除性格陷阱。我们每个人都应当认清自己想成为怎样的人、自己为何而活。我们认为，在改变的初期就把握准这个方向是很重要的。我们想让你不仅仅局限于消除个人性格陷阱，而是要把目光放长远，看到最终什么才能带给你满足、快乐和自我实现感。

在生活中，我们中的许多人对自己的人生方向都仅有一种模糊的感觉。这就解释了为什么许多人在人到中年或者退休的时候会感觉到夙愿未偿、幻想破灭。我们从来没有一套清晰的总体目标来引领自己。那就好像在不知道球门在哪里的情况下踢足球，在不知道目的地是哪里的情况下登机。我们每个人都应该拥有一份人生蓝图，这是十分重要的。**这 11 个性格陷阱是阻止我们达成人生目标的障碍。这些陷阱不能告诉我们，需要哪些对个人来说独特的东西才能快乐。**一旦拥有了一系列自己的人生目标，你就可以开始规划实现目标的具体步骤了。我们鼓励你有策略地去改变，而不要随意而为。

要想塑造个人愿景，你必须发掘自己的自然天性，包括那些会带来天然满足感的兴趣、人际关系和活动。我们相信每个人都有一系列与生俱来的个人偏好。也许我们人生中最重要的任务就是了解自己的先天愿望。识别一个人的天然倾向的最佳线索就是情绪反应和躯体知觉。当我们在进行满足自己天然倾向的活动时，以及拥有符合自己天然倾向的人际关系时，会心情颇佳。我们觉得身心舒畅，且能体会到快乐和喜悦。

不幸的是，许多人从小就被训练得无视自己的自然属性，只是按照他人的期待行事：即使天性敏感，也要被迫强悍；即使天生偏爱户外活动，却被迫用药抑制；即使天生特立独行，也被迫要墨守成规；即使天生喜欢刺激，也被迫按常规行事。

老师和家长会出于好心鼓励我们不顾自己的基本天性，这样的例子我们可以举出很多。我们自然不能自私地只顾追求自身的快乐。我们必须得在社会需求和个人满足之间找到一个平衡点。我们并不是在鼓吹自恋的生活哲学。但是，许多人被过度地训练和社会化到了另一个极端，且太过于按照他人期待行事了。

要想改变，就必须逆转这个过程。我们必须去自我发掘，必须找到什么才能让自己真正快乐，而不仅仅是让自己身边的人快乐。虽然我们不可能替你找到答案，但是我们可以指引你，告诉你要问自己哪些问题才能找到答案。我们已经讨论过了能够带来快乐的核心需求。（即本书的改变哲学的第二条假设。）现在我们将和你更详细地讨论一下这些需求。

改变的第一方面涉及**人际关系**。你认为自己想要什么样的人际关系？厘清自己想通过何种方式与他人建立联结。考虑一下亲密关系。你想要什么样的亲密关系？对你来说什么才是最重要的：激情和浪漫、陪伴，还是家庭？你在寻找伴侣时的目标是什么？相较于性兴奋，情感亲密度对你有多重要？

爱情几乎总是一种交换。因为不了解自己的自然天性，许多人都无法做出明智的交换。很少有人能够找到可以满足自己所有需求的伴侣，所以我们必须得有所取舍。选择伴侣时，对你来说最重要的是什么？有哪些特质是不那么重要的，有的话很好，实在没有的话也可以接受？比如，你的交往对象可能是你爱的且亲密的，但是你们之间的激情较少。我们不相信有所谓的适用于所有人的完美爱情，你必须自行决定哪种感情是最适合自己的。

你想要哪种人际关系？哪种朋友？在社交场合，你想有多高的参与度？你想花多少精力在各种社区团体上？你想参加基督教会或犹太教会的活动吗？你想参与学校或者地方政府的运作吗？你想参加互助小组吗？你想花多少时间和工作中的同事交往？这些都是你必须根据自己的自然天性来自行决定的。

要建立自己想要的人际关系，情感剥夺、不信任和虐待、遗弃和社交孤立陷阱是最大的障碍。克服这些性格陷阱能让你与人建立更深入、更令人满意的联结。你在人际关系方面的愿景会引导你战胜这些性格陷阱。

改变的第二个核心层面是**自主性**。独立到什么程度是最适合你的？你自然会希望独立自信地生存在这世界上，拥有强大的自我意识。但是，独立自主和人际联结达到怎样的相对平衡才能让你最快乐？对有些人来说，用绝大多数时间来独处也感觉十分充实；也有些人花更多的时间社交，而非独处，这样让他们更快乐。

独立性可以让你自由地建立健康的人际关系、回避或摆脱不健康的人际关系。你可以根据自己的心意来自由选择是否继续某段关系，而不是仅仅因为需要而不得不继续下去。许多有依赖陷阱和脆弱陷阱的人会陷入破坏性关系的漩涡之中。他们害怕离开，害怕独自面对现实世界。这两个性格陷阱是培养成熟健康的自主性的最大障碍。

独立自主是挖掘你自然天性的重要组成部分，它涉及建立自我认知感。你可以自由地去做独一无二的自己。无论你更希望成为音乐家、艺术家、作家、运动员、机修工、演员、主妇（夫）、旅行家、自然爱好者、照顾者，还是领袖，你都会自由地去追求。你不会过于害怕探索世界。你不会在人际关系中迷失自己，不会忘记自己的人生，而去过别人的生活。

改变的第三部分是**自尊感**。和自主性一样，自尊可以给自由提供空间。你是自由的，而非受限的。缺陷陷阱和失败陷阱是获得自尊的障碍。自卑感和羞耻感将你压垮，导致你回避和浪费机会。羞耻感就像一片沉重的乌云，包裹着你，让你动弹不得，无法与人建立联结，无法表达自己，无法满足自己的需求，更无法追求卓越。

你需要选择一种可以增强自尊心的生活方式。如何才能让自己感觉更好，接纳自己，而不会过分地自我惩罚或者缺失安全感？你有什么优点？如何开发它们？有什么缺点是可以改正的？

改变的第四个方面是**坚持主见和自我表达**。这涉及要求他人满足自己的需求、表达自己的感受。坚持自己的主张使你可以遵从自然天性，并且从生活中获得乐趣。你可以用哪些方式表达自己？

屈从陷阱和苛刻标准陷阱会妨碍你坚持主见。在屈从陷阱中，你舍弃自身的需求和乐趣，以达到帮助他人或者避免被报复的目的。在苛刻标准陷阱中，你放弃自己的需求和乐趣，以获得认可和赞赏，避免耻辱。成就和完美成了你的生活目标，代价是快乐和满足。

激情、创造力、活泼顽皮和快乐可以让生活更有价值。适时放手，并且在生活中注入兴奋和快乐是很重要的。如果你忽视了坚持主见和自我表达，生活会变得沉重，你也会感到绝望。你的需求和身边人的需求也会失衡。**改变包括：允许自己在不随意伤害他人的前提下，满足自己的基本需求和天性。**

成长的第五方面是**关心他人**，这与其他四点同样重要。生活最令人满足的地方之一就是学会赠予、同情他人。权利错觉可能会妨碍你向身边人表达关切。付出的感觉是很好的。社会参与、慈善救助、孕育子女、为子女付出、帮助朋友,这些都涉及为比自己和个人生命更伟大的东西而奉献。你怎样才能为这个世界做出贡献?

要培养"自己是世界的一分子"这种信念,灵性和宗教信仰是重要的组成部分。多数宗教和灵性信仰都会强调,不要仅是狭隘地关注自身和家庭,而是将关注点扩展到整个世界。许多形式的宗教体验都会涉及这个附加的维度及其带来的满足感。

在规划自己的人生愿景时,考虑一下我们以上提到的要点。人生的目标可能是具有一定普遍性的:爱、自我表达、快乐、自由、灵性、奉献他人,这是多数人都想要的。但是,这些目标之间往往有所冲突。例如,激情可能会与稳定有所冲突,独立与亲密、自我表达与关心他人之间也有所冲突。你必须自行设定优先次序,选择适合自己的平衡点。我们鼓励你根据自己的独特需求和优先级,以自己独特的方式采纳、融合这些广义目标中的各个元素。

用同情的方式正视自我

我们创造了一个术语来描述我们所谓的健康的改变态度:同情式地正视自我。在不断激励自己改变的同时,对自己抱持悲悯之心。许多人要么在改变得不到位的时候过于苛责自己,要么一味宽松、找借口不再努力。

我们反复重申,改变是十分艰难的。首要的是,对自己抱有同情之心。你已经在努力做到自己的最好了。请包容体谅自己的缺点和局限性。要记住性格陷阱是很难改变的。记住自己是如何变成这样的也十分重要。**记住自己性格陷阱的起源,努力用同理心对待儿时的自己。**

然而,为自己的改变负责是很重要的。很多互助小组被抨击的原因就是鼓励成员感觉自己是受父母所累,同时又不教会他们肩负自我改变的责任。我们认为这是相当危险的。不断地挑战自己非常重要。要坚持,不要一而再,再而三地推迟改变,去等待所谓的更合适的时机。改变的最佳时机就是现在。无论儿时的你曾被伤得有多深,都不是你逃避为自己的改变而负责任的借口。**童年的痛苦可以解释改变为何如此之艰难、要花如此之多的时间，但不能成为不努力改变，并且让固有的破坏性模式继续下去的理由。**

诚实地面对自己，注重直面现实。有相当多的人会自欺欺人，坚守着幻想，想着自己会如何如何，别人又会如何如何，而不愿意面对真实的自己，不愿面对自己的冷漠、悲伤、愤怒和焦虑。请仔细看看自己的真实情况。自欺欺人只会让你继续自我伤害，并且无法拥有真诚的人际关系。

挑战自己，以自身所能承受的最大速率去改变。我们无法立即面对一切，所以通常要循序渐进地挑战自己的性格陷阱。要有信心，你一定可以达成所愿。要有信念，你能经得起成功之前的失败和挫折。要有耐心，只要坚持，你最终一定会达成自己的愿景。

可惜的是，有些改变无法通过点滴的积累来实现，而是需要冒较高的风险放手一搏。有时，为了有所成长，我们必须做出重大的改变，这包括结束一段关系、转行或者搬到另一个城市。随着我们不断克服自己的性格陷阱，更了解自己的自然天性，我们也许不得不与过去决裂。我们可能必须舍弃童年时的模式所能带来的安全感，才能成长为你理想中的那个成熟的自己。

争取他人的帮助

独自改变是艰难的。有他人相助，才会更容易。伸手向爱你的人请求援助，允许支持你的家人和朋友参与进来，告诉他们你想做什么，争取他们的协助。

有时，朋友和支持你的家人可以作为你达成个人目标的引领者或者榜样。他们可以给予你建议、指导和鼓励。结识一些已经完成了你心目中的目标的人，可以让改变的过程看起来更真实，也可以带给你改变的信心。

朋友和支持你的家人往往会比你自己更加客观。他们可以帮助你分析问题，促使你直面那些自己在逃避的事情。如果没有一些对你有清晰、客观了解的人来帮助你的话，改变将会很困难，因为你无法看到自己的认知歪曲。

可惜，向家人和朋友求助，对你来说，也许是不可能的。你可能没有亲近的家人和朋友，也可能他们自己本身也有很严重的问题，实在无法给你提供什么帮助。家庭成员常常会强化你的性格陷阱，而不是帮助你改变。如果是这样的话，可以考虑寻求专业帮助。

还有一些其他的情况需要考虑寻求专业帮助。如果你的症状特别严重，以至于影响了正常的工作和生活；如果你已经陷入困境有一段时间了，还不知道该如何改变；如果你感觉改变无望，这些就是你需要考虑寻求专业帮助的时候了。当你在生活中遇到了危机，比如一段长期恋爱关系以分手告终、失业，请考虑专业帮助。在这种时候，你会需要一些支持，你可能更容易接受变化。如果你在童年时期经历了包括生理虐待、心理虐待以及性侵犯在内的创伤性事件，也请考虑寻求专业帮助。最后，如果你因为自己的问题而正在伤害他人，那么，这显然说明你需要一些专业帮助。

如果你的症状非常严重，精神类药物治疗可能会有所帮助。例如，你也许有严重的抑郁：感觉自己一文不值、吃饭和睡眠失常、思维和行动缓慢、无法集中注意力、对曾经让自己感到快乐的事情不再感兴趣或者很少再做，甚至可能在考虑自杀。如果你有抑郁症状，特别是如果你感觉想自杀，请立刻寻求专业帮助。

你可能会有严重的焦虑症状，比如惊恐发作、多种恐惧症、强迫症状、强烈的广泛性焦虑症。你可能太害怕社交情境了，以至于完全回避，严重破坏了你的工作和社交生活。如果你有这些焦虑症状，也应当寻求专业帮助。

你可能对酒精或者药物成瘾。你也可能有"创伤后应激障碍"，即过去发生的一些事情仍然在困扰你，你可能会有记忆闪回或者做噩梦，或者觉得麻木和情感脱节。你可能有严重的进食障碍，比如暴食症或厌食症。你减肥的愿望过于强烈，以至于你会暴饮暴食，然后再通过某种方式催吐，或者吃得越来越少，瘦得可怕。如果你患有这些严重的疾病，请务必寻求专业帮助。

选择治疗师

一旦你决定了去寻求专业帮助，就需要思考见哪种治疗师。然而，对此并没有一个适用于所有人的简单回答。事实上，选择什么样治疗师是又一个需要你遵从自己自然天性的地方。

选择一个有良好从业资质的治疗师是很重要的。一般而言，我们相信选择一个专业的治疗师要优于非专业的。毕竟你是在将自己的健康幸福交托于他人，当然希望这个人是受过良好培训、遵守职业道德的。虽然我们自己是心理学家，我们也推荐社会工作者、精神科医师和精神科护师，前提是他们有处理你这类问题的经验。所有这些专业都要求至少要有大学文凭和州等级的从业执照。从这些专业人员当中选择，你就更有可能找到一位拥有充足的知识、丰富的临床培训经历、隶属于一个具有高标准和严格道德准则的行业协会、对公众负有责任的治疗师。你的症状越严重，选择这样的治疗师就越重要。

治疗的方法也有许多种。如前所述，我们相信，选择只应用一种方法或模型的治疗通常是错误的。我们觉得，最好的治疗师可以依据患者的需求，融合采纳多种不同的技巧和策略。这就是为什么我们偏爱整合型的治疗师。

找到一个在情感上与自己相匹配的治疗师是极其重要的。这个治疗师需要是温和、接纳你、让你感到安全、有同理心、理解你、看起来真诚、你可以信任的。你所需要的治疗师也得是个搞得定你的人，要能设置清晰的边界，并在你脱离正轨时能挑战你。对于总是同意你的意见所以让你感觉很好、看起来冷漠疏离、对你吹毛求疵，或者对你另有所图的治疗师，要持怀疑的态度。

在治疗过程中，要避免由性格陷阱引起的不适宜的"化学反应"。例如，如果你有自我缺陷陷阱，你可能会被挑剔的、傲慢的治疗师所吸引，即使这会反过来伤害你。选择看起来喜欢并尊重你的治疗师对你更好。如果你有与人疏离的问题，那么冷漠疏远的治疗师就不适合你。你需要能够鞭策你与他人建立联结的治疗师。你不需要能和你产生化学反应的治疗师，你需要的是可以针对你的特定问题提供一个疗愈环境的治疗师。

从某个层面来说，你可能需要一位可以扮演父母角色的治疗师，他（她）可以充当那种你不曾拥有过的父母的角色。我们把这叫作治疗中的"有限的童年再抚育"。治疗的其中一个方面就涉及给童年期的问题进行部分矫正。如果你童年时未曾得到足够的关怀，治疗师就会关怀你。如果你被过度批判，治疗师就会支持和肯定。如果你的父母管得太多，治疗师就会尊重你的边界。如果你曾被虐待，治疗师就会包容和保护你。

当然，也不能指望治疗师可以全然替代你所缺乏的童年抚育。这是不现实的。通过每周一到两个小时的治疗，你所能得到的再抚育是有限的。事实上，我们建议你警惕那种鼓励你过度依赖他们的治疗师，或者承诺能提供给你超出心理治疗范围的、非专业性支持的治疗师。

治疗师也可以在你有障碍的领域成为你的榜样。例如，治疗师可以在你畏怯的时候坚定表达，在你自我封闭的时候情感外露。治疗师可以给你示范解决问题的有效方法。

我们也鼓励你参加声誉良好的自助小组。12 步疗法小组，比如 AA（匿名戒酒互助会）、ACOA（酗酒者成年子女互助会）、AL-ANON（酗酒者亲属互助会）、CODA（匿名依赖者互助会）、NA（匿名戒烟互助会）以及 OA（暴饮暴食者匿名互助会），这些都是相当完善，并且获得了全美认可的。这些小组有特别设计的项目可以帮助你在特定方面做出改变。

要留意邪教似的组织 ⊖。这些团体拥有个人魅力超群的领袖，要求你去发展下线（扭转宗教信仰），通常需要你花费大笔的金钱才能加入或者完成入会。邪教的组织培养依赖性和屈从性，让成员感到自己是特别的，

⊖ 这里的邪教组织也可以包含传销组织。——译者注

他们知道别人所不知道的秘密。实际上，组织成员被鼓励做永远都长不大的孩子，而非着力应对成年人应该面对的责任。他们被鼓励遵从领袖的规则，而非发掘自身的自然天性。如果你在考虑加入某个小组，但又不确定这个小组是否是正规的，可以向我们之前提到的那些心理健康专业人员进行咨询，或者向他们各自的职业协会进行咨询。

你可以随时联系我们，让我们推荐当地接受过性格陷阱疗法训练的治疗师。另外，如果你愿意和我们分享你使用性格陷阱疗法的体验（无论是正面的还是负面的），我们非常欢迎你的反馈。告诉我们你的故事。虽然我们不能通过邮件的形式给你提供直接的心理援助，但是，在你进行改变的时候，我们真心愿意收到你的来信。你可以给我们写信或者打电话，我们的联系方式如下。

杰弗里·杨博士　　　　　　　　珍妮特·克罗斯科博士
纽约认知治疗中心　　　　　　　长岛认知治疗中心
纽约州纽约市东 80 街 3 号顶层　纽约州大颈区中颈路 11 号
邮编 10021　　　　　　　　　　邮编 11021
电话：212-472-1706　　　　　　电话：516-466-8485

最后，我们想用 T. S. 艾略特的《小吉丁》当中的一段话来结尾：

我们将不停止探索
而我们一切探索的终点
将是到达我们出发的地方
并且是生平第一遭知道这地方

参考文献

BECK, AARON T. (1988). *Love Is Never Enough*. New York: Harper & Row.

BECK, AARON T. (1976). *Cognitive Therapy and the Emotional Disorders*. New York: International Universities Press. Paperbound edition published by New American Library, New York, 1979.

BOWLBY, JOHN (1973). *Separation: Anxiety and Anger*. (Vol. II of *Attachment and Loss*). New York: Basic Books.

BRADSHAW, JOHN (1988). *Healing the Shame That Binds You*. Deerfield Beach, Fla: Health Communications, Inc.

BURNS, DAVID D. (1980). *Feeling Good*. New York: William Morrow & Company, Inc.

FREUD, SIGMUND (1920). *Beyond the Pleasure Principle: The Standard Edition of the Complete Psychological Works of Sigmund Freud*. (Volume XVIII: 1955). New York: Basic Books, Inc.

HENDRIX, HARVILLE (1988). *Getting the Love You Want*. New York: Henry Holt & Company.

PERLS, FREDERICK S., HEFFERLINE, R. F., and GOODMAN, P. (1969). In W. S. Sahakian, *Psychotherapy and Counseling*. New York: Rand McNally.

WINNICOTT, D. W. (1986). *Home Is Where We Start From*. Reading, Mass.: Addison-Wesley Publishing Company, Inc.

YOUNG, JEFFREY E. (1990). *Cognitive Therapy for Personality Disorders: A Schema-Focused Approach*. Sarasota, Fla: Professional Resource Exchange, Inc.

创伤治疗

《危机和创伤中成长：10位心理专家危机干预之道》

作者：方新 主编 高隽 副主编

曾奇峰、徐凯文、童俊、方新、樊富珉、杨凤池、张海音、赵旭东等10位心理专家亲述危机干预和创伤疗愈的故事。10份危机和创伤中成长的智慧

《创伤与复原》

作者：[美] 朱迪思·赫尔曼 译者：施宏达 陈文琪

自弗洛伊德以来，重要的精神医学著作之一。自1992年出版后，畅销30余年。美国创伤治疗师人手一册。著名心理创伤专家童慧琦、施琪嘉、徐凯文撰文推荐

《心理创伤疗愈之道：倾听你身体的信号》

作者：[美] 彼得·莱文 译者：庄晓丹 常邵辰

美国躯体性心理治疗协会终身成就奖得主、身体体验疗法创始人莱文集大成之作。他在本书中整合了看似迥异的进化、动物本能、哺乳动物生理学和脑科学以及自己多年积累的治疗经验，全面介绍了身体体验疗法理论和实践，为心理咨询师、社会工作者、精神科医生等提供了新的治疗工具，也适用于受伤的人自我探索和疗愈

《创伤与记忆：身体体验疗法如何重塑创伤记忆》

作者：[美] 彼得·莱文 译者：曾旻

美国躯体性心理治疗协会终身成就奖得主莱文博士最新力作。记忆是创伤疗愈的核心问题。作者莱文博士创立的身体体验疗法现已成为西方心理创伤治疗的主流疗法。本书详尽阐述了如何将身体体验疗法的原则付诸实践，不仅可以运用在创伤受害者身上，例如车祸幸存者，还可以运用在新生儿、幼儿、学龄儿童和战争军人身上

《情绪心智化：连通科学与人文的心理治疗视角》

作者：[美] 埃利奥特·尤里斯特 译者：张红燕

荣获美国精神分析理事会和学会图书奖；重点探讨如何帮助来访者理解和反思自己的情绪体验；呼吁心理治疗领域中科学与文学的跨学科对话

更多>>>

《创伤与依恋：在依恋创伤治疗中发展心智化》作者：[美] 乔恩·G.艾伦 译者：欧阳艾苾 何满西 陈勇 等
《让时间治愈一切：津巴多时间观疗法》作者：[美] 菲利普·津巴多 等 译者：赵宗金

原生家庭

《母爱的羁绊》

作者：[美] 卡瑞尔·麦克布莱德 译者：于玲娜

爱来自父母，令人悲哀的是，伤害也往往来自父母，而这爱与伤害，总会被孩子继承下来。

作者找到一个独特的角度来考察母女关系中复杂的心理状态，读来平实、温暖却又发人深省，书中列举了大量女儿们的心声，令人心生同情。在帮助读者重塑健康人生的同时，还会起到激励作用。

《不被父母控制的人生：如何建立边界感，重获情感独立》

作者：[美] 琳赛·吉布森 译者：姜帆

已经成年的你，却有这样"情感不成熟的父母"吗？他们情绪极其不稳定，控制孩子的生活，逃避自己的责任，拒绝和疏远孩子……

本书帮助你突破父母的情感包围圈，建立边界感，重获情感独立。豆瓣8.8分高评经典作品《不成熟的父母》作者琳赛重磅新作。

《被忽视的孩子：如何克服童年的情感忽视》

作者：[美] 乔尼丝·韦布 克里斯蒂娜·穆塞洛 译者：王诗溢 李沁芸

"从小吃穿不愁、衣食无忧，我怎么就被父母给忽视了？"美国亚马逊畅销书，深度解读"童年情感忽视"的开创性作品，陪你走出情感真空，与世界重建联结。

本书运用大量案例、练习和技巧，帮助你在自己的生活中看到童年的缺失和伤痕，了解情绪的价值，陪伴你进行自我重建。

《超越原生家庭（原书第4版）》

作者：[美] 罗纳德·理查森 译者：牛振宇

所以，一切都是童年的错吗？全面深入解析原生家庭的心理学经典，全美热销几十万册，已更新至第4版！

本书的目的是揭示原生家庭内部运作机制，帮助你学会应对原生家庭影响的全新方法，摆脱过去原生家庭遗留的问题，从而让你在新家庭中过得更加幸福快乐，让你的下一代更加健康地生活和成长。

《不成熟的父母》

作者：[美] 琳赛·吉布森 译者：魏宁 况辉

有些父母是生理上的父母，心理上的孩子。不成熟父母问题专家琳赛·吉布森博士提供了丰富的真实案例和实用方法，帮助童年受伤的成年人认清自己生活痛苦的源头，发现自己真实的想法和感受，重建自己的性格、关系和生活；也帮助为人父母者审视自己的教养方法，学做更加成熟的家长，给孩子健康快乐的成长环境。

更多>>>　《拥抱你的内在小孩（珍藏版）》 作者：[美] 罗西·马奇-史密斯
　　　　　《性格的陷阱：如何修补童年形成的性格缺陷》 作者：[美] 杰弗里·E.杨 珍妮特·S.克罗斯科
　　　　　《为什么家庭会生病》 作者：陈发展

社会与人格心理学

《感性理性系统分化说：情理关系的重构》

作者：程乐华

一种创新的人格理论，四种互补的人格类型，助你认识自我、预测他人、改善关系，可应用于家庭教育、职业选择、企业招聘、创业、自闭症改善

《谣言心理学：人们为何相信谣言，以及如何控制谣言》

作者：[美] 尼古拉斯·迪方佐 等 译者：何凌南 赖凯声

谣言无处不在，它们引人注意、唤起情感、煽动参与、影响行为。一本讲透谣言的产生、传播和控制的心理学著作，任何身份的读者都会从本书中获得很多关于谣言的洞见

《元认知：改变大脑的顽固思维》

作者：[美] 大卫·迪绍夫 译者：陈舒

元认知是一种人类独有的思维能力，帮助你从问题中抽离出来，以旁观者的角度重新审视事件本身，问题往往迎刃而解。

每个人的元认知能力是不同的，这影响了他们的学习效率、人际关系、工作成绩等。

借助本书中提供的心理学知识和自助技巧，你可以获得高水平的元认知能力

《大脑是台时光机》

作者：[美] 迪恩·博南诺 译者：闾佳

关于时间感知的脑洞大开之作，横跨神经科学、心理学、哲学、数学、物理、生物等领域，打开你对世界的崭新认知。神经现实、酷炫脑、远读重洋、科幻世界、未来事务管理局、赛凡科幻空间、国家天文台屈艳博士联袂推荐

《思维转变：社交网络、游戏、搜索引擎如何影响大脑认知》

作者：[英] 苏珊·格林菲尔德 译者：张璐

数字技术如何影响我们的大脑和心智？怎样才能驾驭它们，而非成为它们的奴隶？很少有人能够像本书作者一样，从神经科学家的视角出发，给出一份兼具科学和智慧洞见的答案

更多>>>